"十四五"时期国家重点出版物出版专项规划项目
工业人工智能前沿技术与创新应用丛书

浙江省普通本科高校"十四五"重点立项建设教材

智能制造系统
计划与控制

主编 阮殿波

参编 王 瑞 李国富 林文文 余军合
    战洪飞 项 薇 胡燕海 张岳君

机械工业出版社

本书主要介绍了智能制造系统计划与控制的理论内涵和方法体系，包括智能生产计划、智能调度、数字化质量管理、知识管理等相关知识。目的是帮助读者初步了解制造系统智能化的基本理念和关键技术，进一步普及并推广智能制造的知识，为提升行业智能化水平，培养智能制造应用型人才服务。

本书可供工业工程、智能制造、机械工程等相关技术人员阅读，也可作为相关专业高年级本科生和研究生的教材，同时还可为政府部门、制造企业和从事制造业研究的人员提供参考。

本书配有授课电子课件、习题答案等资源，需要的教师可登录www.cmpedu.com免费注册，审核通过后下载，或联系编辑索取（微信：18515977506，电话：010-88379753）。

图书在版编目（CIP）数据

智能制造系统：计划与控制／阮殿波主编．北京：机械工业出版社，2025.8. --（工业人工智能前沿技术与创新应用丛书）. -- ISBN 978-7-111-78539-2

Ⅰ．TH166

中国国家版本馆CIP数据核字第202558TB76号

机械工业出版社（北京市百万庄大街22号　邮政编码100037）
策划编辑：汤　枫　　　　　　　责任编辑：汤　枫　李馨馨
责任校对：杜丹丹　杨　霞　景　飞　　责任印制：单爱军
北京华宇信诺印刷有限公司印刷
2025年8月第1版第1次印刷
184mm×260mm・13印张・315千字
标准书号：ISBN 978-7-111-78539-2
定价：69.00元

电话服务　　　　　　　　　网络服务
客服电话：010-88361066　　机 工 官 网：www.cmpbook.com
　　　　　010-88379833　　机 工 官 博：weibo.com/cmp1952
　　　　　010-68326294　　金 书 网：www.golden-book.com
封底无防伪标均为盗版　机工教育服务网：www.cmpedu.com

前言

近年来，由于市场环境的快速变化和产品更新速度的加快，制造系统面临着许多机遇与挑战。同时，新的发展形势也催生出了许多新的制造模式，智能制造就是这些制造模式发展的最新重要成果。大数据与领域知识的共同驱动促进了人工智能的发展，而随着人工智能技术的发展和应用，制造系统逐渐从信息化向智能化方向发展，智能制造也逐渐走向实践，并得到了人们的广泛重视。生产计划与控制是制造系统生产运作活动的重要内容，在市场竞争不断加剧的今天，生产活动实施前的合理计划，以及生产过程中的有效控制，不仅对于减少生产过程中物料、人员、设备的等待时间，保证制造系统实现高效有序运行至关重要，而且对于减少在制品的滞留时间，降低生产成本，提升市场竞争力也有极为重要的意义。

生产计划与控制向智能化方向发展是一种趋势，也是智能制造的重要内容。由于智能生产计划与控制涉及的领域很广，许多技术还在不断发展与完善，这方面比较系统的书籍尚不多见。为了方便相关专业学生的学习，同时也为从事智能计划与控制工作或研究的工程技术人员提供参考，我们组织人员编写了本书。书中在简要介绍制造系统的基本概念、主要类型，以及智能制造系统计划与控制关键技术的基础上，对智能生产计划、智能调度、数字化质量管理、知识管理等内容进行了较为详细的介绍与分析。其中，智能生产计划部分从生产计划的概念开始，介绍与分析了经济制造数量问题模型、单设备有限产能批量（CLSP）问题模型、流水线条件下 CLSP 问题模型，以及智能生产计划的发展趋势等；智能调度部分从相关基本知识与研究现状出发，介绍了制造系统智能调度的关键技术及其应用案例；数字化质量管理部分介绍了数字化质量管理的基本知识、关键技术，以及数字化质量管理的应用示例和发展趋势；知识管理部分则主要介绍并分析了面向业务问题的知识资源配置、面向知识服务的网络知识市场、集成情境的业务求解知识模块化建模方法与技术等内容。

本书可作为工业工程、智能制造等相关专业技术人员的参考书籍，也可作为相关专业高年级本科生及研究生的教材。在本书编写过程中，特别感谢航工智能科技集团有限公司对本书所提供的支持，同时感谢宁波市高端智能制造卓越工程师学院经费的支持。本书中还引用了其他同行的工作成果，在此一并表示感谢。由于智能制造、智能生产计划与控制涉及的范围很广，与其相关的许多技术发展很快，限于编者的知识与水平，书中难免存在疏漏与不足之处，敬请读者批评指正。

编　者

目 录

前言
第1章 绪论 1
1.1 制造系统概述 1
1.1.1 制造系统的定义 1
1.1.2 制造系统的特征 3
1.1.3 制造系统的基本要素 3
1.1.4 制造系统的类型 5
1.1.5 制造系统的重要性和挑战 5
1.2 制造系统的主要类型 6
1.2.1 计算机集成制造 7
1.2.2 并行工程 7
1.2.3 精益生产 8
1.2.4 敏捷制造 8
1.2.5 大规模定制 9
1.2.6 虚拟制造 9
1.2.7 绿色制造 10
1.2.8 智能制造 10
1.3 智能制造系统计划与控制的关键技术 ... 11
1.3.1 智能生产计划 11
1.3.2 智能调度 12
1.3.3 数字化质量管理 13
1.3.4 知识管理 14
复习思考题 15

第2章 智能生产计划 16
2.1 生产计划概述 16
2.1.1 生产计划基本概念 16
2.1.2 生产计划模型的发展 17
2.1.3 生产计划模型类型 18
2.2 经济制造数量模型 18
2.2.1 遇故障批量不可恢复 EMQ 建模 18
2.2.2 遇故障批量可恢复 EMQ 建模 26
2.3 单设备有限产能批量问题模型 30
2.3.1 CLSP 与设备维护集成建模 31
2.3.2 考虑可靠性约束的 CLSP 与设备维护集成模型 34
2.3.3 考虑故障因素的 CLSP 与设备维护集成模型 38
2.3.4 考虑鲁棒性的单设备生产计划模型 41
2.4 流水线条件下 CLSP 问题模型 46
2.4.1 流水线系统的能力评估方法 47
2.4.2 流水线条件下 CLSP 与设备维护集成建模 55
2.5 智能生产计划的发展趋势 58
2.6 本章小结 59
复习思考题 60

第3章 智能调度 61
3.1 智能调度概述 61
3.1.1 制造系统的调度问题 61
3.1.2 调度方法分类及发展 64
3.1.3 智能调度的概念 68
3.1.4 智能调度的发展现状 68
3.1.5 智能调度的特点 69
3.1.6 智能调度的意义 70
3.2 智能调度的关键技术 71
3.2.1 人工智能技术 71
3.2.2 计算智能 75
3.2.3 多智能体系统 80
3.2.4 其他支撑数字化工厂的计算机关键技术 82

3.3 智能调度的应用示例 85
　3.3.1 基于 MAS 的制造系统智能动态调度 85
　3.3.2 基于混合计算智能的智能调度应用 92
3.4 智能调度发展趋势 95
3.5 本章小结 98
复习思考题 98

第 4 章 数字化质量管理 100
4.1 数字化质量管理概述 100
　4.1.1 智能制造中的质量管理 100
　4.1.2 数字化质量管理 103
　4.1.3 质量标准数字化 106
　4.1.4 制造业质量管理数字化的转型 108
4.2 数字化质量管理的关键技术 109
　4.2.1 质量数据采集技术 109
　4.2.2 质量数据处理技术 114
　4.2.3 质量大数据建模与分析技术 120
　4.2.4 质量数据可视化与协同管理技术 121
4.3 数字化质量管理应用示例 125
　4.3.1 数据驱动的轴承产品表面质量检测 125
　4.3.2 多特征融合的注塑件尺寸预测 135
　4.3.3 基于深度迁移学习的小样本注塑件尺寸预测 140
　4.3.4 制造业数字化质量管理典型场景和应用案例 149
4.4 数字化质量管理发展趋势 151
4.5 本章小结 153
复习思考题 153

第 5 章 知识管理 155
5.1 面向业务问题的知识资源配置 155
　5.1.1 业务过程建模方法 156
　5.1.2 业务活动的知识表达方法 158
　5.1.3 业务过程模板框架 161
5.2 面向知识服务的网络知识市场 162
　5.2.1 基于网络知识市场的知识服务模式 163
　5.2.2 网络知识市场的结构框架 165
　5.2.3 知识产品建模及交易模型 170
5.3 集成情境的业务求解知识模块化建模方法与技术 176
　5.3.1 面向业务求解的知识模块化的概念 177
　5.3.2 面向业务求解的知识情境的概念 177
　5.3.3 基于需求层次理论的知识情境解析 180
　5.3.4 面向业务问题求解的知识情境建模方法研究 183
　5.3.5 集成情境的知识模块化模型 185
　5.3.6 知识模块化建模及情境集成的关键技术 187
　5.3.7 集成情境的知识模块化管理方法 193
5.4 本章小结 195
复习思考题 195

参考文献 197

第 1 章 绪论

制造系统是指为达到预定制造目的而构建的物理组织系统,其由制造过程、硬件、软件和相关人员等部分组成,是一个具有特定功能的有机整体。制造系统的目标是实现高效、高质量、低成本的生产,以满足市场需求和客户期望。

1.1 制造系统概述

1.1.1 制造系统的定义

"系统"是由相互作用和相互依赖的若干部分有机结合而成,并具有特定功能的有机整体。关于制造系统的定义,尚在发展和完善之中。1989 年,英国学者 Parnaby 指出:"制造系统是工艺、机器系统、人、组织结构、信息流、控制系统和计算机的集成组合,其目的在于取得产品制造的经济效益和产品性能的国际竞争性"。1990 年,国际生产工程研究会给出制造系统的定义:"制造系统是制造业中形成制造生产能力的有机整体,在机电工程生产中,制造系统具有设计、生产、发运和销售一体化功能"。1992 年,美国麻省理工学院 Chryssolouris 给出定义:"制造系统是人、机器和装备以及物料流和信息流的一个组合体"。日本京都大学人见胜人教授从制造系统的结构、转变特性以及过程三个方面给出了制造系统的定义。我国学者经过广泛深入的研究,提出:"制造过程及其所涉及的硬件,包括人员、生产设备、材料、能源和各种辅助装置,以及有关的软件,包括制造理论、制造技术(制造工艺和制造方法等)和制造信息等,组成了一个具有特定功能的有机整体,称为制造系统"。

制造系统是一个有机整体,由硬件和软件两个主要方面构成。硬件环境包括人力资源、生产设备、生产工具、物料传输设备及其辅助装置,这些是直接参与制造过程的实体。软件支持条件包括生产信息、决策信息、生产方法、工艺手段和管理模式等,这些为制造系统提供了决策和运行的智能支持,其根本目标是将各种资源转变为财富和产品,实现高效的生产。其中蕴含以下三方面的含义。

1) 制造系统的结构定义:制造系统的结构由硬件和相关软件组成,二者构成了一个统一整体。硬件方面涵盖了人员、设备、物料流等直接参与制造过程的实体,而软件方面包括了生产信息、决策信息、生产方法等,为制造系统的智能运作提供了关键支持。这种综合结构使得制造系统能够有机地整合和运作。

2) 制造系统的功能定义：制造系统作为一个输入/输出系统，其核心功能是将制造资源，如原材料和能源等，转化为产品或半成品。通过将各种资源有机组合，制造系统实现了资源的最优利用，将其转变为有价值的产品或服务。这个过程是一个高度协调和复杂的系统操作，需要硬件和软件的紧密配合。

3) 制造系统的过程定义：制造系统的运行过程涵盖了产品生命周期的各个环节，包括市场分析、产品设计、工艺规划、制造实施、检验出厂、产品销售等。这个全过程或部分环节的综合性定义突显了制造系统在整个价值链中的角色，它不仅仅局限于生产线上的制造过程，还包括前期的设计、规划和后期的销售、服务。

因此，综合上述结构、功能和过程的定义，制造系统可以被理解为一个有机整体，由硬件（包括厂房、生产设备、工具、计算机及网络等）和软件（包括制造理论、制造技术、管理方法、制造信息及其有关的软件系统等）以及人员组成。其核心目标是将制造资源（狭义的制造资源如原材料、坯件、半成品等，广义的制造资源如硬件、软件、人员等）转变为产品或半成品，涉及产品生命周期的全过程或部分环节。这一定义全面地揭示了制造系统的复杂性和全局性，强调了其在现代工业中的关键作用。

依据制造系统的定义，智能制造系统是由智能机器和人类专家共同组成的人机一体化智能系统，它在制造过程中能以一种高度柔性与较低集成度的方式，借助计算机模拟人类专家的智能活动，进行分析、推理、判断和决策等，从而取代或者延伸制造环境中人的部分脑力劳动。智能制造系统是涉及诸如物联网、大数据和数据分析、人工智能和机器学习、自动化和机器人技术、数字化制造和虚拟化、供应链管理、可持续制造、工业互联网、人机协作等领域的有机整体。智能制造系统所涉及的领域和生产构成如图1-1所示。

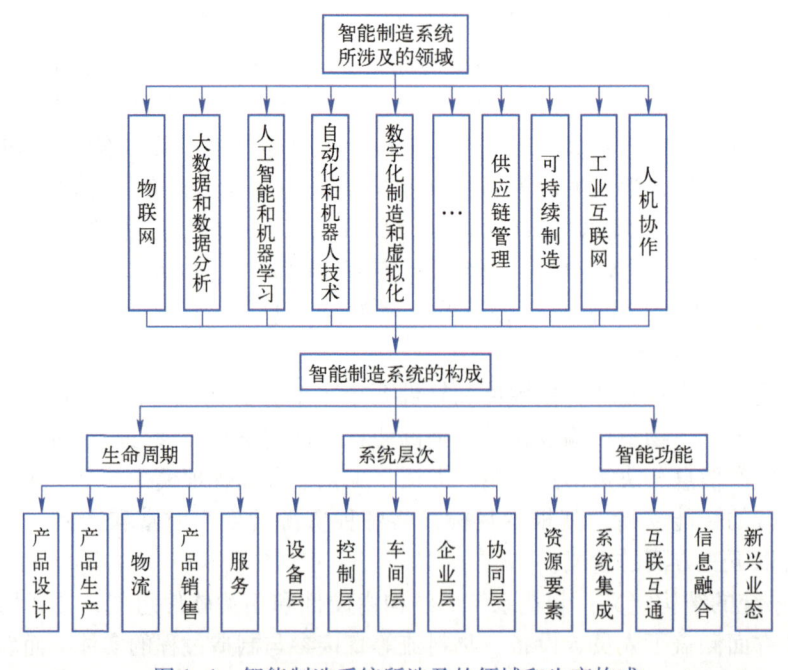

图1-1 智能制造系统所涉及的领域和生产构成

智能制造系统采用了新型制造技术和先进设备，并将由新一代信息技术构建的物联网贯穿整个生产过程，是在先进制造业领域建成的物理信息系统，彻底改变了传统制造业的生产组织方式。它不再是单纯地用信息技术改造传统制造业，而是信息技术和制造业融合发展的新型业态。

1.1.2 制造系统的特征

制造系统具有多个显著特征，这些特征不仅在定义制造系统的本质上起到了关键作用，也决定了其在现代工业中的角色和发展方向。首先，制造系统的复杂性和协同性是其最为显著的特点。现代制造系统由多个相互关联的部分组成，包括生产过程、硬件、软件、人员等。这些部分协同工作，形成一个高度集成的网络，以实现生产过程的自动化、灵活性和高效性。这种协同性不仅提高了生产系统的整体性能，也为制造业在全球竞争中保持竞争力提供了基础。

其次，数字化和虚拟化是制造系统的重要特征。数字化技术使得制造系统中的信息可以以数字形式进行表示、传递和处理。这包括产品设计、生产计划、工艺流程等各个方面的信息。通过数字化，制造系统能够在虚拟环境中进行设计和模拟，从而优化生产流程、降低成本并提高产品质量。虚拟化技术使得制造过程能够在计算机模拟环境中进行测试和验证，从而降低了试错成本，提高了生产效率。数字化和虚拟化的特征为制造系统的智能化提供了技术支持，使其更好地适应快速变化的市场需求。

最后，制造系统的不断演进是其独特的发展特征。随着科技的不断进步，新的制造技术和方法不断涌现，并被引入制造系统中，以应对不断变化的市场和技术环境。人工智能、机器学习、工业互联网等先进技术的应用为制造系统注入了更多的智能和灵活性。自动化和机器人技术的不断进步使得制造系统能够实现更高程度的自动化，提高生产效率。这种不断演进的特征使得制造系统具有强大的适应性，能够在不同的产业背景和市场需求下持续发展。

综合而言，制造系统的复杂性和协同性、数字化和虚拟化，以及不断演进的特征共同构成了其在现代工业中的独特面貌。这些特征使得制造系统能够更好地应对挑战，推动产业的创新和发展，为实现高效、智能和可持续的制造奠定了基础。随着科技的不断推进，制造系统将继续演变，以适应新的技术和市场发展趋势，推动制造业朝着更加智能、灵活和可持续的方向发展。

1.1.3 制造系统的基本要素

制造系统是一种复杂的组织结构，旨在通过一系列机制和流程，有效地转换各种输入资源，最终生成有价值的输出。这一系统的运作涉及多个基本要素，包括输入、转换、输出、机制、约束和反馈。

1）输入：输入是制造系统的起点，它包括一切系统需要的原始材料、能源、信息和人力资源等。输入是制造系统运作的基础，为转换过程提供了必要的素材和动力。在制造系统中，输入的多样性取决于产品或服务的性质，可能包括原材料、零部件、劳动力、能源、信息等。这些输入元素共同构成了系统的初始状态，触发了整个生产链的启动。

2）转换：转换是制造系统的核心要素，代表了将输入转变为输出的过程。这个过程可能包括多个阶段，涉及物理变化、化学反应、信息处理等。转换过程的复杂性取决于产品或服务的性质，以及系统所采用的技术和工艺。在制造业中，转换可以是机械加工、化学合成、信息处理等多种形式。这一阶段需要机制的支持，如生产设备、工具、自动化系统等，以确保高效、精确地执行转换任务。

3）输出：输出是制造系统的终点，代表系统生成的产品、服务或其他结果。输出是整个系统的目标，反映了系统成功执行其功能的程度。在制造业中，输出可以是物理产品，如汽车、电子设备，也可以是服务，如客户支持、售后服务等。输出的质量、数量和时效性是制造系统绩效的重要指标，直接影响系统的竞争力和客户满意度。

4）机制：机制是指在转换过程中使用的设备、工具、机器和技术等。这些机制是制造系统的实际执行者，通过执行物理、化学或信息处理任务，实现从输入到输出的转变。在制造系统中，机制的选择和设计对系统的效率、灵活性和适应性至关重要。现代制造系统通常包括各种先进的生产设备、自动化系统、信息技术和机器人等，以提高生产效率和产品质量。

5）约束：约束是影响制造系统设计和运作的限制和规范。这些约束涉及资源、时间、质量、法规等方面。在实践中，制造系统需要在有限的资源和时间内完成生产任务，并且必须符合各种质量和安全标准。约束是系统设计的重要考虑因素，也是系统在实际运作中需要不断平衡的因素。资源约束包括原材料的可获得性、劳动力供应、能源成本等；时间约束涉及产品交付期限、生产周期等；质量约束涉及产品符合的质量标准、客户期望等。

6）反馈：反馈是制造系统中一个至关重要的要素，它代表着从输出到输入的信息流。这种信息流允许系统评估其性能，并做出必要的调整和改进。反馈机制使制造系统具备学习和适应能力，以便在未来的运作中提高效率和质量。反馈可以有多个来源，包括质量检测、生产数据分析、客户反馈等。通过不断的反馈循环，制造系统可以迭代改进其设计、流程和执行，以适应变化的市场需求和技术进步。

将这些要素整合在一起，可以用一个综合的模型来描述制造系统的运作。在这个模型中，输入通过转换过程被转化为输出，机制支持着这个转换过程，同时受到约束的限制，而反馈机制则不断地优化整个系统。这个模型反映了制造系统的动态性和复杂性，强调了各个要素之间相互依存的关系。制造系统的基本模型如图 1-2 所示。

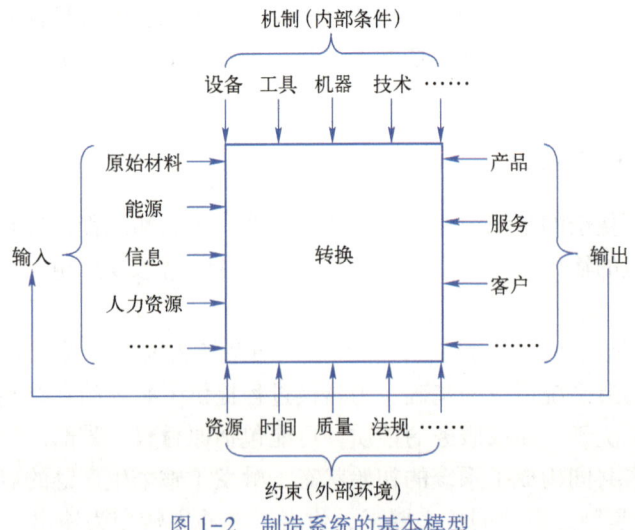

图 1-2 制造系统的基本模型

1.1.4　制造系统的类型

制造系统主要可以分为离散型制造系统和连续型制造系统,这两种制造系统在生产过程中分别有不同的特点和运行方式。

1. 离散型制造系统

离散型制造系统是一种广泛应用于制造业的生产模式,其主要特征是以离散型生产过程生产离散型的产品。在这种系统中,生产过程通常被分解为一系列离散的步骤,每个步骤负责处理特定的零部件或组件。典型的例子包括汽车制造、电子设备生产和家具制造等。

在离散型制造系统中,产品的生产流程通常以装配为主,原材料和零部件在各个工序中经过特定的加工、组装和检验,最终形成成品。这种生产方式的优势之一是灵活性。由于产品是由不同的零部件组合而成,生产线可以相对容易地进行调整以适应不同的产品规格和型号,使得制造商能够更灵活地满足市场需求和客户个性化的要求。

管理离散型制造系统需要高效的计划和调度,以确保不同工序之间的协调。每个生产步骤都需要在适当的时间按顺序完成,以避免生产线的停滞。这通常涉及先进的制造执行系统(Manufacturing Execution System,MES)和计划排程系统的应用。同时,离散型制造系统还需要有效的库存管理,以平衡原材料和在制品的储备,确保生产的连续性。

2. 连续型制造系统

连续型制造系统是一种专注于生产连续流动产品的制造方式。这种系统常见于化工、石油、能源等领域,其生产过程是持续不断的,并且物料在生产线上以连续流动的方式进行加工。与离散型制造相比,连续型制造具有大规模生产和产品一致性高等特点。

在连续型制造系统中,典型的生产设备包括反应器、管道、传送带等。这些设备被设计成能够持续地处理原材料,并将其转化为成品。例如,在炼油厂中,原油通过一系列连续的化学反应和分离过程,最终被转化为各种石油产品。这种连续生产流程的优势在于高效率和高资源利用率,适用于连续型产品的生产。

管理连续型制造系统通常需要更高水平的自动化和监控技术。由于生产过程是连续的,因此对各个步骤的监测和调整要求更为严格。先进的过程控制系统和实时监测技术通常被广泛应用于连续型制造系统。然而,连续型制造系统的挑战之一是其相对较低的灵活性,即难以迅速适应不同的产品规格和市场需求的变化。

综合上面两种制造系统的分析可以看出,制造系统的选择主要取决于产品特性等因素。对于一些含有连续型和离散型特点的产品,如瓶装饮料的生产等,则需要采用连续型和离散型混合的制造系统。

1.1.5　制造系统的重要性和挑战

制造系统在当代社会中扮演着至关重要的角色,它是经济、就业、技术创新等多个方面的关键组成部分。然而,随着制造业的全球化和科技的迅猛发展,制造系统也面临着一系列巨大的挑战。

1. 制造系统的重要性

1)经济发展的引擎:制造系统是一个国家或地区经济体系的引擎。通过将原材料转化为最终产品，制造业不仅创造了巨大的附加值，还直接促进了国内生产总值的增长。好的制造系统能够提高生产效率、降低生产成本、提升产品竞争力，从而推动制造系统乃至整个区域经济的发展。

2）就业机会的创造：制造业通常是一个国家就业机会的主要来源之一。从研发、设计到生产、销售，制造系统涉及各个层面的工作，创造了大量的就业机会。这有助于降低失业率，增加社会的稳定性。

3）技术创新的推动者：为了提高生产效率和降低成本，制造业一直是技术创新的推动者。引入先进的制造系统，可以促进生产技术、智能制造和数字化工艺等方面的发展，不仅可以提高产品质量，还可以带动整个社会的科技进步。

4）产业链的支柱：制造业是一个庞大而复杂的产业链的核心，与原材料供应商、物流公司、零售商等相互关联。一个强大的制造系统有助于构建健全的产业链，促进各个环节的协同发展。

2. 制造系统面临的挑战

1）全球化竞争的压力：随着经济全球化的不断深入，制造业面临来自世界各地的激烈竞争。一方面，这为企业提供了更广阔的市场，但另一方面，也使得企业需要不断提高自身的竞争力，以适应全球市场的变化。

2）自动化对就业的影响：随着自动化技术的广泛应用，制造系统中一些传统的工作岗位可能会受到影响。虽然自动化提高了生产效率，但也带来了一些岗位的消失。制造系统需要找到平衡，通过开展培训、提升员工技能，确保工人能够适应新的工作要求。

3）可持续性和环境问题：制造过程对环境会产生一定的影响，包括能源消耗、废物排放等。随着社会对可持续性和环保的关注不断增加，制造系统需要采取更加环保和可持续的生产方式，以符合社会的可持续发展理念。

4）供应链风险和不稳定性：制造业通常依赖于复杂的全球供应链，涉及多个国家和地区。自然灾害、政治不稳定等因素可能导致供应链中断，影响生产计划和产品交付。有效的供应链管理成为制造系统必须面对的挑战之一。

5）数字化转型的复杂性：随着第四次工业革命的到来，制造系统需要采用物联网、大数据、人工智能等技术进行数字化转型。然而，这一转型过程涉及复杂的技术、管理和文化变革，需要企业付出大量的精力和资源。

总体而言，制造系统在现代社会中既是经济的支柱，也是科技创新和就业的关键驱动力。然而，随着经济的全球化和技术的快速发展，制造系统也面临着前所未有的挑战。通过创新、可持续发展和适应性的策略，制造业有望克服这些挑战，实现更加稳健和可持续的发展。

1.2 制造系统的主要类型

现代制造系统经过多年的发展，出现了多种形式，这些不同类型的制造系统相互联系而又各有特点。其中，计算机集成制造、并行工程、精益生产、敏捷制造、大规模定制、虚拟制造、绿色制造、智能制造是典型的现代制造系统。通过计算机集成制造，生产过程得以进行数字化整合，实现生产资源的高效利用。并行工程优化了产品设计和制造工序，使其能够同步进行，提高了开发速度。精益生产和敏捷制造注重通过消除浪费和灵活响应市场需求来提高效率。大规模定制则通过智能化生产线，允许按需定制产品，实现了规模经济和个性化需求的平衡。虚拟制造利用仿真技术在数字环境中优化产品设计和生产流程，缩短产品开发周期，降低产品成本。绿色制造是一种贯穿产品全生命周期且高效、低耗、低污染的现代化制造模式，注重资源和环境的协调发展。智能制造通过融合数字化与智能化技术，旨在提升生产效率、降低成本，并实现制造过程的智能化与优化。这些制造系统的存在推动着制造业向更为灵活、高效和以客户为主的方向发展。

1.2.1　计算机集成制造

计算机集成制造是一种综合利用计算机技术和信息技术的制造模式，其目标在于通过高度集成的信息系统，整合生产、设计、计划、控制等各个制造环节，实现生产流程的数字化、智能化和高效化。这一概念涵盖了产品制造的全过程，从产品设计和开发，到生产和最终交付，都依赖于计算机系统的协同和数据共享。

首先，在计算机集成制造中，关键的一步是数字化建模。产品的设计和制造信息以数字形式表示，形成虚拟的产品模型。这一模型包括了从产品的几何形状到物料、工艺、性能等方面的信息，为整个生产过程提供了可视化和全面的基础。数字化建模不仅使设计更加精确，同时也为后续的生产和管理提供了数据基础。在数字化建模的基础上，计算机集成制造引入了全面的信息化系统。这一系统包括了计划调度、质量控制、库存管理、供应链协同等多个方面。通过这些系统，企业可以实现对整个生产过程的实时监控和调度，使得生产计划更加灵活、高效。生产中的各个环节可以通过计算机系统实现自动控制，从而提高生产效率，降低成本。

另外，计算机集成制造也强调协同工作和信息共享。各个部门和环节之间的信息可以通过计算机网络实时传递，使得整个生产过程更加协同。设计部门的变更可以快速反映到生产线上，而生产过程中的数据也可以快速反馈到设计中以便进行优化。这种信息流的畅通使得企业能够更好地适应市场需求的变化，提高对市场的响应速度。

计算机集成制造是一种利用先进的计算机技术和信息技术，对制造系统进行全面优化的制造模式。通过数字化建模、信息化系统以及协同工作的方式，企业能够实现更为灵活、高效、可持续的制造过程，从而在竞争激烈的市场中获得更大的优势。

1.2.2　并行工程

并行工程是一种以加速产品设计和制造过程的理念为基础的创新方法。其核心思想在于同时进行产品的不同工程阶段，以便在整个生命周期内减少时间和资源的浪费。这一方法超越了传统的线性工程模型中各个阶段相继串行进行的模式，取而代之的是通过同时执行多个任务，实现快速而高效的产品开发。

与传统的串行工程相比，并行工程的最大特点是在产品开发的不同阶段同时进行多个任务。这包括了从概念设计、详细设计到制造和测试等各个环节。通过将这些任务并行化，企业可以大幅缩短产品的上市时间，更迅速地响应市场需求。例如，在产品的设计阶段，制造和测试工程师可以与设计师同时协作，而不是等到设计完成后再开始后续工作，从而实现了更紧密的工作协同和更高效的开发过程。并行工程注重信息的实时共享和沟通，通过先进的信息技术和通信工具，不同团队之间可以实时交流设计变更、问题解决和进展情况。这种实时的信息共享有助于团队更好地协同合作，及时调整和优化产品设计，从而减少了因为信息传递延迟而导致的问题和浪费。并行工程的成功还依赖于跨职能团队的协作。各个职能团队在项目的早期阶段就开始紧密合作，形成一个协同的整体。这种跨职能团队的协作有助于降低信息传递的成本，减少沟通误差，推动项目在整个生命周期内更为高效地进行。

并行工程是一种更加灵活和高效的产品开发方法，旨在通过同时执行多个任务、实时共享信息和跨职能团队协作来加速产品上市。这一方法在当今竞争激烈的市场环境中，为企业提供了应对快速变化和不断创新的手段，有助于企业更迅速地满足客户需求并取得市场优势。

1.2.3 精益生产

精益生产是一种以最小化浪费为核心理念的生产管理方法，旨在通过精细的流程优化、高效的资源利用和持续改进，实现生产过程价值创造的最大化。这一理念最初源于日本汽车制造业，特别是丰田生产系统。精益生产不仅仅是一种生产方式，更是一种全面的企业文化和经营哲学。

精益生产的关键概念之一是"杜绝浪费"，这包括杜绝任何不为客户创造价值的活动或资源的浪费。为了减少浪费，精益生产提倡通过持续改进来优化整个价值流程。价值流程指的是从原材料采购到最终产品交付给客户的整个流程。通过剖析价值流程，精益生产可以识别和消除不必要的环节，提高生产效率，降低成本。精益生产的另一个核心概念是"持续改进"，也被称为"改善"。"改善"强调员工参与和持续学习，通过小步骤的改进来不断提高生产效率和产品质量。这种文化使得企业能够快速适应市场变化，迅速发现和纠正问题，从而更具竞争力。此外，精益生产强调"拉动式生产"的概念，即根据客户需求来驱动生产，而不是根据内部生产能力实施推动式生产。这有助于减少库存和缩短生产周期，提高响应速度。围绕这些核心概念，精益生产还包括一系列工具和技术，如5S整理法、单件流、JIT（准时化）生产等。这些工具和技术能够帮助企业更好地实施精益生产理念，最终实现生产的高效、灵活和质量可控。

精益生产通过杜绝浪费、持续改进、拉动式生产等手段，使企业能够在激烈的市场竞争中降低生产成本，提高产品质量，为客户创造更大的价值。这一方法不仅在制造业取得了成功，在其他领域也得到了广泛应用，成为提升组织绩效的重要工具。

1.2.4 敏捷制造

敏捷制造是一种以灵活性和快速响应为核心理念的制造管理方法。它强调在不断变化的市场环境中，通过迭代、协作和适应性来实现生产过程的高效性和灵活性。敏捷制造的目标是在保持高质量的前提下，更快地推出新产品，更灵活地满足客户需求，并通过不断改进的方式提高生产效率。

在敏捷制造中，团队是关键要素。传统的层级式管理被替代为自组织的跨职能团队，他们共同负责项目的各个方面。这种扁平化的组织结构使得团队能够更迅速地做出决策，快速适应变化，并更好地协作。此外，敏捷制造倡导通过面对面的沟通和合作来提高团队的效率和创造力。

敏捷制造强调迭代开发，将产品的开发过程分为多个短周期的迭代，每个迭代称为一个"冲刺"。在每个冲刺结束时，团队都会交付一个可用的产品部分，使得产品的开发过程更加透明，客户可以更早地参与开发过程并提供反馈，从而确保最终产品更符合市场需求。

敏捷制造是一种注重快速、灵活和协作的制造管理方法，通过强调企业合作和迭代开发，更快速、更灵活地响应市场变化，提高生产效率，满足客户需求。

1.2.5　大规模定制

大规模定制是制造系统中的一种先进生产模式，旨在实现用大规模生产的成本和效率为客户提供个性化或部分个性化的产品，满足市场不断增长的个性化需求趋势。随着计算机等技术的快速发展和应用，该模式可以通过整合先进的数字技术、自动化流程和灵活的生产策略，使制造企业能够高效地生产大批量定制产品。首先，数字技术在大规模定制中扮演着关键角色，包括计算机辅助设计、虚拟仿真和数据分析。这些技术使企业能够迅速响应客户需求，通过定制化的设计方案为消费者提供个性化的产品选择。其次，自动化流程的应用使生产线更加灵活和高效。通过采用智能化的生产设备和机器人系统，制造企业能够迅速转变生产线，以适应不同产品规格和设计要求。这种高度自动化的生产环境提高了生产效率，降低了生产成本，并使企业能够更加灵活地应对市场变化。最后，大规模定制还涉及供应链的重构和优化。通过建立更加灵活和响应迅速的供应链网络，制造企业能够更好地协调原材料和零部件的供应，确保生产过程的连续性。供应链的数字化和智能化也使企业能够更好地预测市场需求，避免库存过剩或不足的问题。

大规模定制能够低成本、高效率地满足客户对个性化产品的不断增长的需求。随着技术的进步，大规模定制可以通过整合先进技术、优化生产流程和重新构建供应链，使制造企业能够实现高效、灵活和定制化的生产，提升其市场竞争力，同时为客户提供更加个性化的产品选择。这一模式的推广和应用将在制造业中引领新的发展方向，推动行业不断迈向智能、定制化的未来。

1.2.6　虚拟制造

虚拟制造（Virtual Manufacturing，VM）是通过高级仿真技术在数字环境中构建产品和生产系统的虚拟模型，从而可以在实际制造之前进行全面测试和优化的一种制造模式。该技术整合了计算机辅助设计（CAD）、计算机辅助工程（CAE）和计算机辅助制造（CAM）等工具，实现了对产品从设计到生产的全过程模拟与优化。

虚拟制造的实施开始于创建产品的三维数字模型，该模型不仅涵盖产品的几何结构，还包括其材料特性、力学行为、热处理工艺及装配流程等多方面的数据。利用这些虚拟模型，工程师可以在虚拟环境中进行深入分析和仿真，以识别设计阶段潜在的问题，并预测制造过程中可能出现的故障，从而显著降低开发过程中用于试验和调整的成本与时间。这一过程允许在产品实际生产之前，对其设计和制造过程进行全面优化，从而显著提升生产效率。

虚拟制造技术还推动了并行设计和制造的实现。在虚拟环境中进行设计和生产的同步处理，使得设计阶段能够充分考虑制造过程中的各种限制条件，从而缩短产品开发周期并提升生产效率。此外，虚拟制造技术还促进了多领域的协同开发。通过基于同一虚拟模型的协作，不同专业的工程师能够高效地共享信息和数据，从而显著提高团队的整体工作效率。

随着数字孪生、虚拟现实（VR）和增强现实（AR）等新兴技术的不断发展，虚拟制造的精确度和直观性得到了进一步提升。这些技术的融合不仅增强了虚拟模型的真实感，还提高了对复杂制造系统的可视化能力，从而为企业创造了更大的经济和技术价值。

1.2.7 绿色制造

绿色制造（Green Manufacturing, GM）是一种以资源高效利用、环境保护与经济效益最大化为核心目标的现代制造模式。其核心理念贯穿产品的全生命周期，包括设计、生产、包装、运输、使用、回收等阶段。绿色制造通过降低资源消耗、减少污染排放、提高能效和资源利用率，旨在实现经济发展与环境保护的协调统一。

在绿色制造模式下，生态设计理念得到充分体现。在产品设计阶段，着重选择低环境影响的材料，简化结构设计，并优化工艺流程，以有效减少生产过程中废物和污染的产生。例如，通过选择可再生材料和减少有害物质的使用，能够显著降低产品对环境的负面影响。同时，绿色制造强调能源的高效利用，提倡采用清洁能源，并在生产过程中最大限度地减小对环境的负面影响。

绿色制造的理念不仅仅关注生产过程，还延展至产品的使用与处置环节。通过提升产品的能效、延长产品的使用寿命以及增强产品的可回收性，绿色制造旨在减少资源的消耗和废弃物的产生。例如，设计可拆解的产品使得各个部件在产品生命周期结束后能够被有效回收，从而减少对原生资源的依赖并降低对生态系统的破坏。

随着全球对可持续发展关注度的不断提升，绿色制造已成为制造业转型升级的关键方向之一。企业在实现经济效益的同时，通过积极采取绿色制造措施，承担了更多的社会责任，并为构建资源节约型和环境友好型社会做出了贡献。

1.2.8 智能制造

智能制造（Smart Manufacturing, SM）是一种融合了数字化与智能化技术的现代制造模式，旨在通过自动化、信息化、网络化和智能化手段，实现生产过程的智能控制与优化管理。其核心目标是提升生产效率、降低制造成本、提高产品质量，从而增强企业的市场竞争力。

智能制造体系广泛应用了物联网（IoT）、大数据和人工智能（AI）等技术。这些技术通过在生产设备中嵌入传感器，实现生产数据的实时采集与分析，从而使生产过程更加透明且可控。智能制造结合了人工智能与传统先进制造工艺，为传统制造业的生产方式提供了升级途径，并改变了制造业的运营模式，创造了显著的经济效益。人工智能技术的引入使得生产过程能够在最大程度上实现自动化，节省人力和物力，并通过数据处理技术优化供应链管理，提升整体供应链的效率与响应速度。

智能制造还强调人机协作，通过智能设备和系统的引入，减轻劳动强度并提高工作效率。例如，智能机器人在执行复杂操作任务时，能够提高生产线的灵活性和效率。此外，个性化定制成为智能制造的重要特征之一，通过柔性生产线与智能生产系统，企业能够快速响应客户的个性化需求,实现大规模定制生产。这种高度灵活的生产模式使得企业在快速变化的市场环境中能够保持竞争优势。

随着工业互联网的发展,智能制造将进一步推动制造业的数字化转型,帮助企业实现生产全流程的智能化,构建智能工厂,推动制造业朝着高效、绿色与柔性的方向发展。这种转型不仅提高了生产效率和产品质量,还为制造业的可持续发展奠定了基础。

1.3 智能制造系统计划与控制的关键技术

1.3.1 智能生产计划

智能生产计划中的三种关键模型,分别为经济制造数量(Economic Manufacturing Quantity,EMQ)问题模型、单设备有限产能批量问题(Capacitated Lot Sizing Problem,CLSP)模型和流水线条件下的 CLSP 模型,三者共同构成了生产计划优化的核心。这些模型在不同的应用场景中,通过智能算法和实时数据分析,提高了生产效率、降低了成本,使企业更具竞争能力。

在智能生产计划的演进中,为了优化生产批量,提出了经济制造数量模型,该模型考虑了设备故障和维护成本对生产与库存持有成本的影响。同时,使用静态和动态的方法来实现最小化生产与库存持有成本,其中静态的方法依赖于确定性的最优批量计算,而动态的方法则根据实时的设备故障和维护情况来调整批量决策,以应对生产过程中的不确定性。这种方法为企业在制造过程中面对设备故障和维护对生产造成的影响提供了实时洞察和决策支持,使其能够更准确地做出批量决策以达到降低总体运营成本的目的。

然而,相比于经济制造数量问题模型,单设备有限产能批量问题模型更适用于多产品、动态需求、计划期有限的复杂生产环境,其目标是通过确定不同生产周期内的产品批量,最小化生产成本。CLSP 模型的一个关键特征是考虑了设备运行时间的产能约束,尤其是在生产过程中可能发生设备故障和日常维护的情况下。因此,在模型中针对因操作引起的故障类型和因时间间隔引起的故障类型分别提出了一种集成建模:基于设备运行的集成模型和基于时间间隔的集成模型。通过这种方式,CLSP 模型能够灵活调整维护周期,从而减少维护成本、避免设备过度维护。这种高度智能化的调度系统在提升设备维护灵活性和应对设备故障等不确定性方面发挥着关键作用。企业通过实施这一模型,不仅可以提高制造效率,还可以降低生产风险,为可持续发展奠定了坚实基础。

随着对 CLSP 模型的深入探讨,模型的复杂性达到了一个新的高度。流水线条件下的 CLSP(容量受限生产调度问题)模型主要关注多阶段制造系统的复杂性,特别是在存在设备故障与维护需求的情况下。该模型通过分析批量生产在流水线系统中的完成时间,评估设备间的协作效率及其对整体产出的影响。流水线系统中的完成时间取决于瓶颈设备的加工时间,且故障可能导致生产中断,增加调度复杂性。模型从微观层面对系统的运作机制进行研究,结合故障抽样仿真,计算系统的产出率,并分析系统配置(如缓存空间、设备数量)对产出率的影响。此时,智能生产计划系统对生产过程中的每一个环节进行动态优化,确保各设备之间的协调运作,从而最大化生产效率。该模型不仅解决了传统生产计划中存在的问题，还通过智能化的调度与管理，为企业提供了更加灵活和高效的生产方案。此外，这种高度协同与智能化的流水线 CLSP 模型，为企业的数字化转型和智能制造奠定了坚实基础，推动了生产流程向自动化、智能化方向发展。通过应用该模型，企业也能够更有效地优化资源配置，减少生产成本，提升整体竞争力。

上述三个模型共同塑造了智能生产计划的核心。这些模型通过融合先进算法和实时数据分析，能够在不同的生产场景中提升效率、降低成本、增强企业的竞争力。通过综合考虑设备故障、维护需求和生产复杂性，这些模型为企业提供了灵活高效的生产管理方案，助力企业实现智能化转型、优化资源配置、提升整体竞争力。

1.3.2　智能调度

智能调度系统依赖于软件和硬件的智能性与自主性，既需要能够实时收集感知系统内各类资源的状态，也需要有高效、协同、优化的决策智能。其核心主要涵盖了人工智能技术、计算智能技术、多智能体系统等。

人工智能技术在智能调度中的角色至关重要，其典型的技术包括模糊逻辑、专家系统、机器学习等。模糊逻辑通过处理不确定性和模糊性，提高了调度算法的灵活性，但也存在泛化能力较弱的问题。专家系统可以模拟人类专家的决策过程，尽管其支持不确定知识的推理，但在灵活性和创新性方面存在局限。此外，机器学习技术如案例推理、决策树和神经网络，在解决复杂调度问题方面具有强大的学习和适应能力，但在处理时间和计算成本上也面临挑战。

计算智能技术在智能调度中发挥着重要作用。计算智能技术通过借鉴生物智能和物理现象，提出了基于邻域搜索和种群迭代的优化算法。模拟退火和禁忌搜索等基于邻域搜索的算法在全局优化能力上表现出色，但可能存在收敛速度慢和参数设置复杂的问题。而遗传算法、蚁群优化和粒子群优化等基于种群迭代的算法，在解决复杂问题上具有优势，但容易陷入局部最优。这两种技术都有其优势和局限，因此，在实际应用中往往需要结合多种技术以实现更优的调度方案。

多智能体系统（MAS）的引入为智能调度带来了强大的协调机制和冲突解决策略。在制造系统调度中，MAS 能够利用其自治性、社会性和协同性，实现资源和任务的高效调度。协调机制和冲突解决策略是 MAS 的核心，常见的冲突解决策略包括基于约束、规则、事例和协商等类型。智能体之间通过实时共享信息和资源状态，实现了更紧密的协同工作，从而优化了整个生产流程。这种协同决策机制确保了 MAS 在复杂动态环境中的稳定性和高效性，提高了生产调度的整体效能。

智能调度还依赖于强大的计算和数据处理能力，除了上述核心技术外，机器视觉、数字化工厂组网方案、工业 5G 及上云等关键技术也在智能调度中发挥着创新作用。这些技术赋予制造系统强大的数据处理和网络连接能力，支持数字化工厂的智能调度和资源优化，最终实现高效的生产决策和智能运维管理。这些技术的综合应用，为智能调度系统的发展提供了更为全面和先进的解决方案。未来，随着这些技术的不断进步，智能调度将持续演进，为企业带来更大的竞争优势。

综合而言，这些智能调度技术的协同应用使得生产调度更加智能、高效、灵活。这种综合性的智能调度系统有助于企业提高生产效率、降低制造成本，从而也使得企业更具市场竞

1.3.3 数字化质量管理

数字化质量管理在质量数据采集、质量数据处理、质量大数据建模与分析、质量可视化与协同管理、异地可视化协同监控系统等方面的全面运用，为企业打造了一个完整而强大的数字化框架。这个框架不仅提供了质量管理的全面数据支持，而且通过智能分析和可视化呈现，使企业能够更灵活、高效地应对复杂的质量管理挑战。

质量数据采集技术是数字化质量管理的核心。现代制造业借助先进的传感器、RFID（射频识别）、条码扫描器等技术，可以实现对生产过程中产生的各类质量数据进行实时或周期性采集（采集的数据类型包括尺寸、温度、压力、湿度等物理量，以及生产过程中产生的工艺参数、设备状态等信息），并将采集到的数据实时传输至质量管理系统。此外，采用三坐标测量机、通用数字化检测仪器等设备，可以实现精准的质量检测和数据管理，能够为后续的数据处理和分析提供可靠的数据基础。全流程物料数字化管理通过引入智能化、自动化和联网等技术，实现物料的精细化管理和仓储作业的智能化，提升产品质量和管理效率。同时，企业借助新一代信息技术检验和测试数字化管理，实现了从设计到生产的全方位数据监控和质量控制，为企业的数字化转型和可持续发展奠定基础。

采集到的海量质量数据需要经过有效的处理和清洗，以确保数据的准确性和可用性。数据处理技术包括数据预处理、数据融合、数据分析和数学建模等方面。通过数据清洗、数据变换和数据规约等数据预处理的方法，可以提高数据的质量和适用性。将数据融合为多元数据，使其能够提供更全面的信息，以方便使用统计和机器学的方法进行数据分析，进而来挖掘数据中的模式和趋势。通过数学建模将质量管理模式转化为数学模型，以支持质量预测、问题分析和优化。

随着质量数据的不断积累，建立质量大数据模型成为关键。采用大数据技术，将质量数据存储在分布式数据库中，企业就能够在大数据驱动下对产品质量进行全过程、全生命周期、全价值链的分析与控制，并利用大数据深入挖掘质量数据的价值，及时识别质量风险和机遇。同时，将大数据技术运用于质量控制和决策，能够提升响应速度、降低决策风险，并通过持续改进，提升用户体验，增强应对不确定性的能力，最终实现产业链与供应链的质量协同。通过历史数据和实时数据，预测潜在的质量问题，并提供实时的质量控制建议，帮助企业及时应对生产中的质量挑战。

质量可视化与协同管理技术通过将生产现场复杂的质量信息转化为直观的图形和图表，使操作人员能够快速理解和分析数据，优化决策并提高生产效率。企业借助可视化工具不仅能及时发现异常，实现实时监控和多维数据展示，还能帮助管理层更好地理解生产过程中的质量特征，增强管理能力。同时，结合质量闭环追溯和电子质量档案技术，企业可以实现对生产过程的实时跟踪、异常锁定和质量信息的集成管理，实现协同管理，从而提高决策效率和问题解决速度，全面提升质量管理水平。

随着企业分布式生产的普及，建立异地可视化协同监控系统成为数字化质量管理的重要组成部分。这一系统通过计算机网络和数据库技术，支持企业及其相关方对质量体系和产品生命周期的全面监控与协作处理。该系统涵盖关键工序、车间、工厂、用户、上级机构和认证机构等多个层面的质量监控，确保及时发现质量问题并进行协同处理，促进质量管理的全方位闭环控制和持续改进。

数字化质量管理通过综合应用质量数据采集、处理、建模、可视化和异地协同监控等技术，将显著提升企业的质量管理水平，实现质量管理的智能化和高效化。通过对质量数据的精准采集、有效处理，建立质量大数据模型，实现质量可视化与协同管理，以及构建异地可视化协同监控系统，企业能够更好地适应市场变化，提高产品质量，降低生产成本，取得竞争优势。

1.3.4 知识管理

在信息化和科技不断发展的时代，知识管理（KM）已成为推动社会进步和提升组织效能的关键。知识管理是一个跨学科领域，涉及计算机科学、人工智能、信息科学等多个学科，在质量管理中的应用尤为重要。质量管理的核心在于保证产品和服务的质量，而知识管理能够通过先进的技术手段，优化质量管理流程，提高质量管理系统的效率和效果。

在知识管理领域，对知识的获取和表示是一项引人注目的研究任务。随着信息的不断涌入，信息来源丰富多样，包括从生产数据、检验报告到客户反馈等多个方面。利用自然语言处理、数据挖掘和知识抽取等技术可以从这些信息中提取有价值的知识。这些技术有助于建立一个全面的质量知识库，为质量管理提供丰富的数据支持和决策依据。企业通过构建这种知识库，能够更好地识别质量问题的根源，进而制订有效的改进措施。

知识管理的另一个核心任务是知识的组织和管理。通过运用知识图谱、本体论等技术，质量数据和信息可以被结构化组织，形成清晰的知识网络。这种结构化有助于提高对质量数据的理解和利用效率，进而支持质量控制和改进工作。例如，利用图数据库技术对质量数据进行存储和检索，可以应对大规模质量数据带来的挑战，使得质量管理系统更加灵活和高效。

同时，知识管理致力于知识的推理和应用。通过逻辑推理、专家系统等技术，质量管理系统不仅能够静态地存储和组织知识，还能够进行智能决策支持和问题解决。这包括在质量检测、缺陷预测、生产过程优化等方面的应用。例如，智能决策支持系统能够基于历史数据和实时信息提供决策建议，帮助管理者及时调整生产策略，提升产品质量。知识管理的发展不仅仅是对知识进行处理的过程，更是对人类思维和决策能力的增强，为我们迎接未来挑战提供了前所未有的机遇。

知识管理作为应对信息时代挑战的综合性技术体系，在质量管理中的应用不仅涉及技术手段的运用，更强调对组织知识的综合管理和应用。通过知识管理，企业可以有效处理和利用大量的质量数据，提高质量管理的智能化和创新水平。这种综合性解决方案有助于培养企业在质量管理中的知识运用能力，提升整体质量管理系统的效能，推动质量管理的持续改进和发展。此外，知识管理不仅提供了先进的技术手段来处理、组织和应用质量数据，还提升了质量管理系统的智能化水平。通过有效的知识获取、组织、推理和应用，知识管理能够显著提升质量管理的效率和效果，为企业的可持续发展和社会的进步提供了强大的支持。

复习思考题

1. 什么是制造系统？制造系统的关键组成部分有哪些？
2. 制造系统的基本要素有哪些？
3. 制造系统有哪些特征？
4. 制造系统的核心目标是什么？
5. 制造系统的硬件和软件构成分别是什么？举例说明其作用。
6. 简述制造系统的数字化和虚拟化特征，并举例说明。
7. 简述离散型制造系统的优势，并举例说明。
8. 比较离散型制造系统和连续型制造系统的特点及其应用场景。
9. 智能制造系统与传统制造系统相比有哪些优势？
10. 描述制造系统智能化进展中的"精益生产"和"敏捷制造"的基本概念。
11. 解释"精益生产"中的"拉动式生产"概念。
12. 什么是知识管理？

第 2 章 智能生产计划

随着原材料和劳动力成本的不断上升,制造企业为了保持竞争优势,正越来越多地依赖智能制造系统。其中,生产计划作为智能制造系统的核心部分,直接关系到企业的运作管理和效率提升。智能化的生产计划不仅可以有效整合企业内外部资源,还能通过实时数据驱动的方式,灵活应对市场需求的变化,从而提高生产效率、降低成本。

智能制造系统通过大数据分析、人工智能、物联网和自动化技术,为生产计划的制订与执行提供了全面支持。在这一过程中,智能生产计划可以精细化管理生产要素,优化其配置,以实现最佳的运营效率。例如,通过对设备状态、市场需求和生产环境的实时监控,智能制造系统可以动态调整生产节奏与批量规模,使得生产安排更加科学合理。

对于离散制造型企业而言,批量生产仍然是其重要的生产组织方式。在智能制造系统的支持下,批量生产的灵活性显著提高,通过智能化手段,企业能够根据实时数据优化生产批量和资源分配,确保既满足规模经济效应,又能够有效应对外部的多样化需求。这种基于数据驱动的生产计划和批量管理,不仅提升了生产的效率和准确性,也减少了不必要的资源浪费和成本开销。智能生产计划使企业能够在竞争激烈的环境中,通过更高效和灵活的生产方式保持领先地位。这一智能化优化方案能够最大限度地提高生产效率,同时保持对市场动态变化的灵活响应,从而实现制造企业的长期可持续发展。

2.1 生产计划概述

2.1.1 生产计划基本概念

制造系统的基本目标是在有限资源条件下,以尽可能高效的方式满足外部需求,而智能制造系统在实现这一目标中发挥着关键作用。作为智能制造系统的重要组成部分,生产计划是实现资源最优配置和高效生产的重要手段。按照计划期的时间长度,生产计划可以分为长期计划、中期计划和短期计划。长期计划面向整体需求趋势,涵盖产品设计、设备选择、资源配置、工艺设计以及设施选址等战略性决策。在智能制造系统的支持下,长期计划可以通过大数据分析和预测来做出更科学的战略决策。中期计划决定在计划期内产品的生产种类和批量,目标是在满足外部需求的同时最小化运营成本。智能制造系统通过动态数据采集与分析,能够优化中期计划中的资源分配和生产安排,从而提高整体效率。短期计划则是指在企业日常运作中的作业调度,通过对车间生产任务的实时排序,以最小化特定的客户满意度指标（如最大完工时间）。通过智能制造系统的实时监控与调整，短期计划的灵活性和反应速度大大提高。本章研究的主要是中期生产计划。作为策略层的生产计划，中期生产计划处于战略层和执行层之间，是离散制造企业提高运营效率和响应市场需求的核心环节。当前，学者们针对策略层的中期生产计划进行了广泛研究，并建立了多种与生产批量优化相关的模型，而这些模型在智能制造系统的支持下，能够发挥更高效的作用。

2.1.2 生产计划模型的发展

对许多制造加工型企业而言，生产批量决策是运营管理中的一个重要内容。频繁启动新的产品批量容易导致设备的准备成本上升，反之，为降低准备成本而生产大量产品则会增加产品的库存成本。因此，批量问题研究的基本目标是权衡设备启动与库存水平的关系以实现运营成本的最小化。经济订货量（Economic Order Quantity，EOQ）模型是最早的研究批量问题的模型，主要面向企业外部的生产环境。随后，基于 EOQ 模型，出现了适用于企业内部生产的经济制造数量（Economic Manufacturing Quantity，EMQ）模型，该模型强调生产设备在运行过程中有限产能的特点。在此基础上，经济批量调度问题（Economic Lot Scheduling Problem，ELSP）以 EMQ 为基础，将单产品的批量决策问题扩展到多产品生产环境，同样引起了广泛关注。

批量问题的另一个重要分支以动态的外部需求为研究背景。Wagner 和 Whitin 对生产周期作离散化处理，提出了动态需求的无限产能批量问题（Uncapacitated Lot Sizing Problem，ULSP），而有限产能批量问题（Capacitated Lot Sizing Problem，CLSP）在此基础上进一步引入了生产过程中制造系统的产能约束，同时单阶段 CLSP 模型可进一步扩展为多阶段的能力约束问题（Multi-Level Capacitated Lot Sizing Problem，MLCLSP）。值得注意的是，在批量问题中引入产能约束将大幅提升模型的求解难度。

可以看出，批量问题的研究目的在于决策一定计划期内产品的生产种类与批量大小，在满足外部需求的情况下最小化生产成本。根据实际生产环境来建模相应的批量问题是有效组织各项生产活动、降低生产成本和提高管理运营水平的重要环节。由于外部产品需求与制造系统运作环境的不同，生产批量问题可以从多个角度建模，详见表 2-1。近几年提出的批量问题为了在经典模型基础上进一步扩展研究对象，引入了与生产决策密切相关的要素，如产品需求特性、不同批量的转换及批量排序等，这些新加入的因素极大丰富了批量问题的研究体系。

表 2-1 生产批量问题的分类基准

分类基准	生产批量问题的类型
系统配置	单设备、并行设备、流水线等
能力约束	有限产能、无限产能
产品种类	单产品、多产品
计划周期长度	有限周期、无限周期
需求变动性	静态需求、动态需求
需求的确定性程度	确定性、随机性

2.1.3　生产计划模型类型

单设备系统只包含单台设备，是生产领域中最简单的配置形式之一，从维护角度可将单设备系统进一步分为单部件和多部件两类，本文研究的单设备系统属于单部件形式。单设备系统生产的产品可以是复杂终端产品的某个零部件，或是结构简单的独立产成品。单设备系统的一个重要特点是，当设备发生故障停机时将中断全部的生产活动，停止上游原材料的输入与产成品的输出。

对于可靠的多阶段系统而言，设备故障与维护活动的影响可以忽略不计。多阶段系统具有稳定的运作流程与生产效率，企业在批量生产计划制订过程中往往将整个系统简化为单设备形式进行决策，如独立的 EMQ 和 CLSP 模型。

流水线是最为常见的多阶段制造系统配置方式之一，主要由多台串行配置的生产设备与前后阶段之间的缓存空间组成。在生产过程中，产品依次经过每台设备与相应的缓存空间，在每台设备完成指定的工序内容，直至经过最后一台设备并离开这一系统。许多流水线配置的制造系统均面临生产批量与设备维护的决策问题，如冲压生产线、锻压生产线、铸造生产线、承重砌块生产线及发动机生产线等。

根据流水线系统中前后阶段之间的关联特点，可进一步将其划分为间断型流水线和连续型流水线。前者并非通过一个节奏化的物料搬运系统连接，不同阶段之间的设备效率会有差异并导致在制品的积压现象，工业生产中大多数制造系统与间断型流水线有着某种程度的相似性；后者由设定了节拍的物料搬运系统来刚性连接不同阶段的设备，单台设备的停机将影响整条流水线的运作。

2.2　经济制造数量模型

经济制造数量（Economic Manufacturing Quantity，EMQ）模型是库存控制与批量决策研究领域的一个基本模型，其应用范围包括机械包装、金属件冲压、塑化成形、食品生产及部分化工行业等生产领域。EMQ 模型以企业内部的生产运作为决策背景，涉及现实中广泛存在的设备故障与维护问题，因此批量决策时须考虑设备故障与维护对生产的影响，从而实现系统整体运营成本的最小化。

2.2.1　遇故障批量不可恢复 EMQ 建模

1. 模型描述及静态求解方法

（1）参数及变量描述

d　　　产品需求率

p　　　设备生产率

h　　　库存持有成本

S　　　设备准备成本

M　　　故障维护成本

Q　　　静态决策方法中批量大小

$f(\cdot)$　　设备故障概率密度函数

$F(\cdot)$	设备故障累计分布函数
λ	指数分布情况下设备故障率
*	代表最优值

为简化起见,在此提前设定部分参数的值:$S=450$ 元,$p=35\%$,$d=30\%$,$h=75$ 元。这些参数值与 Groenevelt 等模型一致,其他与故障及维护相关的参数将在数例与抽样仿真中具体说明。

(2)模型描述

假设某个单设备制造系统具有连续稳定的产品需求率 d 与设备生产率 p,由于生产连续进行且 $p>d$,随着时间推移,系统将产生一定产品库存,库存持有成本是库存量的线性函数。同时,每个批量开始时的设备准备成本为固定值 S(不考虑产品缺货、延期和折扣因素的影响)。独立的 EMQ 模型可通过生产批量调整来最小化 S 和 h 两项成本之和(如图 2-1 所示),不考虑设备故障条件下的平均成本 AC 为

$$\mathrm{AC}=\frac{Sd}{Q}+\frac{(p-d)h}{2p}Q \tag{2-1}$$

最优批量 Q^* 为

$$Q^*=\sqrt{\frac{2Spd}{h(p-d)}} \tag{2-2}$$

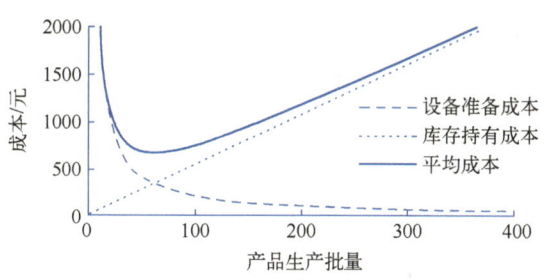

图 2-1　EMQ 模型的平均成本构成

持续的生产运作将引发设备的耗损,增加批量生产过程中发生故障的概率。设故障服从给定的概率密度函数 $f(t)$,故障发生后立即中断生产、进行维护,所需的故障维护成本为 M(忽略事后维护所需时间)。设备故障与事后维护的短暂停机可使一个批量范围内的产品一致性出现较大偏差(如产品颜色、形状与稳定性等),导致故障中断前后生产的产品不能混合使用,或者恢复原批量生产的成本较高,必须在故障后启动一个新的批量。此时通常选择在产品库存耗尽以后启动一个新批量。

上述遇故障批量不可恢复 EMQ 模型中的设备状态在每个批量启动时获得更新,其目标是通过确定产品批量大小 Q,来实现系统长期运作过程中生产-维护平均成本的最小化。由于两次故障之间的时间为独立同分布且库存在批量开始时经历更新,根据更新理论可知,这一长期平均成本可通过一个批量范围内预期成本与预期的运行时长相除获得。

(3)静态求解方法

当生产设备服从给定设备故障概率密度函数 $f(t)$ 条件下,一个批量范围内的总成本 $\overline{C}$ 与设备运行时间 t 内的预期值 $\overline{L}$ 可分别表示为

$$\overline{C} = \int_0^{Q/p}\left[S + M + \frac{1}{2}h(p-d)\frac{p}{d}t^2\right]f(t)\mathrm{d}t + \int_{Q/p}^{\infty}\left[S + \frac{1}{2}h\frac{(p-d)}{pd}Q^2\right]f(t)\mathrm{d}t$$

$$= S + MF\left(\frac{Q}{p}\right) + \frac{1}{2}h(p-d)\frac{p}{d}\left\{\left(\frac{Q}{p}\right)^2\left[1 - F\left(\frac{Q}{p}\right)\right] + \int_0^{Q/p}t^2 f(t)\mathrm{d}t\right\} \quad (2-3)$$

$$\overline{L} = \int_0^{Q/p}\frac{p}{d}tf(t)\mathrm{d}t + \int_{Q/p}^{\infty}\frac{Q}{d}f(t)\mathrm{d}t = \frac{p}{d}\int_0^{Q/p}tf(t)\mathrm{d}t + \frac{Q}{d}\left[1 - F\left(\frac{Q}{p}\right)\right] \quad (2-4)$$

将上述两式相除，得平均成本 AC 的表达式

$$\mathrm{AC} = \frac{S + MF\left(\frac{Q}{p}\right) + \frac{1}{2}h(p-d)\frac{p}{d}\left\{\left(\frac{Q}{p}\right)^2\left[1 - F\left(\frac{Q}{p}\right)\right] + \int_0^{Q/p}t^2 f(t)\mathrm{d}t\right\}}{\frac{p}{d}\int_0^{Q/p}tf(t)\mathrm{d}t + \frac{Q}{d}\left[1 - F\left(\frac{Q}{p}\right)\right]} \quad (2-5)$$

指数分布可以精确描述某些设备运行的故障特征，在设备维护和可靠性理论领域中占有重要地位。这里假设设备的故障服从指数分布，对应的不可恢复 EMQ 模型可标为 NR-E，将指数分布下的设备故障率 λ（$\lambda>0$）代入平均成本的表达式（2-5）得

$$\mathrm{AC} = \frac{d\lambda S}{(1-\mathrm{e}^{-\lambda Q/p})p} + \frac{d\lambda M}{p} + \frac{h(p-d)}{\lambda}\left[1 - \frac{\lambda Q \mathrm{e}^{-\lambda Q/p}}{(1-\mathrm{e}^{-\lambda Q/p})p}\right] \quad (2-6)$$

对式（2-6）进行求导，当一阶导数为 0（dAC/dQ=0）时，可实现平均成本最小化。推导获得平均成本最小化时的最优批量为下列非线性方程的解，即

$$\exp\left(-\frac{\lambda Q}{p}\right) + \frac{\lambda Q}{p} = 1 + \frac{d\lambda^2 S}{hp(p-d)} \quad (2-7)$$

根据 Groenevelt 等模型的研究，上述模型主要包括以下几点性质。
性质 1：设备的维护成本与最优批量无关。
性质 2：最优批量和平均成本是关于设备故障率的增函数。
性质 3：NR-E 的最优批量大于独立 EMQ 模型中的最优批量。
性质 4：当 $\lambda \to 0$ 时，AC$\to 0$。

2. 动态方法的决策原理

微观经济学中产品的生产数量主要通过平均成本（Average Cost，AC）与边际成本（Marginal Cost，MC）的关系推导获得（如图 2-2 所示）。在低产量水平区域，企业的边际产量递增、边际成本下降，最终过渡至边际产量递减、边际成本上升的阶段。边际产量的先增后减意味着边际成本的先减后增，继而可知平均成本先减后增，所以平均成本曲线呈 U 形，且边际成本曲线通过平均

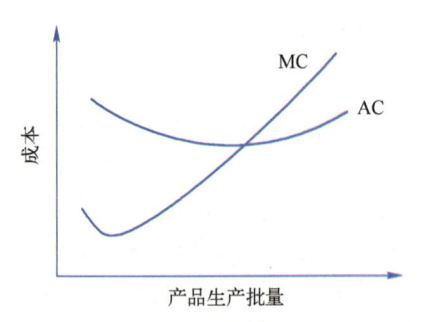

图 2-2 平均成本与边际成本的关系

成本曲线的最低点，与之相应的是最优生产数量。因此，最优生产数量可通过求解边际成本与平均成本的等式获得。

由于成本结构的相似性，这一决策方法可直接应用于 EMQ 模型，其平均成本已在式（2-1）中给出，而边际成本可表示为

$$\mathrm{MC} = \lim_{\Delta Q \to 0} \frac{\frac{h(p-d)}{2pd}[(Q+\Delta Q)^2 - Q^2]}{\frac{\Delta Q}{d}} = \frac{(p-d)h}{p}Q \tag{2-8}$$

通过建立平均成本与边际成本的等式 AC=MC，可推导 EMQ 模型的最优批量。而在设备故障条件下，每个批量范围内的总成本和生产周期取决于故障的实际发生情况，导致平均成本随机波动，因此对应的最优批量将不断调整，呈现出动态变化趋势。

以下给出一个简单案例来说明动态方法在 EMQ 模型发生故障后的应用效果。在独立的 EMQ 模型中，可以根据动态方法直接推导出第一个批量的最优值 $Q_{1\mathrm{st}}^* = 50.20$。从第二个批量开始，平均成本更新为 $\mathrm{AC}_2 = \dfrac{2S + \dfrac{(p-d)h}{2pd}[(Q_{1\mathrm{st}}^*)^2 + Q_{2\mathrm{nd}}^2]}{\dfrac{(Q_{1\mathrm{st}}^* + Q_{2\mathrm{nd}})}{d}}$，可以推导出第二个最优批量大小，且 $Q_{2\mathrm{nd}}^* = Q_{1\mathrm{st}}^*$。图 2-3 显示，尽管前两个批量在生产过程中的平均成本（AC_1 和 AC_2）存在差异，边际成本将同时穿过两条曲线的最低点，但是如果在第一个批量结束时发生故障（故障维护成本为 $M = 1000$ 元），那么第二个批量开始的平均成本（AC_2'）将会上升，最优批量将增大为 $Q_{2\mathrm{nd}}^{*\prime} = 75.02$。

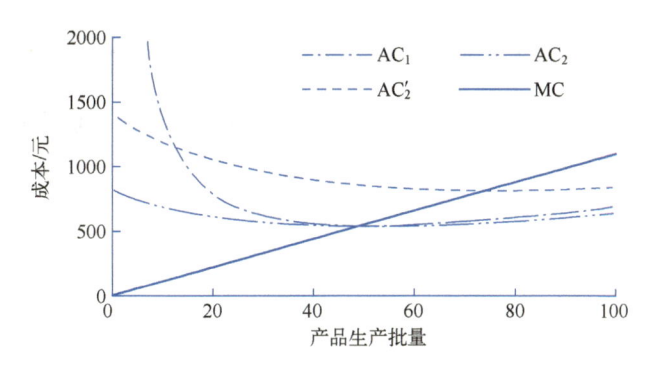

图 2-3　EMQ 模型的边际成本与平均成本

假设在一个批量生产过程中未发生设备故障（如图 2-4 中 t_0 到 t_1），那么已发生的平均成本将沿着独立 EMQ 模型中的平均成本曲线变动，而 t_1 以后的平均成本将在生产过程中时刻变化（如图 2-5 所示）。假设当前节点 t_1 所对应的批量为 q，则平均成本表达式为

$$\mathrm{AC}(q')_{q' \geqslant q} = \frac{S + \left\{\int_{\frac{q}{p}}^{\frac{q'}{p}}\left[M + \frac{1}{2}h(p-d)\frac{p}{d}t^2\right]f(t)\mathrm{d}t + \int_{\frac{q'}{p}}^{\infty}\frac{h(p-d)}{2pd}f(t)\mathrm{d}t\right\} \Big/ \left[1 - F\left(\frac{Q}{p}\right)\right]}{\int_{\frac{q}{p}}^{\frac{q'}{p}}\frac{p}{d}tf(t)\mathrm{d}t + \int_{\frac{q'}{p}}^{\infty}\frac{q'}{d}f(t)\mathrm{d}t \Big/ \left[1 - F\left(\frac{Q}{p}\right)\right]} \tag{2-9}$$

可以看到，t_0 到 t_1 时间范围内的设备故障概率由 $F(t_1-t_0)$ 变为 0，按照原先设定的批量大小进行生产将不能实现所在批量平均成本的最小化。如果 t_0 到 t_1 期间发生故障，那么平均成本将在瞬间发生变动，影响下一个产品的批量决策。

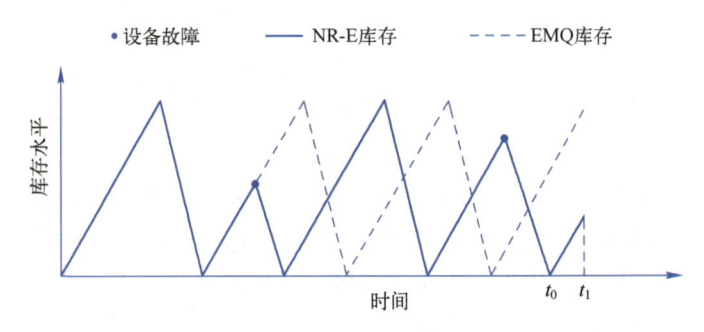

图 2-4 独立 EMQ 与 NR-E 的库存路径

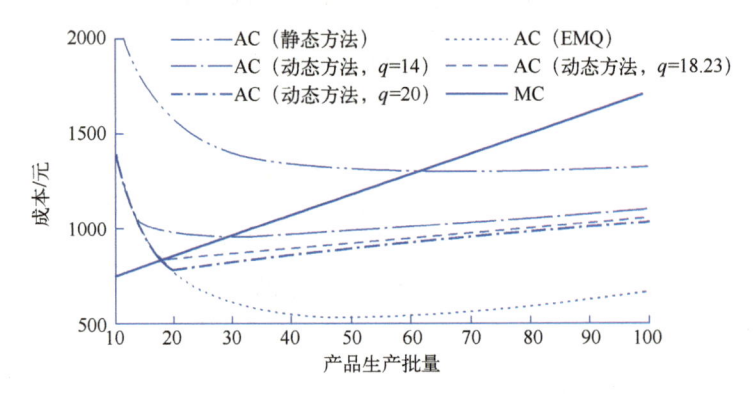

图 2-5 已发生的平均成本与产品生产批量的关系（$\lambda=0.75$，$M=1000$ 元）

根据动态方法的批量决策原理，须在已发生的平均成本与边际成本相等时停止生产。首先推导已发生的平均成本表达式，第 i 个批量在生产过程中发生的总成本 tc_i 与时间间隔 t_i 分别为

$$tc_i = S + \frac{h(p-d)}{2pd}\min(q_i^*, \tau_i p)^2 + k_i M, \quad 1 \leq i < n \tag{2-10}$$

$$t_i = \min(q_i^*/d, \tau_i p/d), \quad 1 \leq i < n \tag{2-11}$$

式中，τ_i 是第 i 个批量的故障节点；k_i 是第 i 个批量的故障数量；q_i^* 是第 i 个最优批量。

如果 $q_i^* > \tau_i p$，则 $k_i = 1$，否则 $k_i = 0$。将上述两式分别累加到之前批量生产过程中已发生的总成本 $TC_{n-1} = \sum_{i=1}^{n-1} tc_i$ 和累计运行时间 $T_{n-1} = \sum_{i=1}^{n-1} t_i$，则在当前批量中的某一个时间节点 q_n/p 上所对应的已发生平均成本 AC_n 为

$$AC_n = \frac{TC_{n-1} + S + \frac{h(p-d)}{2pd}q_n^2}{T_{n-1} + q_n/d} \tag{2-12}$$

库存持有的边际成本已在式（2-8）推导，但须进一步考虑由故障因素引发的边际成本构成。在指数分布情况下，故障率 λ 指工作到某一时刻的设备，在该时刻后的单位时间内发生故障的概率，根据这一定义可将指数分布条件下与设备故障相关的边际成本推导为 $M\lambda d/p$。因此 NR-E 模型中边际成本 MC_n 的完整表达式为

$$MC_n = \frac{h(p-d)}{p}q_n + \frac{M\lambda d}{p} \tag{2-13}$$

最终，可建立已发生的平均成本 AC_n 与边际成本 MC_n 之间的关系式为

$$\frac{TC_{n-1}+S+\frac{h(p-d)}{2pd}q_n^2}{T_{n-1}+q_n/d}=\frac{h(p-d)}{p}q_n+\frac{M\lambda d}{p} \qquad (2-14)$$

设 $A=\frac{h(p-d)}{p}$，$B=\frac{M\lambda d}{p}$，则动态方法中的最优批量 q_n^* 为

$$q_n^*=\frac{-(AT_{n-1}d+B+\sqrt{(AT_{n-1}d+B)^2-2Ad(BT_{n-1}-TC_{n-1}-S)})}{A} \qquad (2-15)$$

3. 两种求解方法对比

动态方法求解独立 EMQ 模型时，最优批量中涉及的 TC_{n-1} 和 T_{n-1} 可直接经推导获得，但在 NR-E 条件下，TC_{n-1} 和 T_{n-1} 转化为由故障发生节点决定的随机变量。这里将通过对故障的抽样仿真来比较分析动态方法的有效性，即根据故障的指数分布对设备在每个批量生产中的"运行-故障"生命周期进行抽样，获取设备运行状态的时序信息，并通过相应计算形成关于最优批量与平均成本的随机状态序列。

（1）随机故障节点生成

采用反变换法生成指数分布下的随机故障节点。假设 U 服从 $(0,1)$ 区间上的均匀分布，设备故障概率密度函数 $f(t)$ 与故障累计分布函数 $F(t)$ 为已知条件，对 $U=F(t)$ 求解得指数分布随机变量的抽样公式，即

$$t=F^{-1}(U)=\ln U/\lambda$$

（2）抽样步骤

输入：各项成本参数、生产率与需求率、设备故障率及最大批量数 N。

输出：平均成本与最优批量。

步骤1：生成随机故障节点 τ_n。

步骤2：计算最优批量 q_n^*；

如果 $\tau_n<q_n^*/p$，则 $k_n=1$，否则 $k_n=0$；

计算 TC_n 与 T_n。

步骤3：如果 $n<N$，设置 $n=n+1$，返回步骤2。

步骤4：当 $n=N$ 时，输出结果。

上述仿真过程可同样应用于静态方法，将 q_n^* 替换为 Q^* 即可对两种方法进行比较。与设备故障相关的参数为：$\lambda\in\{0.25,0.50,0.75,1.00\}$，$M\in\{500,600,700,800,900,1000\}$，每种参数组合将运行 1000 次取其平均值进行比较。偏差计算公式为

$$偏差=\frac{动态方法-静态方法}{静态方法}\times100$$

其中平均成本的偏差将比较两种方法的抽样均值，以减少抽样产生的随机性。

动态方法在抽样过程中包含两个维度的收敛性：单个样本中动态方法的最优批量与平均成本的收敛性；所有样本中抽样均值的收敛性。以下将主要对单个样本中动态方法的收敛性进行探讨与分析。

（3）抽样结果

表2-2 和表2-3 分别给出了两种方法在 100/1000 个批量抽样后的平均成本、最优批量及其偏差。通过两个表格可首先观察到，不同参数组合条件下，1000 个批量的偏差幅度要

明显小于 100 个批量所对应的偏差，这表明动态方法具有收敛趋势。同时，平均成本与最优批量的偏差幅度均随故障率和维护成本的上升而增大，这意味着动态方法的收敛速度与故障和维护的参数密切相关。总体而言，通过抽样仿真可以看到两种方法在 NR-E 模型中的效果基本一致。

表 2-2　100/1000 个批量抽样后的平均成本比较

λ	M	静态方法 AC^*	AC_{100}	AC_{1000}	动态方法 AC_{100}	AC_{1000}	偏差 AC_{100}	AC_{1000}
0.25	500	679.15	679.31	679.31	679.85	679.49	0.08	0.03
	600	700.58	700.76	700.77	701.40	701.00	0.09	0.03
	700	722.01	722.20	722.22	723.03	722.52	0.11	0.04
	800	743.44	743.64	743.68	744.72	744.06	0.15	0.05
	900	764.87	765.08	765.14	766.37	765.59	0.17	0.06
	1000	786.30	786.52	786.60	788.10	787.13	0.20	0.07
0.50	500	824.87	826.25	825.53	828.26	825.90	0.24	0.04
	600	867.72	869.29	868.48	871.89	868.99	0.30	0.06
	700	910.58	912.34	911.44	915.61	912.00	0.36	0.06
	800	953.44	955.39	954.39	959.28	955.05	0.41	0.07
	900	996.30	998.44	997.35	1003.23	998.15	0.48	0.08
	1000	1039.15	1041.49	1040.31	1047.27	1041.27	0.56	0.09
0.75	500	975.57	978.57	976.21	981.26	976.72	0.27	0.05
	600	1039.86	1043.28	1040.57	1046.73	1041.24	0.33	0.06
	700	1104.14	1108.00	1104.92	1112.21	1105.74	0.38	0.07
	800	1168.43	1172.69	1169.28	1178.06	1170.30	0.46	0.09
	900	1232.72	1237.40	1233.63	1243.90	1234.85	0.53	0.10
	1000	1297.00	1302.11	1297.98	1309.47	1299.39	0.57	0.11
1.00	500	1131.79	1135.10	1131.36	1139.14	1132.04	0.36	0.06
	600	1217.51	1221.24	1217.05	1226.23	1217.89	0.41	0.07
	700	1303.22	1307.37	1302.74	1313.84	1303.79	0.49	0.08
	800	1388.94	1393.51	1388.43	1401.32	1389.66	0.56	0.09
	900	1474.65	1479.65	1474.13	1489.07	1475.55	0.64	0.10
	1000	1560.36	1565.78	1559.82	1576.89	1561.58	0.71	0.11

表 2-3　100/1000 个批量抽样后的最优批量比较

λ	M	静态方法 Q^*	动态方法 q^*_{100}	q^*_{1000}	偏差 q^*_{100}	q^*_{1000}
0.25	500	53.3876	53.2982	53.4029	−0.17	0.03
	600	53.3876	53.2858	53.4077	−0.19	0.04
	700	53.3876	53.2801	53.4137	−0.20	0.05
	800	53.3876	53.2808	53.4214	−0.20	0.06
	900	53.3876	53.2771	53.4284	−0.21	0.08
	1000	53.3876	53.2820	53.4360	−0.20	0.09

(续)

λ	M	静态方法 Q^*	动态方法 q_{100}^*	动态方法 q_{1000}^*	偏差 q_{100}^*	偏差 q_{1000}^*
0.50	500	56.9876	56.9114	57.0213	−0.13	0.06
	600	56.9876	56.9213	57.0310	−0.12	0.08
	700	56.9876	56.9405	57.0407	−0.08	0.09
	800	56.9876	56.9405	57.0539	−0.08	0.12
	900	56.9876	56.9951	57.0670	0.01	0.14
	1000	56.9876	57.0420	57.0790	0.10	0.16
0.75	500	61.0535	60.8352	61.1420	−0.36	0.14
	600	61.0535	60.8300	61.1460	−0.37	0.15
	700	61.0535	60.8246	61.1461	−0.37	0.15
	800	61.0535	60.8510	61.1493	−0.33	0.16
	900	61.0535	60.8750	61.1525	−0.29	0.16
	1000	61.0535	60.8763	61.1557	−0.29	0.17
1.00	500	65.6340	65.0907	65.7029	−0.83	0.11
	600	65.6340	65.0329	65.7215	−0.92	0.13
	700	65.6340	65.0169	65.7325	−0.94	0.15
	800	65.6340	64.9897	65.7325	−0.98	0.15
	900	65.6340	64.9837	65.7665	−0.99	0.20
	1000	65.6340	64.9807	65.7882	−1.00	0.24

以下选取 $\lambda = 0.25$ 条件下的两个仿真样本来说明动态方法中平均成本与最优批量的收敛过程，并比较两种求解方法的表现。通过图 2-6 可以看到，不同维护成本条件下，两种方法的平均成本变化趋势基本相同，且收敛于静态方法的理论最优值。而图 2-7 表明，两种方法的批量偏差随时间的推移而逐渐缩小，且维护成本越小，最优批量的偏差越小。同时对比图 2-6 与图 2-7 可以观察到，在动态方法条件下，两组参数的平均成本与最优批量均呈同向波动，这是因为平均成本越大，平均成本与边际成本交叉点所对应的最优批量也就越大（见图 2-3）。由于动态方法具有明显的收敛性，在实际应用中可将每个批量的独立决策简化为类似于静态方法的策略，即每个批量生产 q_{1000}^*。

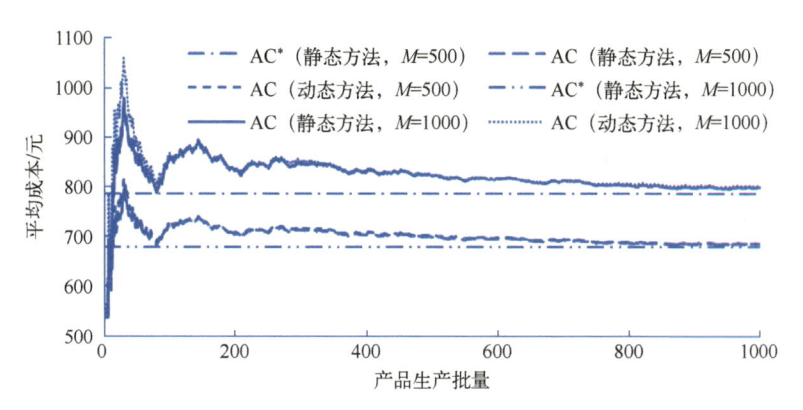

图 2-6 两种求解方法下的平均成本比较

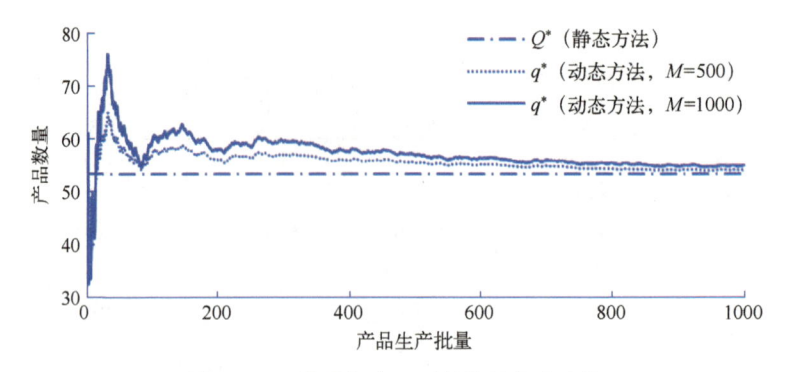

图 2-7　两种求解方法下的批量大小比较

2.2.2　遇故障批量可恢复 EMQ 建模

1. 模型描述与静态方法求解

由于设备故障修复以后恢复原有批量生产的成本 R 可能远小于重启一个新的批量的成本 S，Groenevelt 等人提出了一种放弃/恢复（Abort/Resume，AR）策略来进一步降低成本，这一策略（AR-E）与从零库存状态恢复批量生产（Zero-Inventory Resumption，ZIR）策略下的库存如图 2-8 所示。在这种恢复策略条件下，如果发生故障时的生产批量小于 Q_1，则恢复原有生产进程直至 Q_1，而如果发生故障时的批量大于 Q_1，则放弃该批量的恢复操作，当库存降为 0 时启动新批量。在故障服从指数分布条件下，模型 AR-E 的平均成本 AC 表达式为

$$AC = \frac{M\lambda d}{p} + \frac{S + \frac{\lambda Q_1}{p}R + \frac{hp(p-d)}{2\lambda^2 d} + \left(\frac{\lambda Q_1}{p}\right)^2 + 2\left(1 + \frac{\lambda Q_1}{p}\right)\left(1 - e^{-\frac{\lambda Q_2}{p}}\right) - 2\frac{\lambda Q_2}{p}e^{-\frac{\lambda Q_2}{p}}}{\frac{p}{d\lambda}\left(1 + \frac{\lambda Q_1}{p} - e^{-\frac{\lambda Q_2}{p}}\right)} \tag{2-16}$$

与 NR-E 模型类似，无法通过对式（2-16）求导获得平均成本最小时的最优批量表达式，但通过分析该式的相关性质仍可以发现，这一策略下的最优批量大于独立 EMQ 模型中的最优批量值。

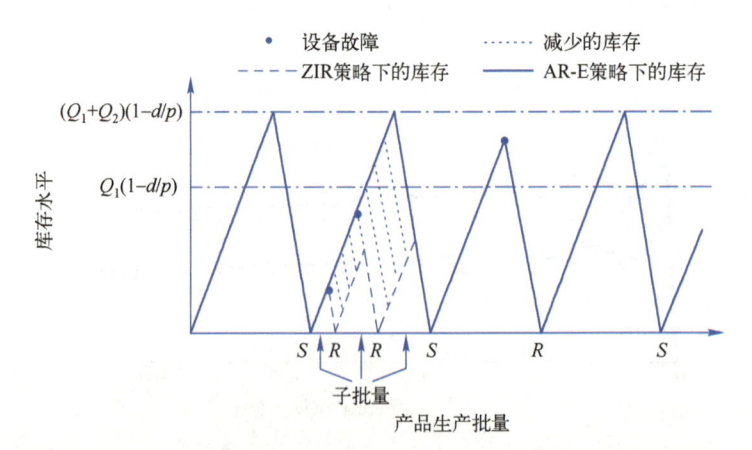

图 2-8　AR-E 与 ZIR 策略下的库存

2. 新的恢复策略与动态方法求解

基于 2.2.1 节的假设,可以发现上述批量恢复策略并非最优建模方法。假设某个批量在生产批量小于 Q_1 时发生故障,从零库存开始恢复生产有利于减少库存的持有成本,而在生产批量大于 Q_1 时发生故障,同样从零库存开始恢复生产有利于降低新批量的准备成本(如图 2-7 所示)。综合两类故障发生情况,AR-E 模型的最优恢复策略是,当发生故障时均采用 ZIR 策略。然而,一个批量中可能发生多个故障,很难通过静态方法的求解框架分析推导出 ZIR 策略下完整的平均成本表达式。

这里采用动态方法求解上述 ZIR 建模策略。与 NR-E 模型不同,动态方法在上述问题应用过程中,将对每次设备起动或故障后的生产批量重新计算。以下是动态方法中新增的变量符号。

τ_{nk} 为故障发生节点随机数,若 $k=0$,表示设备起动后发生故障的节点,当 $0<k\leq k_n$ 时,则表示第 k 个故障后再发生故障的节点。

q_{nk} 为设备起动($k=0$)或故障发生后($0<k\leq k_n$)的最优批量大小。

首先,计算之前批量生产中发生的相关成本 tc_i 和时间间隔 t_i,即

$$\text{tc}_i = S + \frac{h(p-d)}{2pd}\left[\sum_{k=0}^{k_i-1}(\tau_i p)^2 + (q_{ik_i}^*)^2\right] + k_i(M+R), \quad 1\leq i < n \tag{2-17}$$

$$t_i = \frac{\sum_{k=0}^{k_i-1}\tau_{ik}p + q_{ik_i}^*}{d}, \quad 1\leq i < n \tag{2-18}$$

之前批量生产过程中累计发生的成本 TC_{n-1} 和时间间隔 T_{n-1} 可表示为 $TC_{n-1} = \sum_{i=1}^{n-1}\text{tc}_i$ 和 $T_{n-1} = \sum_{i=1}^{n-1}t_i$。

假设当前批量已发生 k 个故障(若 $k=0$,则表示未发生故障),那么当前批量中已发生成本 tc_n 和时间间隔 t_n 分别为

$$\text{tc}_n = S + \frac{h(p-d)}{2pd}\sum_{j=0}^{k_i-1}(\tau_{nj}p)^2 + k(M+R), \quad 0\leq k\leq k_n \tag{2-19}$$

$$t_n = \sum_{j=0}^{k-1}\tau_{nj}p/d, \quad 0\leq k\leq k_n \tag{2-20}$$

最后,可建立已发生平均成本与当前批量生产过程中的边际成本等式,即

$$\frac{TC_{n-1}+\text{tc}_n+\frac{h(p-d)}{2pd}q_{nk}^2}{T_{n-1}+t_n+\frac{q_{nk}}{d}} = \frac{h(p-d)}{p}q_{nk} + \frac{M\lambda d}{p}, \quad 0\leq k\leq k_n \tag{2-21}$$

最优批量为

$$q_{nk}^* = \frac{-[A(T_{n-1}+t_n)d+B]+\sqrt{[A(T_{n-1}+t_n)d+B]^2-2Ad[B(T_{n-1}+t_n)-TC_{n-1}-\text{tc}_n]}}{A} \tag{2-22}$$

其中,$A = \dfrac{h(p-d)}{p}$,$B = \dfrac{M\lambda d}{p}$。

3. 两种求解方法比较

（1）随机故障节点生成

随机故障节点的生成方法与 2.2.1 部分类似。尽管 AR-E 模型在每个批量范围内还须生成剩余故障，但由于指数分布具有无记忆性，故障修复以后设备可获更新，因此原有的故障生成方法仍可继续使用。

（2）抽样步骤

输入：各项成本参数、生产率与需求率、设备故障率及最大批量数 N。

输出：平均成本与最优批量。

步骤 1：生成二维随机故障节点 τ_{nk}。

步骤 2：计算最优批量 q_{nk}^*。

步骤 3：比较 τ_{nk} 与 q_{nk}^*/p 大小；

如果 $\tau_{nk} \leqslant q_{nk}^*/p$，计算 tc_n 和 t_n；

更新 $k=k+1$，返回步骤 2；

如果 $\tau_{nk} > q_{nk}^*/p$，计算 TC_n 和 T_n；

步骤 4：如果 $n<N$，更新 $n=n+1$，返回步骤 2。

步骤 5：当 $n=N$ 时，输出结果。

动态方法的抽样流程如图 2-9 所示，将每个批量范围内的故障次数设置为足够大的数值，这样在抽样仿真中不会出现生产活动与故障不对应的情况，而静态方法中的抽样步骤将根据 2.4.1 部分的描述进行处理。

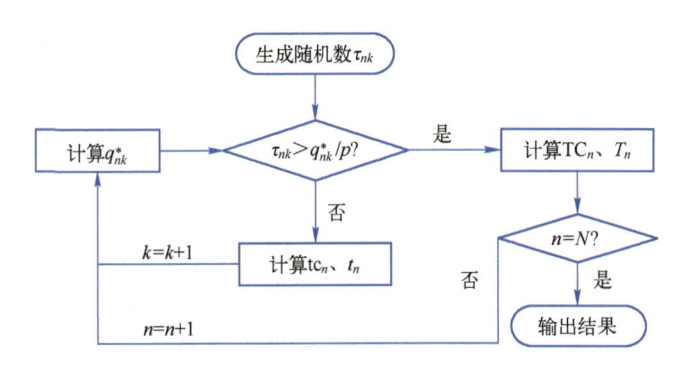

图 2-9　ZIR 策略下动态方法的抽样流程图

（3）仿真结果

设备故障抽样过程中相关的参数设置为：$M=1000$，$R \in \{0,100,200,300,400,450\}$，$\lambda \in \{0.25,0.50,0.75,1.00\}$，每种参数组合运行 1000 次。两种恢复策略下的平均成本与最优批量统计结果已列于表 2-4，由于 $q_{1000,0}^*$ 在每次抽样试验中均会进行决策，因此表中未列出 $q_{1000,0}^*$，仅列出 $q_{1000,k}^*$（$k>0$）。当 $R=450$ 时，故障后的批量恢复成本与设备准备成本一致，ZIR 策略和 AR-E 策略均退化为 NR-E 模型，此时 ZIR 策略和 AR-E 策略中的平均成本和最优批量非常接近，与表 2-1、表 2-2 结果一致。然而当 $R<450$ 时，ZIR 策略下的动态方法均优于 AR-E 策略下的静态方法，且 R 越小两者之间的差距越大，这表明采用新的恢复策略与动态方法具有较强的成本优势。

表 2-4　1000 个批量抽样后两种恢复策略的平均成本比较

λ	R	AR-E（静态方法）				ZIR（动态方法）		偏差
		AC^*	AC_{1000}	Q_1^*	Q_2^*	AC_{1000}	q_{N0}^*	AC_{1000}
0.25	0	752.14	752.11	50.1996	0.0000	696.93	45.0351	-7.34
	100	767.07	767.16	27.2435	24.3502	715.57	46.7724	-6.72
	200	776.76	776.65	17.6429	34.8546	734.93	48.5773	-5.37
	300	782.90	784.11	9.9810	43.0893	756.01	50.5434	-3.58
	400	785.92	786.80	3.1998	50.1525	776.59	52.4626	-1.30
	450	786.30	785.89	0.0000	53.3876	785.95	53.3357	0.01
0.50	0	966.42	965.83	50.1994	0.0000	868.96	41.0820	-10.03
	100	996.78	998.71	27.9565	25.0762	903.76	44.3273	-9.51
	200	1017.32	1015.91	18.5901	36.3594	938.11	47.5298	-7.66
	300	1031.02	1031.09	10.8194	45.4095	976.60	51.1230	-5.29
	400	1038.20	1038.83	3.5798	53.3189	1018.44	55.0247	-1.96
	450	1039.15	1039.42	0.0000	56.9876	1039.96	57.0319	0.05
0.75	0	1180.71	1180.41	50.1996	0.0000	1049.20	37.8955	-11.12
	100	1226.96	1224.46	28.6712	25.8451	1096.17	42.2777	-10.48
	200	1259.56	1259.64	19.5667	37.9918	1147.13	47.0321	-8.93
	300	1282.43	1284.01	11.7210	47.9728	1205.26	52.4574	-6.13
	400	1295.19	1294.77	4.0140	56.8708	1265.56	58.0840	-2.26
	450	1297.00	1297.84	0.0000	61.0535	1296.56	60.9784	-0.10
1.00	0	1395.00	1397.98	50.1994	0.0000	1237.58	35.4739	-11.47
	100	1457.61	1461.16	29.3840	26.6595	1296.35	40.9569	-11.28
	200	1503.47	1505.81	20.5621	39.7622	1362.44	47.1271	-9.52
	300	1537.24	1539.11	12.6738	50.8023	1438.14	54.1894	-6.56
	400	1557.32	1560.92	4.5018	60.8476	1519.91	61.8245	-2.63
	450	1560.36	1562.69	0.0000	65.6340	1562.34	65.7812	-0.02

图 2-10 和图 2-11 分别描述了当 $\lambda=0.25$，$R=200$ 时平均成本与 $q_{1000,0}^*$ 的收敛过程，两者之间呈同向波动的趋势，存在较明显的关联性，这与 NR-E 模型中的抽样结果具有一致性。图 2-12 表明，当 $k>0$ 时同一个批量范围内的生产数量 q_{nk}^* 较为接近，因此可将 ZIR 策略简化为每次故障或设备重起后从零库存水平生产 $q_{1000,0}^*$ 个产品。

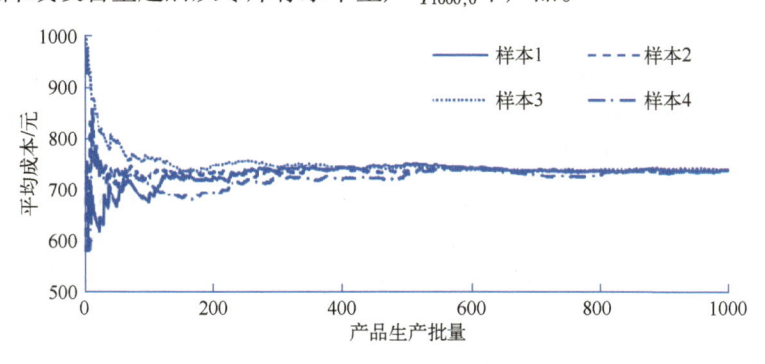

图 2-10　动态方法中平均成本的收敛性

图 2-11　动态方法中 $q_{1000,0}^*$ 的收敛性

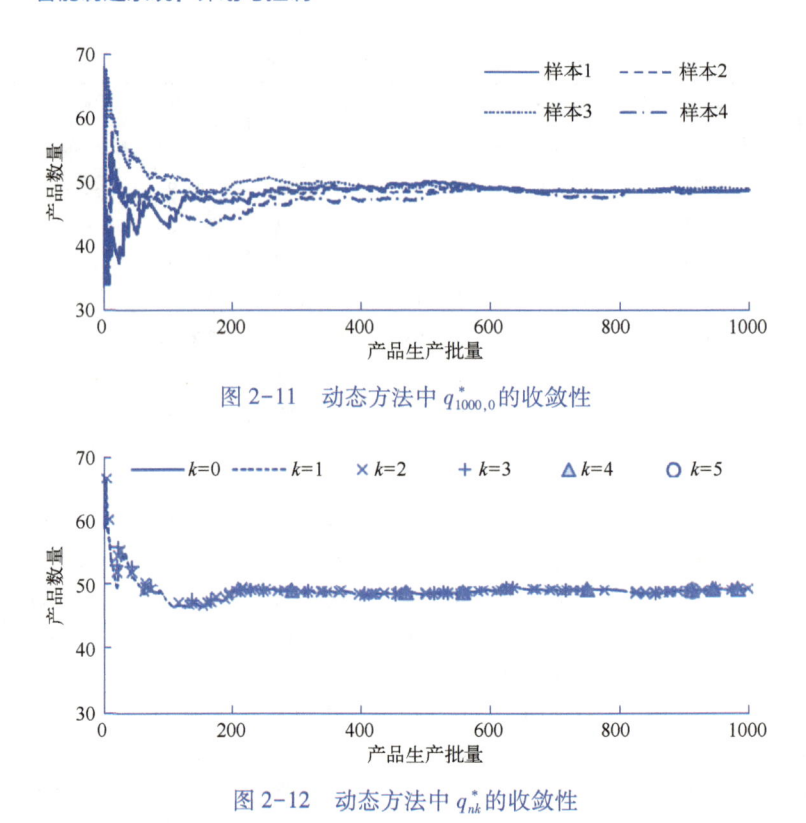

图 2-12　动态方法中 q_{nk}^* 的收敛性

2.3　单设备有限产能批量问题模型

与 EMQ 模型相比，有限产能批量问题（Capacitated Lot Sizing Problem，CLSP）模型适用于多产品、动态需求、有限计划期的生产环境，目标是在给定产品需求与生产能力的前提下确定不同生产周期内的产品批量，实现生产成本最小化。CLSP 模型的一个重要特点是融合了设备可运行时间形式的产能约束，要求用于生产活动的时间小于设定值，对于完全可靠的设备而言，生产期间不发生故障，因此可将规划的产能全部用于生产。然而对于常见的不可靠设备来说，生产过程将伴随着设备故障与日常维护等活动，这不仅会影响系统的正常运作与生产效率，还必然使分配给生产的时间小于最大能力。因此，CLSP 建模需考虑设备因素的影响，以提升批量计划的可行性。同时，CLSP 与设备维护问题均存在成本方面的优化要求，因此可从生产能力与成本角度对 CLSP 与设备维护问题展开集成研究，协调优化系统范围内的两项活动，提高系统运作的综合绩效。

研究表明，有以下两种策略可用于动态需求背景下的生产批量与设备维护问题建模。基于时间间隔的建模策略，假设设备总是处于运行状态，设备役龄评估中未排除设备闲置因素，容易低估设备的可靠性并导致过度维护；而基于设备运行的建模策略，维护计划取决于设备实际运行时间，排除了设备闲置对其状态的影响，负荷变化时可灵活调整维护周期，能更好地体现系统运行过程中生产与维护之间的关联性。CLSP 属于动态需求下的批量模型，不同生产周期之间存在设备负荷不一致现象，使设备状态与可靠性呈现非均衡下降，因此采用基于设备运行的建模策略更加合理。

然而，大部分学者沿用了基于时间间隔的策略对 CLSP 与设备维护进行集成建模，其缺陷是维护活动由绝对时间驱动而非生产活动驱动，导致与独立决策过程相比，集成研究结果改进效果不明显，特别是在设备负荷较低时过度维护现象较为突出。Aghezzaf 等人提出了周期性 CLSP 与维护的集成模型，与独立生产-维护决策结果相比，降低总成本不足 1%，而 Fitouhi 等人提出的非周期性维护方法与 Aghezzaf 等人的模型相比，仅能降低成本 1.5%，这些研究表明基于时间间隔的建模方法对系统绩效的改进较为有限。针对已有研究存在的不足，本节采用基于设备运行的策略对单设备条件下 CLSP 与设备维护问题进行建模与优化。首先，分析说明生产批量与设备维护集成建模的策略与设备的可靠性需求。其次，根据可靠性需求和故障影响程度的不同，分别提出考虑可靠性约束与考虑故障因素的两类集成模型，并推导由生产与维护活动共同决定的设备役龄、可靠性、故障预期及维护成本等要素，更新相关模型的产能约束与目标函数，同时给出算例验证两个集成模型所采用建模策略的有效性。

2.3.1　CLSP 与设备维护集成建模

1. 模型参数与变量

以下先给出本节建模过程中采用的参数与变量符号。

（1）模型参数

d_{it}　　产品 i 在周期 t 的需求量

c_{it}　　产品 i 在周期 t 的单位生产成本

s_{it}　　产品 i 在周期 t 的设备准备成本

h_{it}　　产品 i 在周期 t 的单位库存持有成本

c^{pm}　　设备预防性维护的单位成本

c^{cm}　　设备修正性维护的单位成本

δ　　极大数

K_t　　周期 t 的最大产能

a_i　　产品 i 的加工时间

t^{pm}　　预防性维护所需时间

t^{cm}　　修正性维护所需时间

（2）决策变量

x_{it}　　产品 i 在周期 t 的批量大小

I_{it}　　产品 i 在周期 t 的库存量

y_{it}　　0-1 变量，设备是否在周期 t 进行产品 i 的生产

z_t　　设备在周期 t 的有效役龄

u_t　　0-1 变量，设备是否在周期 t 进行预防性维护

2. CLSP 生产批量问题

考虑某一单设备系统，需在 T 个周期内安排 N 种产品的批量生产，每个周期内设备用于生产的时间不超过 K_t，第 i 种产品在周期 t 内的需求量为 d_{it}，单位加工时间为 a_i。初始与最后生产周期的库存量为 0，产品库存可以跨期持有但会产生一定费用，不允许发生产品短缺或延期。生产一个批量产品需相应进行一次设备起动的准备操作，其时间忽略不计。设备

准备、产品生产、库存持有的单位成本分别为 s_{it}、c_{it}、h_{it}，对应的决策变量分别为 y_{it}、x_{it}、I_{it}，模型的目标函数是最小化计划期内的设备准备成本、批量生产成本与库存持有成本之和。数学模型可表示为

$$\text{Minimize:} \sum_{i=1}^{N} \sum_{t=1}^{T} (s_{it}y_{it} + c_{it}x_{it} + h_{it}I_{it}) \tag{2-23}$$

$$\text{Subject to:} x_{it} + I_{it-1} - I_{it} = d_{it}, \quad \forall i,t \tag{2-24}$$

$$x_{it} \leq \delta y_{it}, \quad \forall i,t \tag{2-25}$$

$$\sum_{i=1}^{N} a_i x_{it} \leq K_t, \quad \forall i,t \tag{2-26}$$

$$x_{it} \geq 0, I_{it} \geq 0, \quad \forall i,t \tag{2-27}$$

$$y_{it} \in \{0,1\}, \quad \forall i,t \tag{2-28}$$

式（2-23）给出了 CLSP 模型的目标函数；式（2-24）是连续周期之间的物料平衡约束；式（2-25）表示批量生产与是否进行设备准备之间的对应关系，δ 为一个极大数；式（2-26）是设备的运行时间能力约束，即每个生产周期内设备用于生产的累积运行时间不能超过设定值，这一约束体现了批量决策时面临的资源限制，同时也增大了问题的求解难度；式（2-27）表示产品的生产量和库存量为非负值；式（2-28）表示 y_{it} 为 0-1 变量。

3. 集成建模策略分析

独立的维护问题在建模时通常假设生产设备处于连续稳定的运作状态，但 CLSP 模型中不同生产周期之间的生产负荷存在差异，负荷较低时生产周期内的设备存在闲置现象（如图 2-13 所示），此时不发生故障与设备劣化，预防性维护周期可获得适当的顺延，因此维护节点的决策需充分考虑设备负荷的变化情况。在 CLSP 与设备维护问题进行集成建模时，根据设备故障与维护驱动因素不同，可将建模策略分为基于设备运行与基于时间间隔两类：前者的维护计划取决于设备实际运行时间，排除了设备闲置等因素对其状态的影响，负荷变化时可柔性调整维护周期；后者假设设备总处于运行状态，设备状态评估过程中未排除设备闲置等因素，容易低估设备的实际可靠性。以上两种建模策略最基本的区别体现在设备役龄的计算方法，役龄计算的差异进一步引起设备可靠性、故障预期及维护成本与产能损耗的评估结果不一致，并最终导致集成模型决策上的不同（如图 2-14 所示）。

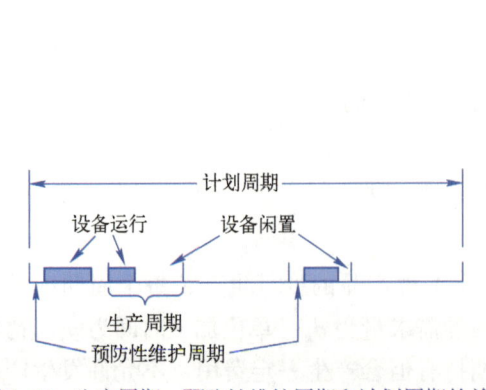

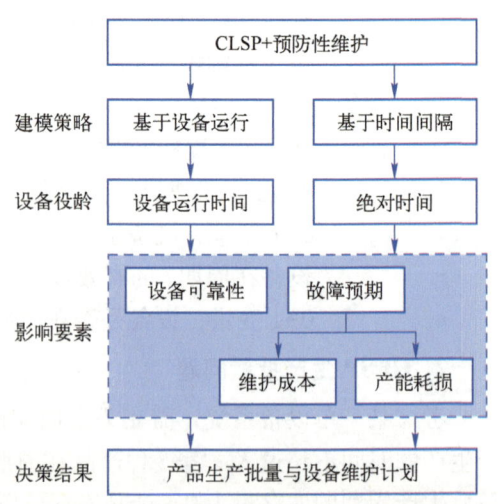

图 2-13 生产周期、预防性维护周期和计划周期的关系

图 2-14 两种集成建模策略影响决策的机制

与上述两种建模策略对应的是两种不同的故障模式：依赖于操作的故障（Operation-Dependent Failure，ODF）和依赖于时间的故障（Time-Dependent Failure，TDF）。ODF 的发生节点是累计加工时间或完成工件数的随机函数，这种故障不发生在设备的闲置时期，例如机床的动力负载部分只在加工零件时才会发生故障；TDF 只与其正常开机的时间长短有关系，而与该设备是否正在加工产品以及加工产品的种类无关。通过工业环境中的统计数据发现，ODF 是一种更为主要与频繁的故障模式。因此，对 CLSP 与预防性维护问题集成建模时，采用基于设备运行的建模策略更为合理。

4. 可靠性需求分析

设备维护问题建模时的优化准则包括维护成本、可靠性与可用度。CLSP 模型的设备可通过预防性维护来影响其在各个生产周期的可用度与用于生产的时间分配，从而使产品批量决策满足各个生产周期的能力约束，也就是说，CLSP 的能力约束体现了批量计划对设备可用度的要求，维持设备过高的可用度反而引起产能的浪费与过度维护。因此，CLSP 与维护问题集成研究时无须额外考虑可用度方面的需求。

生产与维护成本均属于系统运营成本的范畴，已有的生产批量与维护计划集成研究多以系统运营成本为目标函数对两者进行整合与协同优化，但相关研究尚未从可靠性的角度来体现两项决策内容之间的关联性。可靠性是衡量设备状态和劣化程度的重要指标，制造系统中设备的可靠性可以理解为在规定时间和作业环境下，设备无故障完成规定生产任务的概率。假设故障的随机发生节点为 τ，则事件 $\{\tau>t\}$ 的概率便是 t 时刻设备的可靠性，在给定设备故障的概率密度函数 $f(t)$ 后可将设备的可靠性表示为

$$R_t = P(\tau > t) = 1 - \int_t^\infty f(t)\mathrm{d}t = 1 - F(t), \quad t \geq 0 \tag{2-29}$$

现实环境中部分设备对可靠性具有较高要求，例如生产线上大型的冲压设备、码头上的岸桥、民航飞机的关键部件以及许多用于租赁的机械装备等，这些设备如果在运行过程中发生故障将引起重大损失。设备可靠性一般随役龄的增加而逐渐下降，设备故障的概率则逐渐上升，而预防性维护在设备发生故障前采取各种措施来确保设备较高的可靠性，因此可以设备可靠性为指标建立相应机制来触发预防性维护的实施，从而保持设备较为稳定的运行状态。许多预防性维护的规划模型要求设备满足给定的可靠性约束，采用阈值形式来建立这一模型的触发机制，即

$$R_t \geq \theta \tag{2-30}$$

确保生产设备在可接受的可靠性范围内运行，可以控制发生故障的潜在风险。生产调度与预防性维护的集成研究领域也常会引用这一可靠性约束来决策设备的维护周期，而忽略设备故障的影响。

也有一些生产环境中的设备故障影响和损失相对较小，但发生故障的概率相对较高，因此维护计划需充分考虑故障的影响，以最小化设备预防性维护与事后维护的总成本。例如常见的周期性维护策略，在 CLSP 与设备维护集成建模时也会考虑故障因素对成本与产能的影响。此时无需对设备维护设置可靠性约束：如果 θ 阈值较高，将导致维护成本大幅上升且容易偏离实际的维护需求；如果 θ 阈值较低，那么预防性维护将不能有效防止故障的发生，也就失去了设立可靠性约束的初衷。

设立可靠性约束属于故障限制预防性维护策略的一种主要形式，与其他考虑故障因素的

维护策略相比，可从成本角度实现两者的统一（如图 2-15 所示）。前者设立可靠性或其他形式的约束是为了确保故障引起损失的最小化，由于故障损失成本巨大导致其与预防性维护进行权衡时，最佳维护策略倾向于通过频繁的预防性维护来保持设备较高的可靠性。可靠性约束是促进决策结果实用性的一种方式，同时，这类设备故障所导致的损失与影响往往与运作环境密切相关且具有很大不确定性，以可靠性阈值形式进行约束可体现较好的内涵。对于设备故障影响较小、损失可控的作业环境，根据成本最小化准则推导的维护计划在其维护周期内发生故障的概率相对较高，采用较高可靠性约束来确立维护周期将会超出实际的维护需求，引发过度维护。根据可靠性需求与故障影响的差异，后文将分别提出考虑可靠性约束与考虑故障因素的集成模型对 CLSP 与设备维护问题展开研究。

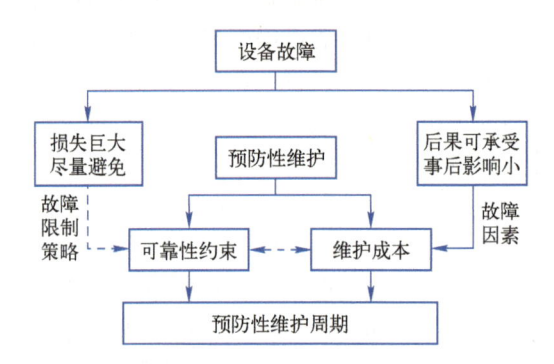

图 2-15 故障限制策略与考虑故障因素维护策略的关系

2.3.2 考虑可靠性约束的 CLSP 与设备维护集成模型

1. 基于设备运行的集成模型

（1）模型描述

假设 CLSP 模型的批量决策对象为某个单设备系统，设备在运作过程中容易引发零部件的磨损与老化，为降低设备故障风险、避免故障引发的重大损失，要求在整个计划期内的设备可靠性始终保持在设定阈值 θ 以上。设备的预防性维护可在生产周期的开始阶段执行（如图 2-13 所示），并使设备修复如新，所需时间为 t^{pm}，单位成本为 c^{pm}。由于设定了较高的可靠性约束，设备发生故障的概率较低，可忽略生产期间故障的可能性。模型的目标是在兼顾设备产能约束与可靠性约束的条件下决策产品的生产批量与预防性维护周期，以满足外部产品需求并实现生产与维护总成本的最小化。

（2）设备的有效役龄

在预防性维护计划未知的条件下，计算设备的有效役龄 z_t 时需要判断两个连续的生产周期是否属于同一维护周期。如果在周期 t 执行预防性维护（$u_t=1$），则设备获得完全更新，之前所有周期的设备运行情况将不影响周期 t 的设备开始状态，周期 t 结束时设备的有效役龄为 $z_t = \sum_{i=1}^{N} a_i x_{it}$；反之，若周期 t 内不执行预防性维护（$u_t=0$），则周期 $t-1$ 累计的设备运行时间将影响到周期 t 结束时设备的有效役龄，即 $z_t = z_{t-1} + \sum_{i=1}^{N} a_i x_{it}$。通过预防性维护决策变量 u_t，设备的有效役龄可表示为

$$z_t = (1-u_t)z_{t-1} + \sum_{i=1}^{N} a_i x_{it} \tag{2-31}$$

本节两个基于设备运行的集成模型都将用到式（2-31）中关于设备有效役龄的计算方法来评估设备的可靠性与故障预期，这也是区别两种建模策略的重要因素。

(3) 设备的可靠性约束

威布尔分布（Weibull distribution）是可靠性工程中应用最广泛的故障分布形式之一，主要用来描述电子与机械产品的故障规律。假设集成模型中的生产设备故障服从威布尔分布 $W(\beta, \eta)$，$\beta(\beta>1)$ 与 η 分别为形状参数与规模参数，这两个参数一般通过对设备历史故障数据分析结合数理统计的方法得到。

集成模型要求计划周期内设备的可靠性始终保持在设定阈值 θ 以上，因此只要保持每个生产周期结束时，可靠性 R_t 高于该阈值即可满足这一约束条件，即

$$R_t = e^{-(z_t/\eta)^\beta} \geq \theta, \quad \forall t \tag{2-32}$$

设 $L = \eta(-\ln\theta)^{1/\beta}$，式（2-31）可转换为

$$z_t \leq L, \quad \forall t \tag{2-33}$$

也就是说，为保持一定的可靠性水平，设备一个维护周期内的实际运行时间不能超过 L。由于 z_t 包含了生产与维护的决策变量，实际维护周期将取决于两者的共同决策结果。

(4) 设备的产能约束

设备的预防性维护将消耗用于生产的产能，需将式（2-26）中原 CLSP 的产能约束更新为

$$\sum_{i=1}^{N} a_i x_{it} + u_t t^{pm} \leq K_t, \quad \forall t \tag{2-34}$$

(5) 集成问题的数学建模

上述生产批量和预防性维护的集成模型可表示为

$$\text{Minimize}: \sum_{i=1}^{N} \sum_{t=1}^{T} (s_{it} y_{it} + c_{it} x_{it} + h_{it} I_{it}) + \sum_{t=1}^{T} u_t c^{pm} \tag{2-35}$$

满足条件见式（2-24）、式（2-25）、式（2-27）、式（2-28），以及式（2-32）～式（2-34）。

目标函数（2-35）是最小化生产与预防性维护的总成本。上述集成模型中预防性维护决策受生产活动所驱动，低负荷条件下可柔性调整维护周期，避免过度维护的问题。另外，式（2-33）中的设备有效役龄 z_t 为非线性表达式，软件（如 CPLEX）求解时可以逻辑约束的形式进行表述，也可将其线性化以提高求解效率，即

$$z_t \geq \sum_{i=1}^{N} a_i x_{it} + z_{t-1} - u_t M, \quad \forall t \tag{2-36}$$

$$z_t \geq \sum_{i=1}^{N} a_i x_{it}, \quad \forall t \tag{2-37}$$

上述两式对式（2-33）中 z_t 进行了松弛，但模型关键变量 (x_{it}, u_t) 的可行域保持不变，因此集成模型的最优解也将保持不变。

2. 基于时间间隔的集成模型

如果采用基于时间间隔的建模策略，设备有效役龄由预防性维护与绝对时间决定，而不受产品需求与负荷变化的影响，即

$$z_t = (1-u_t)z_{t-1} + K_t \tag{2-38}$$

对应的集成模型仅需用式（2-38）替代基于设备运行集成模型中的役龄公式（2-31）

即可。由于式（2-38）中设备役龄未排除闲置因素的影响，将导致设备可靠性评估及集成模型决策结果的差异，维护节点受生产任务的影响较小，维护周期的柔性较差。

3. 算例研究

（1）低负荷水平下的集成模型比较

假设某个 CLSP 包含 12 个生产周期，计划期内需安排 3 种产品的批量生产来满足外部需求，每个生产周期最大产能为 1000 个单位时间。表 2-5 给出了每种产品单位加工时间及相关的成本信息。表 2-6 给出了 3 种产品在不同生产周期的需求量，其中产品 A 的需求稳定在 200 个产品单位，产品 B 的需求逐渐增加，产品 C 的需求在 [0, 200] 之间随机生成，计划期内的整体负荷水平相对较低。同时，$c^{pm}=1500$，$t^{pm}=50$，$\eta=6500$，$\beta=2$，$\theta=0.9$。为满足可靠性约束要求，经计算可知维护周期内的设备有效役龄不能超过 2000 单位时间，基于时间间隔的建模策略需每隔 2 个周期对设备进行一次维护。

表 2-6 同时给出了基于设备运行集成模型在每个生产周期的生产安排、维护节点及设备可靠性，生产与维护的总成本为 28606。在这一算例中，两种建模策略的主要区别在于，基于设备运行的预防性维护可在负荷较低条件下柔性调整维护周期，通过减少维护次数来降低维护成本，可使总成本降低 10%。

通过图 2-16 和图 2-17 可以观察到，基于时间间隔建模策略下维护周期内的设备可靠性呈规律性下降，但是设备实际运行时间仅为规划周期的 60% 左右，表明存在过度维护问题，而基于设备运行策略条件下设备可靠性受生产负荷影响，负荷的差别导致不同生产周期之间的可靠性并非沿光滑曲线变动，但是维护周期内的设备运行时间接近于役龄最大值 L。后者更能准确体现生产运作中设备可靠性的变化趋势，且维护次数更少，有效避免了设备在低负荷作业环境中的过度维护。

表 2-5 产品单位加工时间与相关成本信息

产品	a_i	s_{it}	c_{it}	h_{it}
A	1	100	2	2
B	1	300	2	2
C	2	200	5	2

表 2-6 产品需求与决策结果

决策结果	产品	生产周期 1	2	3	4	5	6	7	8	9	10	11	12
d_{it}	A	200	200	200	200	200	200	200	200	200	200	200	200
	B	100	125	150	175	200	225	250	275	300	325	350	375
	C	124	169	131	92	31	125	11	97	23	131	81	71
x_{it}	A	200	200	200	200	200	200	200	200	200	200	200	200
	B	224	0	325	0	200	225	252	272	300	325	350	375
	C	124	169	131	122	0	136	0	120	0	131	152	0
u_t	—	1	0	0	1	0	0	0	1	0	0	1	0
R_t		0.993	0.972	0.904	0.998	0.988	0.949	0.905	0.992	0.971	0.904	0.988	0.957

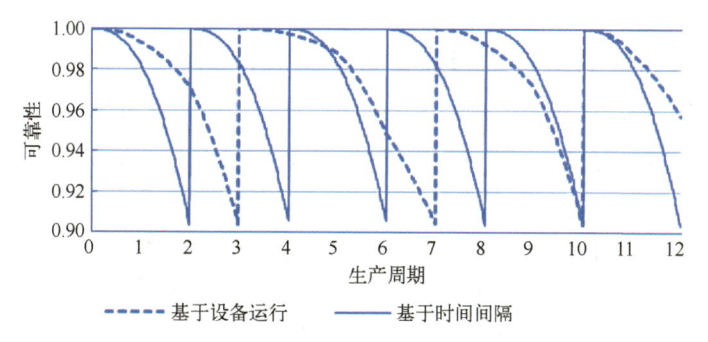

图 2-16 两种建模策略下设备的可靠性曲线

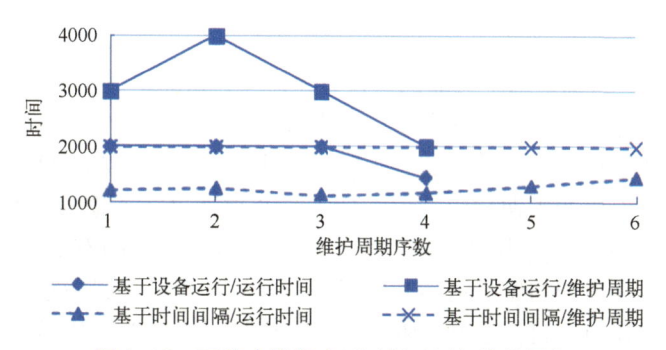

图 2-17 两种建模策略下运行时间与维护周期

(2) 变动负荷水平下的成本趋势

采用 $\mu = \sum_{i=1}^{N} \sum_{t=1}^{T} a_i d_{it} / (TK_t)$ 来表示设备的负荷水平。负荷水平可体现设备在计划期内的整体利用情况,包含了产品的需求信息,因此可通过产品需求的调整来体现设备负荷的变化。为进一步比较两种建模策略在不同负荷水平下的差异,对每个周期内产品 A 的需求增加 50 个单位,连续增加 5 次,这样每次增加会使计划周期内的设备负荷水平提升 5%。图 2-18a 表明两个建模策略对生产决策的影响不明显,个别情况下,基于设备运行建模策略会由于可靠性约束影响使生产成本上升,但从总成本角度来看这一策略更占优势。图 2-18b 描述了不同负荷条件下总成本的变化趋势,随着负荷水平的上升,两种建模方式的效果将逐渐趋于一致,低负荷条件下总成本的差别主要由维护计划的差异引起。

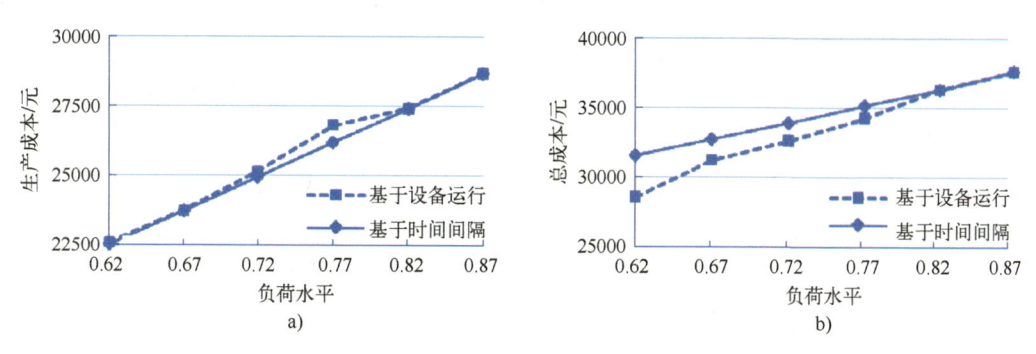

图 2-18 不同负荷水平下两种建模策略的成本差别
a) 生产成本 b) 总成本

2.3.3 考虑故障因素的 CLSP 与设备维护集成模型

2.3.2 节的集成模型由于设备保持了较高的可靠性水平，使其发生故障的概率较低，因此可以忽视潜在故障的影响。然而，维持较高的可靠性须匹配大量人力、物力资源，这将大幅增加制造系统的运行成本，这对可靠性要求不是很高的系统而言是不经济的，系统必然降低设备的可靠性要求，进而导致设备故障的发生概率上升。设备故障与维护活动是制约设备生产效率和影响产能约束的重要因素，本节将在 CLSP 模型中进一步引入设备的故障因素，研究考察故障与维护对设备运行及相关决策的影响。

1. 基于设备运行的集成模型

（1）模型描述

假设 CLSP 中的产品批量由不可靠的单设备系统生产完成，生产过程中设备可能发生故障并导致停机，且故障不在闲置期间发生，故障节点服从威布尔分布 $W(\beta,\eta)$，事后采取的小修措施可恢复设备运行但不能改进其当前状态，小修所需成本和时间分别为 c_{cm} 和 t_{cm}。设备不断下降的状态可由生产周期初始的预防性维护获得恢复，所需成本和时间分别为 c_{pm} 和 t_{pm}，预防性维护与故障小修均占用一定用于生产的产能。设备的有效役龄由维护周期内的实际运行时间衡量，受生产与维护活动共同影响，因此采用基于设备运行策略对 CLSP 与设备维护问题进行集成建模，目标是充分考虑故障与维护对生产能力的影响，实现生产与维护综合成本的最小化。

（2）设备的故障预期

根据式（2-31）中设备的有效役龄推导公式，威布尔分布条件下生产周期内的故障预期可表示为

$$v_t = \int_{(1-u_t)z_{t-1}}^{z_t} r(t')\mathrm{d}t' = \left(\frac{z_t}{\eta}\right)^\beta - \left[\frac{(1-u_t)z_{t-1}}{\eta}\right]^\beta \tag{2-39}$$

式中，$r(t')$ 为设备故障率，$(1-u_t)z_{t-1}$ 和 z_t 分别表示周期 t 内开始与结束时的设备有效役龄。

（3）设备的产能约束

设备的预防性维护与故障后小修活动都将耗损一定的时间产能，因此一个生产周期内用于生产的时间将会减少，独立 CLSP 中的产能约束需考虑两者的影响，即

$$\sum_{i=1}^N a_i x_{it} + u_t t_{pm} + v_t t_{cm} \leq K_t \tag{2-40}$$

（4）考虑故障因素的集成模型

设备故障将引起维护成本方面的支出，需将小修成本引入集成模型目标函数。考虑故障因素的 CLSP 和设备维护的集成模型可表示为

$$\text{Minimize:} \sum_{i=1}^N \sum_{t=1}^T (s_{it}y_{it} + c_{it}x_{it} + h_{it}I_{it}) + \sum_{t=1}^T (u_t c_{pm} + v_t c_{cm}) \tag{2-41}$$

满足条件见式（2-24）、式（2-25）、式（2-27）、式（2-28）、式（2-39）和式（2-40）。目标函数（2-41）旨在满足所有约束条件下最小化各项生产成本和维护成本。

2. 基于时间间隔的集成模型

采用基于时间间隔建模策略对 CLSP 与维护问题建模时，用式（2-38）来替换式（2-31）便可建立对应模型，这一模型与非周期性维护的集成模型一致，而如果采用周期性维护，则在问题建模或求解时需进一步考虑维护周期的约束。由于前者的维护周期更具柔性、成本控

制效果更好，因此以下的算例比较中将采用非周期性维护策略。

3. 算例研究

以下算例中用 $\sum_{i=1}^{N}\sum_{t=1}^{T}(s_{it}y_{it}+c_{it}x_{it}+h_{it}I_{it})$ 表示生产成本 PC，用 $\sum_{t=1}^{N}(c_{pm}\mu_t+c_{cm}v_t)$ 表示维护成本 MC，总成本 TC 为上述两项成本之和。由于两种建模策略下的集成模型均存在非线性化表达式，因此采用软件 LINGO 对模型进行求解。

（1）低负荷水平下的集成模型比较

产品种类与需求、设备产能、生产成本及预防性维护相关的参数与 2.3.2 节的算例一致，仅对部分参数进行更新。设备的故障仍服从威布尔分布，规模参数与形状参数分别为 $\eta=1000$ 与 $\beta=2$，小修所需成本和时间分别为 $c_{cm}=300$ 和 $t_{cm}=30$。

表 2-7 给出了每个生产周期内的产品需求及基于设备运行集成模型的决策结果，表 2-8 对两个集成模型在各生产周期中的故障预期和各项成本进行了比较。两种建模策略的生产成本基本一致，表明负荷水平较低时维护活动对生产决策的影响较弱。而两种策略的维护成本有较大差别，这是因为基于时间间隔的建模策略高估了不同生产周期范围内的故障预期（尽管不违反产能约束），使预防性维护次数变得频繁，导致维护成本的上升。在表 2-8 中还可以看到，基于设备运行的集成模型在各生产周期的故障预期由生产与维护活动共同决定，不同周期的故障预期均不一致，体现了生产负荷的差异，而基于时间间隔的集成模型中故障预期具有较强的周期性，主要由预防性维护节点决定。在图 2-19 中可以观察到，基于设备运行建模策略中的运行时间非常接近于由基于时间间隔策略确定的维护周期，表明低负荷条件下两种建模策略能获得各自定义的最佳维护周期。

表 2-7 产品需求与决策结果

决策结果	产品	生产周期											
		1	2	3	4	5	6	7	8	9	10	11	12
d_{it}	A	200	200	200	200	200	200	200	200	200	200	200	200
	B	100	125	150	175	200	225	250	275	300	325	350	375
	C	124	169	131	92	31	125	11	97	23	131	81	71
x_{it}	A	200	200	200	200	200	200	200	200	200	200	200	200
	B	225	0	150	175	200	225	250	275	300	325	350	375
	C	124	169	131	123	0	136	0	120	0	131	152	0
u_t	—	1	0	0	1	0	0	0	1	0	0	1	0

表 2-8 故障预期与各项成本比较

模型	生产周期												MC	PC	TC
	1	2	3	4	5	6	7	8	9	10	11	12			
基于设备运行	0.45	1.01	1.86	0.39	0.66	1.91	1.75	0.51	0.97	2.53	0.73	1.31	13036.8	22552.0	35588.8
基于时间间隔	1.00	3.00	1.00	3.00	1.00	3.00	1.00	3.00	1.00	3.00	1.00	3.00	21000.0	22552.0	44052.0

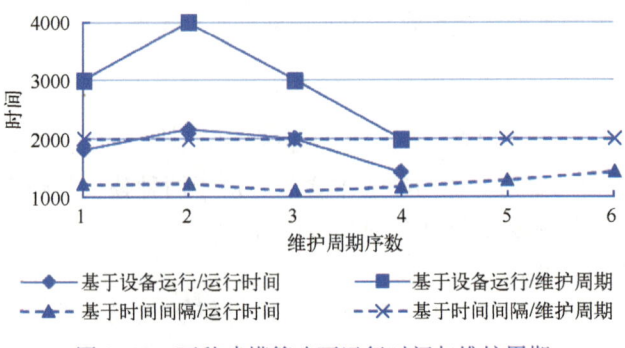

图 2-19 两种建模策略下运行时间与维护周期

(2) 变动负荷水平下的成本趋势

以下进一步比较不同负荷水平下两个集成模型的效果。将产品需求做如下处理：对每个周期产品 A 的需求增加 50 个单位，连续增加 6 次，每次增加会使计划周期内的负荷水平提升 5%，最高值达 $\mu=0.92$。图 2-20a 表明当负荷水平较低时（$\mu\leq0.82$），设备故障及维护对生产批量决策的影响较小，两个集成模型与独立 CLSP 中的生产成本非常接近，然而当负荷大于一定值时（$\mu>0.82$），故障与维护所引发的设备停机将使产能约束变得紧张，导致生产安排做出较大调整以满足产能约束，生产成本随之明显上升，当 $\mu\geq0.92$ 时，基于设备运行的建模策略由于未高估故障与维护引起的产能耗损，使分配给生产的产能相对较为充足，因此生产成本会有一定降低。从图 2-20b 可以看到，基于设备运行模型在维护成本方面的优势更为显著，随设备负荷的变化进行动态调整，而基于时间间隔集成模型的维护成本相对较为平稳，表明维护周期的调整能力较弱。图 2-20c 对生产成本与维护成本进行了累加，基于设备运行集成模型在不同负荷水平下的总成本均小于基于时间间隔模型，说明前一建模策略具有较好的成本优势。

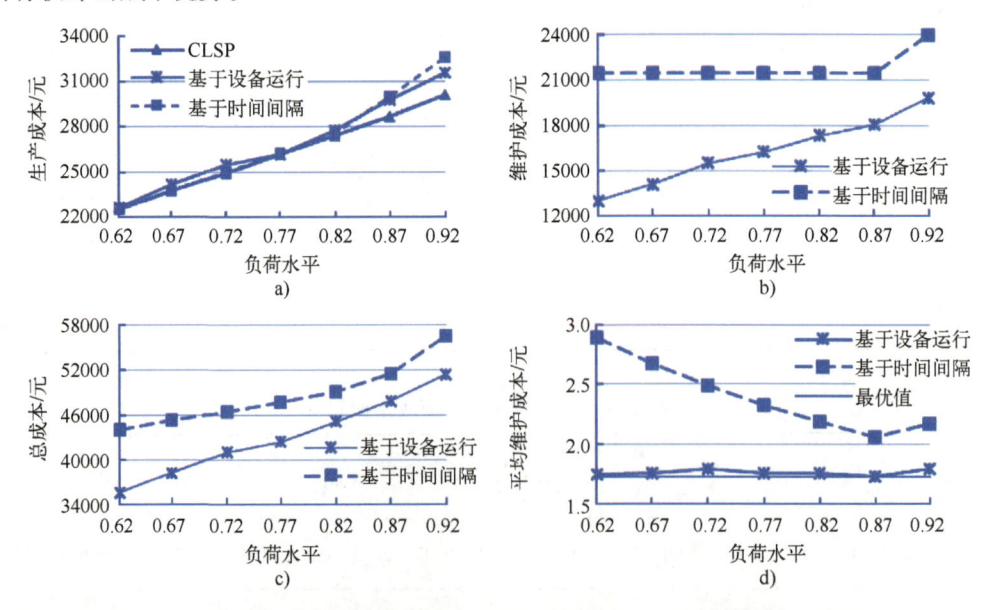

图 2-20 不同负荷条件下两个集成模型的各项成本比较
a) 生产成本　b) 维护成本　c) 总成本　d) 平均维护成本

图 2-20d 对两种建模方法的平均维护成本进行了比较，其中最优值根据 Nakagawa 等人提供的方法计算获得。可以看到，基于设备运行集成模型的平均维护成本与最优值非常接近，而基于时间间隔模型的平均维护成本随负荷的升高而不断降低，表明负荷上升有助于缓解该模型的过度维护现象。当负荷高于一定值时（$\mu \geqslant 0.92$），两个模型的平均维护成本均有一定程度上升，与产能约束趋紧有关。这是因为当负荷较低时，设备故障与维护对生产决策的影响较小，两个模型均倾向于维护成本最小化的策略，而当负荷较高时，为使生产决策具有可行解，维护计划将转向可用度最大化的维护策略以满足产能约束的要求，维护周期将会缩短并导致平均维护成本的上升（如图 2-21 所示），对应的生产成本也会有所上升。应该说，基于设备运行集成模型在平均维护成本上表现出来的稳定性和经济性验证了该建模方法的有效性。

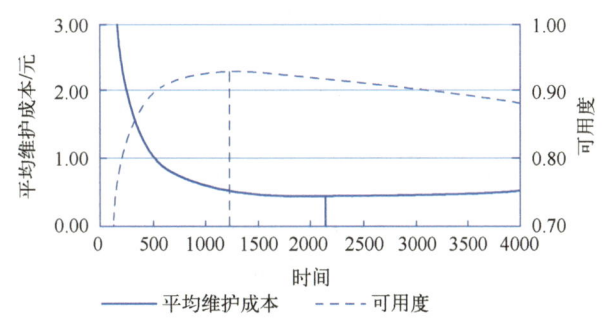

图 2-21 设备的平均维护成本与可用度

2.3.4 考虑鲁棒性的单设备生产计划模型

目前在制造企业中，设备在维护管理方面的需求日趋凸显，但是合理有效的维护计划又与生产批量的决策安排息息相关。传统维护理论一般根据设备性能研究确立设备的维护方式与时间节点，以保持设备较高的可靠性与可用度，减少设备的故障风险与维护成本。然而，设备负荷是决定设备劣化程度与可靠性等指标的主要因素，生产批量的决策直接影响生产周期内的设备负荷、可靠性以及设备的维护活动。因此，维护计划很大程度上取决于生产批量的实际安排，抛开制造系统生产运作与设备使用情况的维护计划很容易造成过度维护或维护不足。

1. 故障条件下的两种生产计划建模方法

以 CLSP 为基础，引入生产计划的鲁棒性约束，从而控制计划实施过程中违反产能约束的概率。这里分别提出考虑鲁棒性约束与基于故障期望的生产计划建模方法，并进行比较。

（1）考虑鲁棒性约束的生产计划建模

考虑某一单设备生产系统需在给定的计划期 H 内（包括 T 个生产周期）安排 N 种产品的批量，设备在每个周期的最大产能为 $k_{\max}$。对于产品 i 在周期 t 内的单位加工时间为 a_i，周期内产品的需求量为 d_{it}，每个周期内可生产一种或者多种产品。生产周期内的产品需求由该产品的产量以及库存来满足，需求不能满足时则将出现产品延期。设备开机、产品生产、库存及延期生产的单位成本分别为 s_{it}、c_{it}、h_{it} 和 b_{it}，对应的决策变量分别为 y_{it}、x_{it}、I_{it} 和 B_{it}。

设备经一定时间运行后，在疲劳、磨损和冲击等因素影响下会发生故障，假设设备的劣化和实际加工时间相关，非生产时间不受影响。在一个周期内设备发生的故障次数服从泊松分布，故障发生率为 λ，发生故障后立刻进行小修，即修复故障部件使系统重新运行，不改变系统中其他部件的状态。维护活动将占用设备并造成生产能力的损失，故障维修的停机时间为 t_{cm}。

生产计划的鲁棒性是指在不同故障情境下，整个计划依然能稳定执行的能力，本质是要求控制违反产能约束的概率，如果每个周期内的生产活动都以较高概率满足产能约束，就能保证整个生产计划稳定执行。因此，这里设定各个周期满足产能约束的概率 β_t 大于鲁棒水平 β_t^*。将构建的鲁棒性约束条件集成到 CLSP 模型中，可表示为

$$\min \sum_{i=1}^{N} \sum_{t=1}^{T} (s_{it}y_{it} + c_{it}x_{it} + h_{it}I_{it} + b_{it}B_{it}) \tag{2-42}$$

约束条件为

$$x_{it} + I_{i,t-1} - I_{it} = d_{it} - B_{it} + B_{i,t-1}, \quad \forall i, t \tag{2-43}$$

$$\beta_t = \mathrm{prob}\Big(\sum_{i=1}^{N} a_i x_{it} \leq k_{\max} - m_t t_{cm}\Big), \quad \forall t \tag{2-44}$$

$$\beta_t \geq \beta_t^*, \quad \forall t \tag{2-45}$$

$$x_{it} \leq \delta y_{it}, \quad \forall i, t \tag{2-46}$$

$$x_{it}, I_{it} \geq 0, \quad \forall i, t \tag{2-47}$$

$$y_{it} \in \{0, 1\}, \quad \forall i, t \tag{2-48}$$

模型的目标函数（2-42）是在满足鲁棒性约束的前提下最小化生产总成本；式（2-43）是不同生产周期的物料平衡表达式；式（2-44）是在给定故障次数 m_t 条件下，生产周期满足产能约束的概率；式（2-45）要求满足产能约束的概率大于鲁棒性水平 β_t^*；式（2-46）判断不同产品批量的设备准备操作与产量的一致性；式（2-47）和式（2-48）是对变量取值的约束。

（2）基于故障期望的生产计划建模

基于故障期望的生产计划建模需要将故障停机的期望值引入产能约束。周期 t 内设备运行时间为 $\sum_{i=1}^{N} a_i x_{it}$，对应的故障次数为 $\lambda \sum_{i=1}^{N} a_i x_{it}$，停机维修时间为 $t_{cm} \lambda \sum_{i=1}^{N} a_i x_{it}$。设备故障后的维修活动会损耗相应的产能，一个周期内有效用于生产的时间将会减少。将这一故障停机影响引入原先产能约束后获得

$$\sum_{i=1}^{N} a_i x_{it} \leq k_{\max} - t_{cm} \lambda \sum_{i=1}^{N} a_i x_{it}, \quad \forall i, t \tag{2-49}$$

基于故障期望的生产计划模型，只需用公式（2-49）替代上述模型中的公式（2-44）和式（2-45）即可。在基于故障期望的模型中，故障形式是连续的，这与实际生产中离散的故障形式不符，导致了一部分产能无法用于生产，未充分考虑计划的可行性问题。两种模型将在算例中进一步进行对比分析。

2. 模型求解

将上一节中建立的考虑鲁棒性约束的生产计划模型记为 M-R，基于故障期望的生产计划模型记为 M-E。由于故障概率的分布特点，M-E 为线性规划模型，可以直接采用优化软

件 LINGO 进行求解。

M-R 中生产周期内设备允许的故障发生次数 m_t 由鲁棒性约束确定，发生 m_t 次故障的概率为

$$\theta_{m_t} = \frac{\left(\lambda \sum_{i=1}^{N} a_i x_{it}\right)^{m_t}}{m_t!} e^{-\lambda \sum_{i=1}^{N} a_i x_{it}} \tag{2-50}$$

考虑鲁棒性约束的 M-R 模型为机会约束规划问题，无法直接进行求解。将模型求解分为以下两个步骤。

步骤1：将这一随机规划模型转换成确定性模型；
步骤2：利用优化软件 LINGO 进行求解。
步骤1的具体过程如下。

在周期 t 生产过程中，不同的故障次数对应不同的产能约束，即

$$m_t = 0, \quad \sum_{i=1}^{N} a_i x_{it} \leq k_{\max}, \quad \theta_0 = e^{-\lambda \sum_{i=1}^{N} a_i x_{it}} \tag{2-51}$$

$$m_t = 1, \quad \sum_{i=1}^{N} a_i x_{it} \leq k_{\max} - t_{cm}, \quad \theta_1 = \lambda \sum_{i=1}^{N} a_i x_{it} e^{-\lambda \sum_{i=1}^{N} a_i x_{it}} \tag{2-52}$$

$$m_t = k, \quad \sum_{i=1}^{N} a_i x_{it} \leq k_{\max} - k t_{cm}, \quad \theta_k = \frac{\left(\lambda \sum_{i=1}^{N} a_i x_{it}\right)^k}{k!} e^{-\lambda \sum_{i=1}^{N} a_i x_{it}} \tag{2-53}$$

对于给定鲁棒性水平 β_t^*，由于 $\sum_{m_t=0}^{k} \theta_{m_t}$ 的递增特性，存在一个 $\sum_{m_t=0}^{k} \theta_{m_t}$ 使得

$$\sum_{m_t=0}^{k} \theta_{m_t} \geq \beta_t^* \tag{2-54}$$

在采用枚举方法计算获得 k 后，可用式（2-54）替代原先的鲁棒性约束，从而将原模型转化为确定性模型。

3. 算例分析

（1）算例

假设需在 8 个生产周期内决策 2 种产品的生产计划。表 2-9 给出了 2 种产品的单位加工时间和生产相关成本参数，与 Aghezzaf 等算例中的参数一致，生产周期内的最大产能 $k_{\max} = 50$，计划的鲁棒性水平 $\beta_t^* = 95\%$。设备故障过程服从泊松分布，其中故障率 $\lambda = 0.05$，设备故障维护时间 $t_{cm} = 4.5$。

表 2-9 单位加工时间和生产相关成本参数

产品	a_i	s_{it}	c_{it}	h_{it}	d_{it}
1	1	1000	90	40	240
2	1	1000	90	40	240

表 2-10 列出了各个生产周期的产品需求，其中两种产品的需求数量均服从 $U[10,20]$，同时给出了 M-R 模型的决策结果。M-R 模型的总生产成本为 39340，比 M-E 高出 11.1%，这一成本差异主要由 M-R 模型中的鲁棒性约束引起。

表 2-10 产品需求及决策结果

决策结果	产品	生产周期							
		1	2	3	4	5	6	7	8
d_{it}	1	11	17	17	10	11	17	16	15
	2	16	17	19	10	18	15	12	17
s_{it}	1	1	1	1	1	1	1	1	1
	2	1	1	1	1	1	1	1	1
x_{it}	1	11	17	11	16	11	17	16	15
	2	16	15	21	10	18	15	12	17
I_{it}	1	0	0	0	0	0	0	0	0
	2	0	0	0	0	0	0	0	0
b_{it}	1	0	0	6	0	0	0	0	0
	2	0	2	0	0	0	0	0	0

表 2-11 给出了两种模型在给定周期内需求量 d_{it} 的条件下，以成本最小化进行生产，各周期生产 2 种不同产品批量的完成时间。

表 2-11 两种模型各周期实际生产时间

模型	生产周期							
	1	2	3	4	5	6	7	8
M-E	27	40	40	21	33	33	29	15
M-R	27	32	32	26	29	32	28	32

表 2-12 给出了两种生产计划模型在各个生产周期发生的故障次数以及满足产能约束的概率，其中带下画线的数据为对应故障次数不能满足产能约束时的发生概率。随着故障次数的增加，两种模型的故障发生概率逐渐降低，当故障次数超过产能约束限定的值时，将导致计划不可行。

表 2-12 两种模型各生产周期发生的故障次数以及满足产能约束的概率

故障次数	模型	生产周期							
		1	2	3	4	5	6	7	8
0	M-E	22.7%	11.1%	11.1%	31.5%	16.3%	16.3%	20.3%	43.8%
	M-R	22.7%	17.2%	17.2%	24.0%	20.3%	17.2%	21.4%	17.2%
1	M-E	33.6%	24.4%	24.4%	36.4%	29.6%	29.6%	32.4%	36.2%
	M-R	33.6%	30.3%	30.3%	34.2%	32.4%	30.3%	33.0%	30.3%
2	M-E	25.0%	26.8%	26.8%	21.0%	26.8%	26.8%	25.8%	14.9%
	M-R	25.0%	26.6%	26.6%	24.5%	25.8%	26.6%	25.4%	26.6%
3	M-E	12.4%	_19.7%_	_19.7%_	8.1%	16.2%	16.2%	13.7%	4.1%
	M-R	12.4%	15.6%	15.6%	11.7%	13.7%	15.6%	13.0%	15.6%
4	M-E	4.6%	_10.8%_	_10.8%_	2.3%	_7.4%_	_7.4%_	5.5%	0.8%
	M-R	4.6%	6.9%	6.9%	4.2%	5.5%	6.9%	5.0%	6.9%

(续)

故障次数	模型	生产周期							
		1	2	3	4	5	6	7	8
5	M-E	1.4%	4.8%	4.8%	0.5%	2.7%	2.7%	1.7%	0.1%
	M-R	1.4%	2.4%	2.4%	1.2%	1.7%	2.4%	1.5%	2.4%
6	M-E	0.3%	1.7%	1.7%	0.1%	0.8%	0.8%	0.5%	0.02%
	M-R	0.3%	0.7%	0.7%	0.3%	0.5%	0.7%	0.4%	0.7%
7	M-E	0.07%	0.5%	0.5%	0.02%	0.2%	0.2%	0.1%	0.002%
	M-R	0.075%	0.2%	0.2%	0.06%	0.1%	0.2%	0.09%	0.2%
β_t	M-E	99.7%	62.3%	62.3%	99.9%	88.9%	88.9%	97.7%	99.9%
	M-R	99.7%	96.6%	96.6%	99.8%	97.7%	96.6%	97.8%	96.6%

在第 2 和第 3 个周期中，故障次数超过 2 次时，M-E 不能满足产能约束，而在第 8 个周期，模型允许发生 7 次故障，M-E 满足产能约束的一致性较差。在 M-R 中，各个周期允许的故障次数至少为 4 次，在生产过程中面对随机故障计划具有更高的可行性。

图 2-22 进一步展示了表 2-12 中两种模型各个生产周期满足产能约束的概率变化趋势，并与设定的鲁棒性水平 β_t^* 对比。M-E 中，存在 4 个周期满足产能约束的概率 β_t 在设定的鲁棒性水平 β_t^* 之上，其余周期均在 β_t^* 之下，且最大值与最小值相差 37.6%。这是由于 M-E 没有对 β_t 的冗余空间进行约束，使得在生产过程中满足产能约束的概率 β_t 波动幅度较大。M-R 中，各个周期的 β_t 值都超过了给定的鲁棒性水平且波动幅度很小，这是因为模型中的鲁棒性约束使得 β_t 的冗余空间减少。

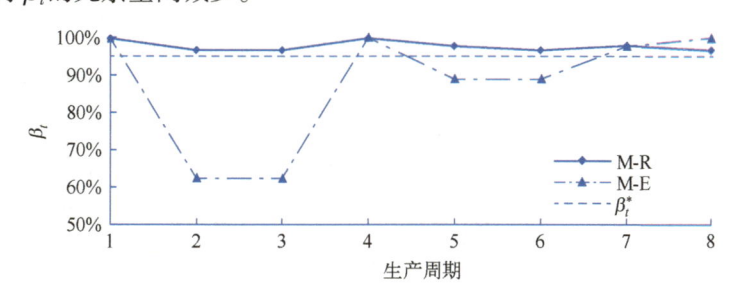

图 2-22 两种模型各个生产周期满足产能约束的概率

(2) 不同 β_t^* 条件下的生产成本

为体现鲁棒性水平 β_t^* 对生产成本造成的影响，对 β_t^* 进行敏感度分析。将周期内 β_t^* 依次降低 10%，降低 7 次，并计算出对应的生产成本。图 2-23 展示了 M-R 模型生产成本的变化趋势，并与 M-E 及 CLSP 所对应的生产成本进行对比。随着鲁棒性水平 β_t^* 的降低，M-R 生产成本整体上呈阶段性的下降趋势，其中，当 β_t^* 小于 85% 以后成本变化较为平缓，而当 β_t^* 值为 95% 时生产成本上升非常显著。这是由于 β_t^* 值为 95% 时，各个周期需要涵盖更多的故障次数，使得生产计划的求解空间极为有限，最终导致成本的急剧上升。

当 β_t^* 值降到 55% 以后，M-R 的生产成本略低于 M-E (相差 0.1%)。M-E 在建模故障对生产计划的影响时，以故障期望的形式体现与实际的故障次数不符，使得 M-E 生产安排的求解空间减小，导致生产成本增加。当 β_t^* 值松弛到 25% 时，鲁棒性水平对模型的约束效果减弱，生产成本接近 CLSP 对应的下限。

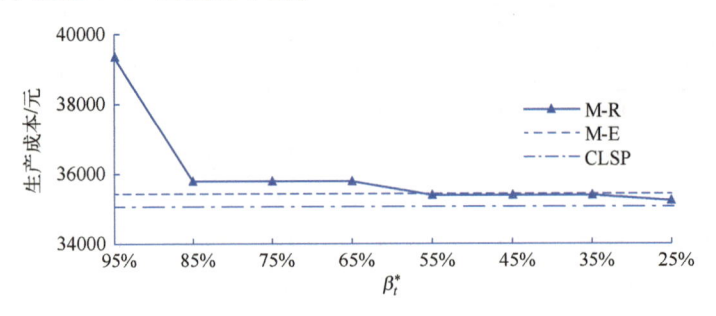

图 2-23　不同 β_t^* 条件下的生产成本变化趋势

在一定范围内，生产成本受 β_t^* 值的影响很小，M-E 增加 1.1% 的成本就能将满足产能约束的概率由 62.3% 提高至 85%。β_t^* 的敏感度分析结果为决策者在计划鲁棒性和生产成本之间取得平衡提供了依据。

本算例提出的模型中，通过引入约束条件确保每个周期内满足产能约束的概率达到设定的鲁棒性水平。算例的结果表明，与基于故障期望的生产计划模型（M-E）相比，考虑鲁棒性约束的模型（M-R）在各个生产周期内都能满足设定的生产计划鲁棒性水平。通过鲁棒性水平的敏感度分析发现，M-E 模型具有较好的柔性，且计划鲁棒性提升到较高水平只需花费少量成本，为决策者制订生产计划提供了依据。

2.4　流水线条件下 CLSP 问题模型

现代工业企业的制造系统多为复杂的多阶段系统，这类系统广泛应用于汽车制造、机械、电子、食品包装和家用电器等加工制造行业，组成系统的基本要素包括生产设备、传输机构及存储单元等，常见的配置有流水线、串并联生产线、装配生产线等。在系统运作过程中，设备受到物料供应及设备本身状态的影响而间断性地进行生产，上下游设备之间通常包含了一定数量的在制品缓存，即使某台设备发生故障停机也能在一定程度上保证其他设备的正常运作与输出。因此，多阶段系统中设备故障与维护引起的停机并非直接影响系统的运作，而有利于提升系统的生产能力。

以多阶段系统为研究对象的 CLSP，在建模过程中存在的一个难点是如何评估批量的完成时间，从而构建起对应的能力约束。CLSP 决策背景下的系统能力可以理解为完成一定批量组合生产所需的时间，时间越短意味着产出率越高、系统能力也就越强。然而，多阶段制造系统较难以单设备形式直接描述，这是因为这类系统的能力与配置参数及运作机制密切相关，单设备无法准确体现多阶段系统所包含的各项参数与运作机制。这也就意味着，单设备条件下推导获得的产能约束不能推广应用至流水线系统，必须从系统整体运作角度对系统性能与批量完成时间展开独立研究。

本节以非稳态的流水线系统为研究对象，首先对生产过程中流水线的运作机制进行研究分析，通过批量生产过程中在制品的开始加工-离开时间递推关系，结合抽样仿真计算评估系统的生产能力与批量完成时间，验证系统配置对生产能力的影响，以及不进行预防性维护条件下产能的边际递减特性。同时，以此为基础集成建模流水线条件下 CLSP 与设备维护问题，设计基于 CPLEX 的启发式算法来求解相关算例，比较分析系统配置对集成模型决策的影响及算法的有效性。

2.4.1 流水线系统的能力评估方法

这部分内容将以单个产品批量为例，对非稳态流水线条件下的批量完成时间/产出率的计算评估方法展开研究，作为构建 CLSP 与设备维护集成模型的基础。

1. 流水线运作机制分析

流水线是多阶段制造系统中最为常见的系统配置形式之一（如图 2-24 所示）。在批量生产过程中，产品依次经过每台设备及相应的缓存空间进行加工，直至完成最后一道工序后离开系统。在制品在系统不同设备上的加工过程、故障及维护活动彼此独立。中间设备上在制品的加工起始时间取决于上游在制品的到达时间及当前设备的可用时间，在制品的离开时间取决于完工时间及下游的缓存空间是否饱和，上游无可加工在制品和下游缓存空间饱和将分别引起系统的饥饿和阻塞现象。系统的第一台设备在完成某个批量之前不会因物料短缺而发生饥饿，最后一台设备完成在制品加工以后可立即将走而不发生阻塞。在制品缓存以增加库存的形式协调不同设备之间的生产，每台设备只需从前一个缓存空间获取待加工在制品，加工完成后将其送入下一个缓存空间，而不需要与前后阶段的设备直接进行协调，降低了设备的随机因素对整个生产过程的干扰，提高了系统的运行效率。

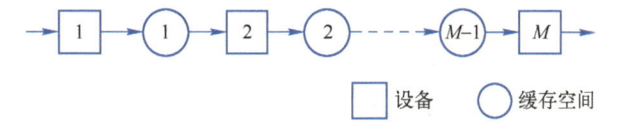

图 2-24 包含缓存空间的流水线系统

（1）不考虑故障的批量完成时间

上述流水线属于间断型流水线，在制品完工后将立即进入下一阶段，在制品的流通方式为并行移动（如图 2-25 所示），可推导获得不考虑设备故障条件下的批量完成时间。假设流水线中设备的数量为 M，批量的大小为 x，每台设备的单位加工时间为 t_m，则对应的批量完成时间为

$$q = \sum_{m=1}^{M} t_m + (x - 1)xt_L$$

式中，t_L 为流水线中最长的单位产品加工时间。当 $x \to \infty$ 时，$q \to xt_L$，也就是说，随着产品数量的增加，批量完成时间接近于瓶颈部位的生产时间。

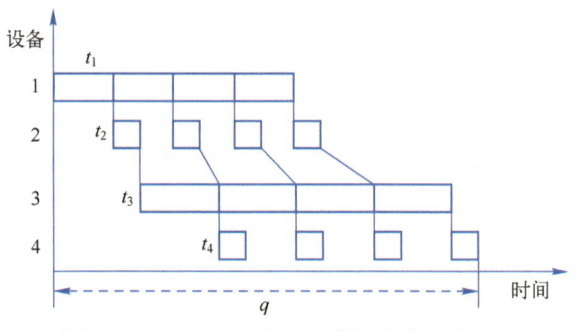

图 2-25 在制品的并行移动与批量完成时间

(2) 考虑故障的批量完成时间

如果流水线系统由不可靠的生产设备组成，在制品加工过程中可能发生潜在的故障，那么通过解析的方式来推导产品的批量完成时间将变得十分困难。假设流水线包含 2 台串行配置的设备，单个在制品生产过程中设备发生故障的概率分别为 F_1 和 F_2，故障后所需的维护时间分别为 t_1^{cm} 和 t_2^{cm}，设备修复后可继续原有在制品的生产，那么系统完成单个在制品所需的时间为

$$q = (1-F_1)(1-F_2)(t_1+t_2) + F_2(1-F_1)(t_2^{cm}+t_1+t_2) + \\ F_1(1-F_2)(t_1^{cm}+t_1+t_2) + F_1F_2(t_1^{cm}+t_2^{cm}+t_1+t_2)$$

上述单个在制品的完成时间计算方法推广至两个及以上的在制品生产时，需将不同在制品在不同阶段之间的故障概率组合做进一步的扩展，对应的批量完成时间将涉及由设备故障引起的前后阶段之间的阻塞与饥饿问题，解析的方法很难体现出流水线中存在的这种动态关联机制。同时，发生故障以后生产设备可能包含多种维护方式，如故障小修、不完全维护与完全维护，不同维护方式对设备状态和故障概率的影响差别较大，且流水线的维护问题也可能包含经济方面和结构方面的关联性。因此，采用解析的方法来描述系统复杂动态的运作过程并推导批量完成时间具有相当大的难度。

2. 流水线系统建模与能力评估

当前多阶段制造系统的产能问题研究中，较多采用了马尔可夫方法对系统进行建模，适用于描述稳态系统的运作过程，但较难将这一方法推广至非稳态系统，使得维护领域中许多基于非马尔可夫方法获取的研究策略与成果较难在多阶段生产环境中获得有效的推广和应用。针对已有研究存在的不足，本节将以非稳态的流水线系统为研究对象，根据在制品的流通机制推导其在设备上的开始加工-离开时间，结合故障的抽样仿真对系统的批量完成时间/产出率进行计算与分析。系统能力的评估框架如图 2-26 所示。

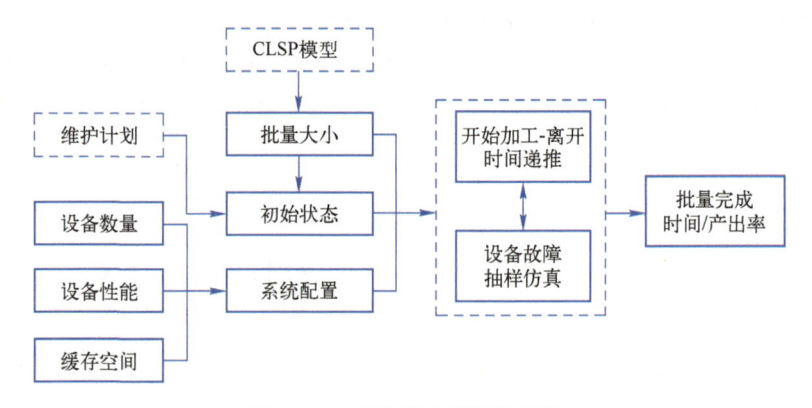

图 2-26 系统能力的评估框架

流水线条件下批量完成时间与产出率的计算需从微观的系统运作角度进行考察，问题的边界包括产品的批量大小、系统配置与初始状态。系统配置是影响其能力的重要因素，包括系统中的设备数量、设备性能与缓存空间等。非稳态流水线的初始状态也是影响系统能力的一个重要因素，由生产与维护活动共同决定，两者主要以设备役龄形式影响系统的初始状态，因此可将这部分针对单产品批量完成时间/产出率的研究扩展到 CLSP 与设备维护问题

的集成环境，建立起不同产品在生产过程中互相作用机制。

（1）模型描述

假设某个流水线系统需生产一个批量的产品，数量为 x，系统中包含 M 台串行配置的设备，产品在每台设备的加工时间为 a，不同设备之间包含一定的缓存空间 B_m。设备故障服从威布尔分布 $W[\beta_m,\eta_m]$，初始役龄为 ms_m，故障发生时间节点取决于实际操作，即为 ODF 型故障，发生故障采取小修策略，小修所需时间为 t^{cm}，设备修复以后可立即恢复中断的生产进程。预防性维护不在批量生产过程中执行，可选择在批量生产前实施，主要影响设备的初始役龄 ms_m，因此对一段时间内系统能力进行测试时可通过设置不同的初始役龄体现预防性维护的影响。对流水线系统建模的目标是根据已知的系统配置与初始状态，计算系统完成批量生产所需的时间与产出率。

（2）设备有效役龄

由于不在批量生产过程中实施预防性维护，设备 m 在第 $j(1 \leqslant j \leqslant x)$ 个在制品完成生产后的有效役龄 z_{jm} 可表示为

$$z_{jm}=ms_m+aj \tag{2-55}$$

这里的设备有效役龄计算是为了对应抽样过程中的故障发生节点，故障发生后采取小修策略使设备修复如旧，可忽略小修对役龄的影响。

（3）在制品的开始加工与离开时间

第 j 个产品在设备 m 上的开始加工时间 p_{jm} 取决于上游设备中 j 的完工时间 $q_{j,m-1}$ 以及当前设备中 $j-1$ 的完工时间 $q_{j-1,m}$，即

$$p_{jm}=\max\{q_{j,m-1},q_{j-1,m}\} \tag{2-56}$$

如果 $q_{j,m-1}>q_{j-1,m}$ 将引起设备 m 的饥饿问题，即由于上游设备供应不及时引起下游设备的闲置；反之若 $q_{j,m-1}<q_{j-1,m}$，即上游加工完的产品将在缓存空间等待，如果无缓存空间则设备 $m-1$ 由于不能立刻释放完工产品而处于停机状态，引发流水线的阻塞现象。饥饿与阻塞均会引发系统局部运作的停滞。

如果设备 m 的下游缓存空间未阻塞，那么在制品 j 可在加工完成后立即离开该设备进入下一环节，因此在制品离开时间取决于开始加工时间；如果下游缓存没有空间放置当前的在制品，那么只有当下游设备 $m+1$ 开始在制品 $j-B_m$ 的加工时，j 才能离开当前的设备 m。因此，产品的离开时间为

$$q_{jm}=\max\{p_{jm}+a,p_{j-B_m,m+1}\} \tag{2-57}$$

如果生产期间发生故障，则可通过累加故障小修时间计算在制品的离开时间，即

$$q_{jm}=\max\{p_{jm}+a+t^{cm}_m,p_{j-B_m,m+1}\} \tag{2-58}$$

（4）在制品的缓存水平

由流水线的饥饿和阻塞所导致的设备闲置可通过在制品的缓存水平进行判断，就某个缓存空间而言，总共有 $2x$ 个时间节点发生缓存水平的变化，即在制品进入和离开该空间的时间节点。由于在制品离开缓存空间不会引起阻塞问题，因此这里主要关注在制品进入时的缓存水平 b_{jm}，该值可通过已进入空间 B_m 的在制品数量减去已离开 B_m 的在制品数量获得。引入 0-1 辅助变量 w_{jkm}，表示在制品 j 进入 B_m 是否早于 k 离开 $B_m(j>k)$，即

$$w_{jkm}=\begin{cases}1, & p_{jm}-q_{k,m+1}\geqslant 0\\ 0, & p_{jm}-q_{k,m+1}<0\end{cases} \tag{2-59}$$

可推导在制品 j 进入第 m 个缓存空间时的实际缓存水平为

$$b_{jm} = j - 1 - \sum_{k=1}^{j-1} w_{jkm} \tag{2-60}$$

且满足

$$b_{jm} \leq B_m \tag{2-61}$$

式（2-61）表示在制品的缓存水平 b_{jm} 不会超过设定的最大空间 B_m。如果 $b_{jm} = B_m$，表示 j 完工时流水线下游处于阻塞状态，需等待一定时间后设备 m 才能释放已完工的在制品，而如果 $b_{jm} = 0$，表示下游设备处于饥饿的闲置状态，在制品完工后将立即进入下一环节的加工。

（5）系统产出率与设备可用度

系统产出率（Throughput，TH）一般是指稳态条件下系统最后一台设备在单位时间内的产品生产数量。本节研究的流水线属于非马尔可夫系统，如果不进行预防性维护，则设备与系统效率将随时间的推移而不断下降。因此，这类系统的产出率通常无法以系统的稳态情形为前提，需对产出率的定义做一定扩展，这里将其定义为最后一台设备在单位时间内的产品生产数量。

由于系统配置、产品数量及系统初始状态已知，可通过上述式（2-56）~式（2-58）的递推关系，结合故障抽样计算不稳定系统条件下完成批量生产所需的时间 q_{xM}，进而评估流水线在单个批量生产过程中的产出率，即

$$\text{TH} = \frac{1}{q_{xM}/x} = \frac{x}{q_{xM}} \tag{2-62}$$

设备可用度指在规定的条件下使用时，设备在某时刻具有或维持其规定功能的概率，可综合反映设备的使用效率，不考虑预防性维护情况下的表达式为

$$A_m = \frac{ax}{ax + t_m^{cm} v_m} \tag{2-63}$$

式中，v_m 是批量生产过程中的故障预期，t_m^{cm} 是未考虑预防性维护所需的时间。对于单设备且 $a=1$ 的系统而言，式（2-62）和式（2-63）中的分子与分母一一对应，也就是说，单设备条件下系统的产出率与可用度相等，但在流水线条件下，式（2-62）中 q_{xM} 包含了在生产过程中各种因素导致的停机和闲置，因此流水线的效率要小于系统中单台设备的效率。

3. 流水线系统的故障抽样

抽样仿真是评估不可靠流水线系统能力的一个重要方法与途径，其主要优点是收敛速度与问题维数无关，受求解问题的条件限制影响较小。抽样评估过程中采用序贯仿真的方法对系统能力进行评估，根据设备的故障率与维护策略对每台设备的"运行-故障-运行"的运作过程进行抽样，获取系统运行状态的时序信息，并通过在制品在不同设备上的开始加工-离开时间的递推关系计算产生系统产出率的序列。

（1）随机故障节点的生成

采用反变换法对威布尔分布下的故障进行随机抽样，设 U 在 $(0,1)$ 区间上服从均匀分布，设备的累积故障概率为 $F(t)$，求解 $U = F(t)$ 得威布尔分布下的随机故障节点，即

$$t = F^{-1}(U) = \eta_m (-\ln U)^{1/\beta_m}$$

由于采用故障小修的策略，还需生成故障的剩余分布，即设备在 t 时刻发生了故障经过小修以后再次发生故障的时间分布 t，其公式为

$$\Delta t = F^{-1}(U) = \eta_m(t^{\beta_m} - \eta_m^{\beta_m}\ln U)^{1/\beta_m}$$

抽样过程中用 τ_{mf} 表示第 m 台设备的第 f 个故障节点。

(2) 参数设置

对流水线进行故障抽样的目的是，评估在给定系统配置与初始状态条件下完成一个产品批量生产所表现出来的效率，不对生产批量大小与设备维护节点进行优化。主要参数如下：$M \in \{3, 5, 10\}$，$B_m \in \{0, 2, 4, 6, 8, 10, 15, 20, 30, 40\}$，$x = 2000$，$a = 1$，$\beta_m = 2$，$\eta_m = 1000$，$t^{cm} = 30$，每种参数组合抽样 1000 次，取其平均值进行产出率比较。为体现不同系统初始状态对流水线效率的影响，设置以下四种情境。

MS_1：第一台设备的初始役龄为 $ms_m = 500$，其他设备的 $ms_m = 0$；

MS_2：中间设备的初始役龄为 $ms_m = 500$，其他设备的 $ms_m = 0$；

MS_3：最后一台设备的初始役龄为 $ms_m = 500$，其他设备的 $ms_m = 0$；

MS_4：所有设备的初始役龄为 $ms_m = 500$。

(3) 抽样流程

输入：设备数量、故障分布、维护参数、批量大小、缓存空间、抽样次数。

输出：系统产出率。

步骤1：生成二维随机故障时间节点 τ_{mf}；

步骤2：计算 p_{jm}。如果 $z_{jm} - 1 < \tau_{mf} < z_{jm}$，则 $q_{jm} = p_{jm} + 1 + t_m^{cm}$，否则 $q_{jm} = p_{jm} + 1$；

步骤3：计算第 j 个在制品完工时的缓存水平 b_{jm}。如果 $b_{jm} = B_m$，那么 $q_{jm} = p_{j-B_m, m+1}$，否则 q_{jm} 保持不变；

步骤4：如果 $m < M$，那么 $m = m + 1$，返回步骤2；如果 $m = M$，那么 $m = 1$，$j = j + 1$，返回步骤2；

步骤5：完成所有产品生产，输出结果。

抽样的流程如图2-27所示。

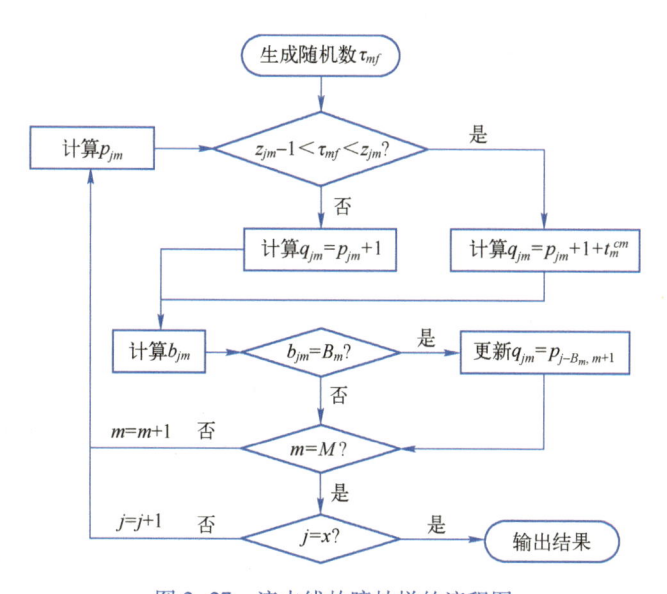

图2-27 流水线故障抽样的流程图

4. 故障抽样的结果与分析

（1）抽样结果

表 2-13 统计了不同系统配置、不同初始状态下流水线产出率均值及相关偏差。其中，系统配置对产出率影响较为显著：缓存空间越大则产出率越高，设备越多则产出率越低。变异系数（Coefficient of Variation，CV）是标准差与产出率均值之比，用来分析抽样结果的离散程度，这一系数范围基本处于 3%~6% 之间。该系数也与系统配置相关：缓存空间越大则 CV 越小，设备越多则 CV 越大，表明系统的稳定性与配置密切相关。DevA 是产出率 TH 与瓶颈部位最大可用度 A 的偏差，即

$$DevA = (TH - A)/A \times 100$$

DevA 主要用来比较分析系统效率与瓶颈部位效率的差别。不同配置条件下，DevA 变化范围较大（3%~41%），也就是说，对于复杂的多阶段系统而言，不能通过瓶颈部位来衡量系统整体的效率。

表 2-13　不同参数组合条件下流水线故障抽样结果

M	B	MS_1 TH	MS_1 CV	MS_1 DevA	MS_2 TH	MS_2 CV	MS_2 DevA	MS_3 TH	MS_3 CV	MS_3 DevA	MS_4 TH	MS_4 CV	MS_4 DevA
3	0	0.824	4.59	-9.91	0.824	4.69	-9.87	0.824	4.60	-9.91	0.786	5.05	-14.00
	2	0.829	4.44	-9.39	0.829	4.54	-9.35	0.829	4.44	-9.35	0.792	4.90	-13.33
	4	0.833	4.28	-8.85	0.834	4.41	-8.83	0.834	4.29	-8.80	0.799	4.73	-12.66
	6	0.838	4.17	-8.34	0.838	4.26	-8.33	0.839	4.17	-8.28	0.805	4.60	-12.02
	8	0.843	4.05	-7.85	0.842	4.16	-7.87	0.844	4.03	-7.75	0.810	4.45	-11.40
	10	0.847	3.94	-7.37	0.847	4.06	-7.42	0.848	3.92	-7.24	0.816	4.32	-10.80
	15	0.857	3.70	-6.23	0.856	3.83	-6.33	0.859	3.69	-6.02	0.828	4.06	-9.39
	20	0.864	3.54	-5.46	0.864	3.61	-5.46	0.867	3.48	-5.18	0.838	3.84	-8.38
	30	0.878	3.34	-4.03	0.879	3.32	-3.89	0.881	3.20	-3.63	0.855	3.53	-6.47
	40	0.880	3.23	-3.72	0.882	3.19	-3.15	0.885	3.06	-3.22	0.860	3.38	-5.95
5	0	0.748	5.32	-18.14	0.748	5.35	-18.18	0.749	5.36	-18.13	0.688	5.71	-24.75
	2	0.762	4.96	-16.69	0.761	5.02	-16.81	0.762	4.99	-16.66	0.704	5.34	-22.97
	4	0.774	4.69	-15.34	0.773	4.72	-15.51	0.775	4.66	-15.25	0.719	5.05	-21.32
	6	0.786	4.40	-14.06	0.784	4.49	-14.30	0.787	4.46	-13.93	0.733	4.78	-19.79
	8	0.797	4.16	-12.87	0.794	4.28	-13.17	0.798	4.23	-12.71	0.746	4.56	-18.36
	10	0.806	3.97	-11.80	0.804	4.07	-12.11	0.808	4.05	-11.61	0.758	4.36	-17.07
	15	0.825	3.65	-9.74	0.823	3.72	-9.96	0.828	3.68	-9.46	0.782	4.01	-14.45
	20	0.837	3.40	-8.46	0.836	3.49	-8.60	0.840	3.42	-8.09	0.798	3.77	-12.71
	30	0.855	3.15	-6.51	0.856	3.19	-6.39	0.860	3.13	-5.99	0.823	3.48	-10.04
	40	0.858	3.05	-6.14	0.860	3.05	-5.91	0.864	2.97	-5.51	0.829	3.30	-9.35

(续)

M	B	MS_1 TH	MS_1 CV	MS_1 DevA	MS_2 TH	MS_2 CV	MS_2 DevA	MS_3 TH	MS_3 CV	MS_3 DevA	MS_4 TH	MS_4 CV	MS_4 DevA
10	0	0.619	5.52	-32.34	0.618	5.55	-32.37	0.619	5.44	-32.29	0.536	5.76	-41.34
	2	0.659	4.86	-27.94	0.657	4.94	-28.14	0.660	4.82	-27.84	0.582	5.04	-36.33
	4	0.692	4.43	-24.31	0.689	4.53	-24.63	0.694	4.39	-24.16	0.620	4.63	-32.22
	6	0.718	4.17	-21.44	0.715	4.25	-21.76	0.721	4.06	-21.20	0.650	4.33	-28.93
	8	0.739	3.97	-19.19	0.736	4.10	-19.49	0.742	3.87	-18.90	0.674	4.14	-26.30
	10	0.756	3.80	-17.36	0.753	3.92	-17.61	0.759	3.70	-17.01	0.694	3.97	-24.09
	15	0.785	3.49	-14.20	0.783	3.54	-14.34	0.789	3.33	-13.71	0.730	3.63	-20.13
	20	0.800	3.30	-12.51	0.800	3.28	-12.50	0.805	3.10	-11.92	0.752	3.42	-17.79
	30	0.819	3.09	-10.43	0.822	3.04	-10.12	0.826	2.91	-9.70	0.780	3.21	-14.71
	40	0.822	3.03	-10.09	0.86	2.94	-9.68	0.829	2.82	-9.32	0.786	3.07	-14.01

（2）产出率分布与收敛性

上述故障抽样中系统产出率的样本均值计算式为 $\widetilde{h}_n = \frac{1}{n}\sum_{i=1}^{n} h_i \tau_{mf}$，样本方差为 $V(\widetilde{h}_n(\tau_{mf})) = \frac{1}{n-1}\sum_{i=1}^{n}(h_i\tau_{mf} - \widetilde{h}_n)^2$。均值 $\widetilde{h}_n$ 是一个随机变量，取决于样本数量与抽样过程，其不确定性可用样本均值的方差进行衡量：当 n 足够大时，样本均值服从近似正态分布 $N(\widetilde{h}_n, V(\widetilde{h}_n))$。图2-28选取一组参数（$M=5$，$B=10$，MS_1），给出了1000次抽样的产出率直方图，抽样结果分布基本符合正态分布曲线。

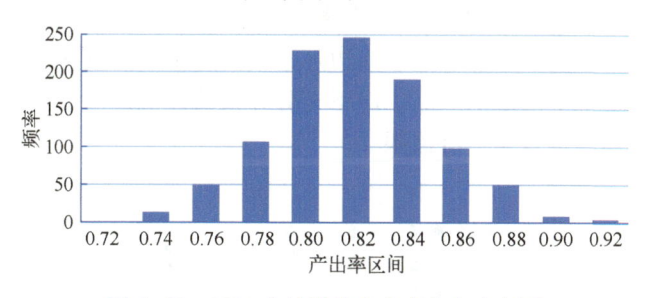

图 2-28 1000次抽样的产出率分布直方图

抽样的精度水平可用方差系数来度量，即产出率均值的方差除以均值：$\gamma = \frac{\sqrt{V(\widetilde{h}_n)/n}}{\widetilde{h}_n}$，故障抽样的收敛速度为 $\frac{1}{\sqrt{n}}$，这一系数常作为抽样收敛的准则。在表2-13中，γ 的范围为 0.1%~0.2%，表明经过1000次的抽样可以获得较高精度的系统产出率。图2-29显示了故障抽样过程中产出率均值的收敛过程，1000次抽样后的产出率均值可以达到稳定状态。

（3）初始状态对产出率的影响

图2-30比较了 $M=5$ 时四种初始状态条件下的系统产出率，与瓶颈部位的效率 A 相比，系统效率下降明显。表2-13中前三个初始状态（MS_1~MS_3）的系统效率统计数据表明，

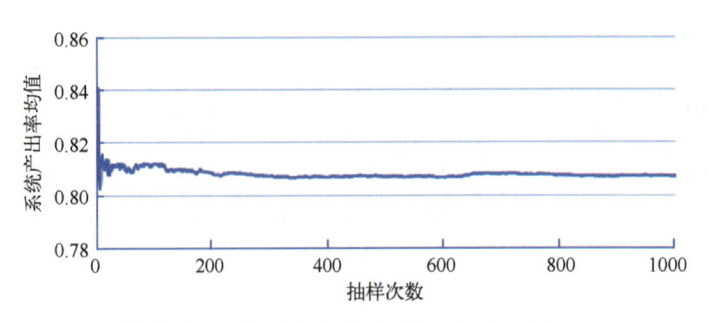

图 2-29 1000 次抽样的产出率均值收敛过程

不同部位的瓶颈对系统效率的影响较为接近，但如果系统每一台设备的可用度均较差（如 MS_4），那么系统产出率将进一步下降，这意味着即使单台设备不是流水线瓶颈，但其效率仍可能影响系统整体的性能。

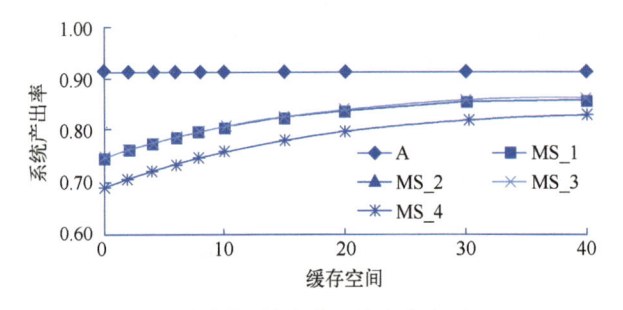

图 2-30 不同初始状态下的产出率（$M=5$）

(4) 系统配置对产出率的影响

图 2-31 对 MS_1 条件下系统配置与产出率的关系做了更加形象地描述，表明不同设备数量条件下缓存空间对系统效率的改进效果边际递减。这是因为缓存空间的主要作用是从产品流通的角度避免由于上下游之间产品供应不充分导致的停机，但由于缓存空间不能提高设备的生产效率，因此其改进效果会有极限。

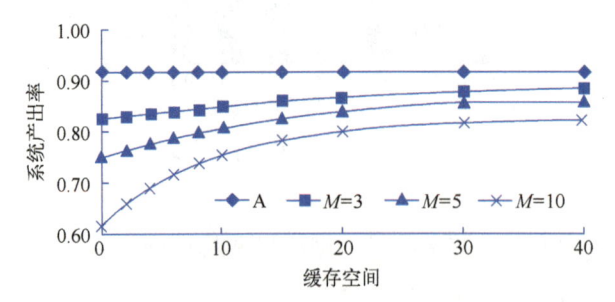

图 2-31 不同系统配置条件下的产出率（MS_1）

(5) 系统产出率的边际递减性

由于生产过程中仅在设备故障时进行小修（修复如旧），设备的状态未得有效改进。当威布尔分布中 $\beta>1$ 时，故障率将保持递增的趋势，这意味着故障对生产的影响将逐渐增大，系统能力随之进一步下降，这与许多稳态马尔可夫系统的研究存在较大区别。为体现系统产出率的这一变化趋势，定义系统的边际产出率为

$$\Delta\mathrm{TH} = \frac{\Delta x}{q_{j+\Delta x,M} - q_{j,M}}$$

式中，ΔTH 表示第 j 个到第 $j+\Delta x$ 个产品生产过程中系统的边际产出率。

以下设步长 $\Delta x = 500$，对不同系统配置下的产出率边际递减特性进行分析。图 2-32a 表明系统产出率的下降趋势与设备数量相关，设备数量越多，产出率下降就越明显，因此复杂多阶段系统中设备维护的重要性也就越突出。在图 2-32b 中，0~500 数量区间内不同缓存空间的产出率较为接近，但随着生产数量的增加，系统效率的差距逐渐拉大，这是因为生产刚开始时设备的故障概率较小，且缓存空间作用并未充分体现，当设备状态逐渐下降时，缓存空间稳定系统运作的功能逐渐显现。充分的缓存空间虽然可在一定程度上缓解产出率不断下降的趋势，但在生产的后期必须通过预防性维护来提高系统的效率。

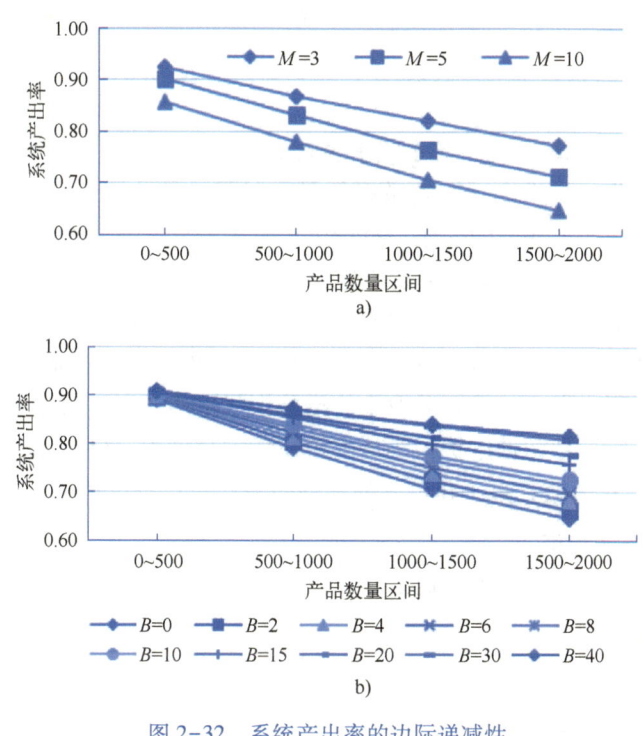

图 2-32 系统产出率的边际递减性
a) $B=10$，MS_1 b) $M=5$，MS_1

2.4.2 流水线条件下 CLSP 与设备维护集成建模

通过 2.4.1 部分的研究可以发现，非稳态流水线系统条件下批量完成时间的计算方法非常复杂，需要结合系统的具体配置、在制品的流通机制以及故障的抽样仿真等，因此与单设备系统相比，流水线条件下 CLSP 能力约束的构建将出现较大差异。这部分内容将以 2.4.1 部分的生产能力评估方法为基础，对流水线条件下 CLSP 与设备维护问题进行集成建模与优化，在批量完成时间计算与产能约束构建过程中引入系统配置与设备维护等因素，来提升建模的准确性与批量计划的可行性（如图 2-33 所示）。

1. 集成模型的问题描述

流水线条件下 CLSP 模型的外部背景与 2.3 节的单设备问题类似，须决策 T 个生产周期

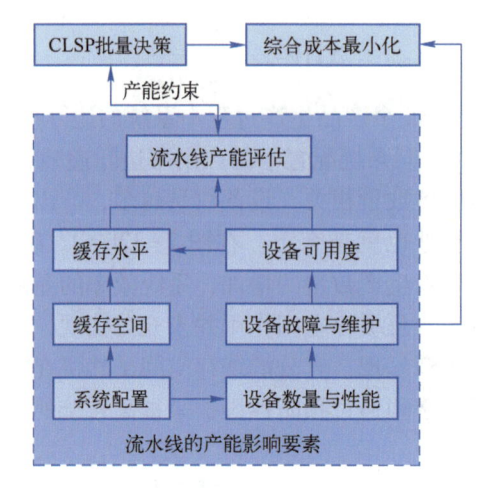

图 2-33 流水线条件下 CLSP 与设备维护集成建模

内 N 种产品的批量以满足需求 d_{it}。流水线中包含 M 台串行配置的生产设备,产品在每台设备上的单位加工时间为 a_i,生产周期内系统的最大时间产能为 K_t,流水线在批量生产过程中的运作机制可参看 2.4.1 部分的描述。批量生产时的系统准备成本、产品生产成本与库存持有成本分别为 s_{it}、c_{it}、h_{it},对应的决策变量分别为 y_{it}、x_{it}、I_{it}。为准确计算流水线条件下批量生产所需时间,这里假设生产周期内不同产品的生产顺序已知。

设备故障服从威布尔分布 $W(\beta_m, \eta_m)$ 且 $\beta_m > 1$,设备役龄受维护周期内实际运行时间影响,若在批量生产过程中发生故障则采取小修措施恢复生产。同时需进一步规划预防性维护来降低设备的故障风险,预防性维护与小修的单位成本分别为 c^{pm} 和 c^{cm},单位时间分别为 t^{pm} 和 t^{cm},集成模型的目标函数是最小化流水线运作过程中生产与维护的综合成本。

2. 集成模型的产能约束

流水线系统完成一个生产周期内所有批量任务所需的时间为 $Q_t(x, u)$,可建立集成模型的产能约束表达式为

$$Q_t(x, u) \leq K_t$$

$Q_t(x, u)$ 取决于生产批量与维护计划的决策结果,且与系统配置及初始状态密切相关。

在 CLSP 模型中,某一产品批量在生产期间具有一定的持续性和独立性,不受其他批次产品的影响(除设备役龄以外),因此通过计算不同产品的批量完成时间并进行累加即可获得 $Q_t(x, u)$,而单个产品批量完成时间的计算方法已在前文进行阐述。

3. 批量的开始生产与结束时间

与 2.4.1 部分相比,相关变量需在产品种类与生产周期维度上进行扩展。

p_{ijmt}:在周期 t 内第 i 个产品批量中第 j 个在制品在第 m 台设备上的开始生产时间。

P_{imt}:在周期 t 内第 i 个产品批量在第 m 台设备上的开始生产时间。

q_{ijmt}:在周期 t 内第 i 个产品批量中第 j 个在制品在第 m 台设备上的结束时间。

Q_{imt}:在周期 t 内第 i 个产品批量在第 m 台设备上的结束时间。

一个批量范围内的产品开始加工-离开时间可分别表示为

$$p_{ijmt} = \max\{q_{ij,m-1,t}, q_{i,j-1,mt}\}$$

$$q_{ijmt} = \max\{p_{ijmt} + a_i + \phi_{ijmt} t_m^{cm}, p_{i,j-B_{im},m+1,t}\}$$

ϕ_{ijmt} 为 0-1 变量，表示在制品生产过程中是否发生故障。P_{imt} 和 Q_{imt} 分别对应生产周期内批量的开始生产与结束时间，即

$$P_{imt} = Q_{i-1,mt} + u_{imt} t_m^{pm}$$

$$Q_{imt} = q_{ix_{it}mt}$$

批量的开始生产时间 P_{imt} 取决于上一批量的结束时间及批量开始前是否进行设备维护，而当 $i=N$、$m=M$ 时，Q_{imt} 即为生产周期内完成所有批量生产所需的时间 $Q_t(x,u)$。

4. 缓存空间与缓存水平

假设流水线上的缓存空间具有独立性，不同产品之间不能混合使用，如有些产品在移动过程中必须使用专门的夹具或容器。不同产品在不同阶段的缓存空间容量为 B_{im}，缓存水平通过进入 B_{im} 的产品数量减去离开 B_{im} 的产品数量计算获得，引入 0-1 辅助变量 w_{ijkmt}，表示第 i 个批量中在制品 j 进入 B_{im} 是否早于 k 离开 B_{im} ($j>k$)，即

$$w_{ijkmt} = \begin{cases} 1, & p_{ijmt} - q_{ik,m+1,t} \geq 0 \\ 0, & p_{ijmt} - q_{ik,m+1,t} < 0 \end{cases}$$

在制品 j 进入空间 B_{im} 时的实际缓存水平为

$$b_{ijmt} = j - 1 - \sum_{k=1}^{j-1} w_{ijkmt}$$

且满足

$$b_{ijmt} \leq B_{im}$$

也就是说，产品的缓存数量不能超过最大的空间限制。

5. 设备役龄与故障预期

流水线系统仍从成本和产能角度来构建生产批量与维护问题的集成模型。由于不同产品的生产顺序已知，设备预防性维护周期可根据 2.3 节以生产周期为单位细化到产品批量水平，维护将在批量开始前或结束后执行，这种维护节点的选取考虑了批量生产的连续性要求。与单设备下的集成模型相比，相关变量需进行扩展。

z_{imt}：设备 m 在周期 t 完成第 i 个产品批量后的有效役龄。

v_{imt}：设备 m 在周期 t 第 i 个产品批量期间的故障预期。

u_{imt}：0-1 变量，表示设备 m 是否在周期 t 第 i 个产品批量前进行维护。

设备在完成一个批量生产后的有效役龄为

$$z_{imt} = \begin{cases} (1-u_{imt})z_{i-1mt} + a_i x_{it}, & i>1 \\ (1-u_{imt})z_{Nmt-1} + a_i x_{it}, & i=1 \end{cases}$$

对应批量的故障预期为

$$v_{imt} = \begin{cases} \int_{(1-u_{imt})z_{i-1mt}}^{z_{imt}} r_m(t') dt', & i>1 \\ \int_{(1-u_{imt})z_{Nmt-1}}^{z_{imt}} r_m(t') dt', & i=1 \end{cases}$$

式中，$r_m(t')$ 为设备的故障率。故障预期 v_{imt} 主要用来计算设备小修所需成本，计划期内设备维护的总成本为

$$MC = \sum_{i=1}^{N} \sum_{m=1}^{M} \sum_{t=1}^{T} (u_{imt} c_m^{pm} + v_{imt} c_m^{cm})$$

6. 流水线条件下的集成模型

流水线条件下 CLSP 与设备维护的集成模可表示为

$$\text{Minimize:} \sum_{i=1}^{N} \sum_{t=1}^{T} (s_{it} y_{it} + c_{it} x_{it}) + \sum_{i=1}^{N} \sum_{m=1}^{M} \sum_{t=1}^{T} (u_{imt} c_m^{pm} + v_{imt} c_m^{cm}) \quad (2-64)$$

$$\text{Subject to:} x_{it} + I_{it-1} - I_{it} = d_{it}, \quad \forall i, t \quad (2-65)$$

$$x_{it} \leq \delta y_{it}, \quad \forall i, t \quad (2-66)$$

$$x_{it} \geq 0, I_{it} \geq 0, \quad \forall i, t \quad (2-67)$$

目标函数（2-64）旨在最小化生产与维护活动的各项成本，式（2-65）是集成模型的产能约束，式（2-66）和式（2-67）是决策变量的相关表达式。上述模型融合了系统配置中的设备性能、数量及产品缓存等因素，突出了从流水线运作角度考察生产批量与设备维护之间的关系。

流水线条件下 CLSP 与设备维护的集成模型包含了非线性的故障预期表达式，当威布尔分布的形状参数 $\beta_m > 1$ 时很难实现模型的线性化，同时批量完成时间与产能约束的评估涉及抽样仿真环节，相关问题只能通过启发式算法进行求解，以下给出上述非线性集成模型的低界，作为衡量算法有效性的基准。

定理：独立 CLSP 的最小生产成本与各台设备在有限计划期内的最小维护成本之和为上述集成模型的低界。

证明：①由于集成模型的能力约束考虑了设备故障/维护及流水线运作过程中的饥饿与阻塞影响，对应生产问题可行解的域要小于独立 CLSP 中可行解的域，因此由 CLSP 求解获得的最小生产成本将不大于集成模型中的生产成本；②根据 Nakagawa 等人建立的模型可知，故障率严格递增条件下，可采用周期性维护策略求解获得有限计划期内的最小维护成本，因此由上述集成模型求解所获的维护成本将大于等于 Nakagawa 等模型给出的维护成本。由①和②可知，两个独立问题最小成本之和为集成模型的低界。

2.5 智能生产计划的发展趋势

生产计划在最近十几年的时间里获得了广泛关注，结合当前的研究现状，仍有许多方面值得以后做进一步的探索。

（1）生成计划模型方面

1）在单设备 CLSP 与设备维护问题中引入产品质量因素是一个重要的扩展方向。产品质量受生产过程中设备状态及维护活动影响，是决定批量计划有效性的重要因素。在故障条件下 EMQ 模型研究领域已广泛探讨生产批量、设备维护与产品质量三者之间的作用机制，可将相关机制引入 CLSP 与设备维护的集成研究，提升问题建模的准确性与批量计划的可行性。

2）缓存空间分配是非稳态流水线系统中很有意义的一个研究内容。流水线系统可通过合理分配缓存空间来协调系统中不同阶段的在制品水平，降低设备故障与维护活动对系统能

力的影响，本章虽然研究分析了不同缓存空间对系统能力的影响，但是通过有限缓存空间的优化分配可进一步提升系统效率，改进生产批量与设备维护的决策结果。

（2）求解方法方面

1）将动态方法应用延伸至涉及维护时间的 EMQ 模型，可为改进相关问题的建模与求解提供新的途径。设备维护通常需要一定的时间，过长的维护时间将导致产品短缺/延迟，设备维护时间及其影响机制已广泛引入批量不可恢复 EMQ 模型，但在静态方法求解框架下很难将维护时间与可恢复 EMQ 模型进行有效建模和求解，而采用动态方法可为这些问题提供一种全新的建模和求解方法，这也是验证动态方法实用性的有益尝试。

2）生产计划决策模型属于典型的非确定性多项式-难（NP-hard）问题，随着问题规模增长，其求解空间呈指数增长的趋势，对模型求解算法提出了更高的挑战。因此，如何针对模型的固有特征，根据启发式算法的本质，结合多种优化算法的混合优势，或者设计新型的高效算法，是亟待解决的问题。

3）应用深度强化学习求解生产计划问题。深度强化学习是一种人工智能领域的算法，它结合了深度学习和强化学习技术，可以处理具有大量状态和行动的复杂环境，可以学习从感知输入到行动决策的高度抽象表示，从而适应不同的场景和任务。此外，深度强化学习能够通过与环境的交互来进行学习，不需要依赖人工标注的数据，可以通过尝试和错误来改进自己的策略，并逐渐提高性能。深度强化学习可以从有限的训练数据中学到通用的策略，并推广到在未见过的情况下做出合理的决策。这使得它在处理新任务和新环境时具有很强的适应能力。深度强化学习在组合优化问题上已经有了较多应用，如何用于生产计划问题求解同样值得探索。

2.6 本章小结

本章详细探讨了智能生产计划在现代制造系统中的应用与发展，旨在通过优化生产要素配置，提高制造企业的运营效率并降低成本。首先，生产计划分为长期计划、中期计划和短期计划三类，分别对应战略决策、运营决策和日常作业调度。本章重点研究了中期生产计划，强调其在制造企业中的重要地位。接着，回顾了生产计划模型的发展历程，包括 Harris 提出的经济订货量（EOQ）模型、经济制造数量（EMQ）模型以及多产品生产环境下的经济批量调度问题（ELSP）模型，这些模型的目标都是在权衡设备起动成本和库存成本的基础上，实现运营成本的最小化。生产计划模型依据系统配置、产能约束、产品种类等分类，涵盖了单设备系统、多阶段系统和流水线系统等。在探讨 EMQ 模型时，重点介绍了设备故障和维护问题的建模与优化方法。随后，介绍了适用于多产品、动态需求环境的有限产能批量问题（CLSP）模型，强调了在满足产品需求和生产能力的前提下，通过综合考虑设备维护和故障因素，实现生产成本最小化。最后，本章对 CLSP 与设备维护的集成模型进行了优化与比较，基于设备运行的策略在减少过度维护方面表现出色，而基于时间间隔的策略在设备可靠性评估和维护周期决策上则存在一定局限性。本章通过全面介绍生产计划的基本概念、模型发展和优化方法，为智能生产计划的研究提供了坚实的理论基础和实践指导，助力制造企业在激烈的市场竞争中保持竞争优势。

复习思考题

1. 简述生产计划的基本概念。
2. 什么是经济订货量（EOQ）模型？
3. 描述批量问题研究的基本目标。
4. 流水线系统中间断型流水线和连续型流水线有何区别？
5. 静态需求和动态需求在生产批量问题研究中的区别是什么？
6. 在生产计划模型中，如何考虑设备故障和维护问题？
7. 什么是基于设备运行的建模策略？
8. 如何利用动态方法求解不可恢复 EMQ 模型？
9. 如何通过仿真方法比较静态方法和动态方法的有效性？
10. 在 CLSP 与设备维护的集成建模中，如何处理多产品和多阶段生产环境？
11. 某公司年需求量为 5000 单位，每次订货成本为 200 元，单位库存持有成本为 10 元。计算该公司的经济订货量。
12. 某单设备系统的生产周期为 10 小时，生产率为 70 单位/小时，需求率为 50 单位/小时，启动成本为 300 元，库存持有成本为 20 元。计算该生产周期内的总成本。
13. 某生产系统的需求率为 25 单位/小时，生产率为 50 单位/小时，每次启动成本为 400 元，单位库存持有成本为 10 元。计算该系统在一个生产周期内的平均成本。
14. 某生产系统有 3 种产品 X、Y 和 Z，每种产品的加工时间分别为 2 小时、1 小时和 1.5 小时。系统的总产能为 100 小时，产品 X、Y 和 Z 的需求分别为 30 单位、40 单位和 20 单位。计算各产品的生产计划。
15. 某生产系统需在 20 小时内完成 50 单位产品的生产，每单位产品加工时间为 0.3 小时。设备的维护时间为 5 小时。计算在考虑设备维护后的实际生产时间及可完成的产品数量。

第 3 章　智能调度

智能调度是智能制造系统的核心组成部分，也是实现智能制造的关键技术之一。智能调度在传统调度中引入了智能算法，可以高效求解大规模调度问题，解决实际智能制造系统中复杂多目标任务分配及资源调度。另外，智能制造系统采用先进的信息技术，积累了大量与生产调度相关的数据，通过利用历史生产调度数据和实时生产数据，可以更好地建立基于数据驱动的在线实时调度模型，进一步反哺赋能智能调度的应用，实现自适应调度。智能调度在智能制造系统中的应用主要体现在以下几个方面。

1）优化生产计划和资源管理：智能调度通过集成信息化、自动化、柔性化等技术手段，对生产过程进行实时监控和智能决策，可以根据企业的生产计划和人员能力，以及企业的生产规模、生产工艺、资源状况等因素，为每个生产环节分配合适的任务，避免由于人为因素导致的生产延误，确保生产计划与实际生产进度的一致性，提高生产效率。

2）在线实时响应：智能调度可以实时监控生产过程中的各种数据，包括生产进度、资源使用情况、质量状况等。通过对这些数据的实时分析，系统可以帮助企业及时发现并解决生产过程中的问题，使其能够快速适应生产过程中的各种变化，如设备故障、物料短缺等，从而快速调整生产计划和调度方案。

3）多目标管理：智能调度需综合考虑多个目标，如生产周期最短、设备利用率最高、成本最低等，来制订最优调度计划。

综上所述，智能调度与智能制造系统密切相关，通过优化生产计划和资源分配，可以提高生产效率和质量，增强企业的竞争力。本章将针对生产制造领域的智能调度问题从概念、发展、技术方法、应用及展望等方面展开介绍。

3.1　智能调度概述

3.1.1　制造系统的调度问题

1. 调度问题定义

调度的本质是通过对有限资源（包括物质、时间、资金、人员等）的合理配置，寻求系统目标（如产量、效率、速度、负荷等）的最大化，最终满足客户及自身的目标要求。调度问题的应用领域有很多，如制造系统调度、交通运输调度、项目进程调度等，但制造系统调度是众多调度问题中最受关注的一类问题。

制造系统的调度问题是指在一定时期内按照指定的性能指标标准来安排生产任务及分配制造系统资源的过程。具体来讲，就是针对企业未来时期待完成的订单，根据工艺将其分解为各项任务，在一定约束条件下，合理规划安排其所需占用的各类资源（包括人力及设备）、加工时间及先后顺序，以获得产品制造时间、成本或者资源利用率等的最优值。

制造系统涵盖的领域范围不同，使得系统可大可小，其调度涉及的内容及复杂性也有很大差异。针对企业级以上层面的制造系统，制造资源的综合调度一般被视为供应链层级的调度问题；针对企业级的制造系统资源调度，一般被视为企业生产调度；而车间级的制造系统资源调度则一般被视为车间生产调度。供应链层级的调度问题由于涉及的资源及约束广泛，通常分布在不同的企业制造系统及物流系统中，需要大量的协同分配调度，因此其不确定性更强，对整个供应链层级制造系统中的信息共享要求很高，故而这个层级的调度问题在目前的理论研究及实际应用中鲜有提及。企业级的生产调度问题涉及企业内各部门车间的资源分配、各部门在制品库存、内部物流协同、与供应商间的物料采购等，无论是问题规模、约束复杂性还是动态性等，都较其他领域的调度问题更为复杂，基本以经验为主或借助典型分派规则制订企业生产调度可行解，在目前的理论研究及实际应用中，优化考虑尚不多见。针对车间级的制造系统而言，车间调度是制造过程的重要环节，通过合理的调度方案，能够提高车间内设备及人员利用率，降低库存和成本，减少能耗，从而提高制造系统的整体运行效率。目前，车间生产调度是制造系统调度中最受关注的部分，无论是智能优化调度的理论研究、APS 高效算法研究，还是企业车间调度实际应用，都有大量成果。本节中将聚焦车间生产调度问题，对其进行详细描述。

2. 调度问题描述

在车间生产调度问题中，通常存在一组工件（$J_1, J_2, \cdots, J_n$），每个工件具有 h_i 道工序，以及一组机器（$M_1, M_2, \cdots, M_m$）。一个典型的车间生产调度问题可用三元组（α, β, γ）描述，其中，α 域描述机器环境；β 域描述加工特征和约束的细节，一个实际问题可能不包含其中任何一项，也可能有多项；γ 域描述性能指标。

1）α 域所描述的机器环境包括以下几种。

① 单机（Single Machine）：单机是所有机器环境中最简单的，是所有其他环境的特例，用 $\alpha = 1$ 表示。

② 并行机（Multi/Parallel Machines）：并行机具有相同的功能，其又可分为以下三类。

➤ 同速机（Parallel Identical Machines）：即并行的 m 台机器具有相同的速度，用 $\alpha = P_m$ 表示。

➤ 恒速机（Uniform Machines）：即并行的 m 台机器的速度不同，但每台机器的速度为常数，用 $\alpha = Q_m$ 表示。

➤ 变速机（Unrelated Machines）：即每台机器的速度依赖于加工的工件，用 $\alpha = R_m$ 表示。

③ 流水车间（Flow Shop）：用 $\alpha = F_m$ 表示，即流水车间有 m 台串行的机器，每个工件必须以相同的加工路径访问所有机器。工件在一台机器上加工完毕后，进入第二台机器的缓冲区等待加工，随后依次访问所有机器，直到所有工序加工完毕。如果工件的体积很小（如集成电路），机器间可以大量存放，则可认为缓冲区无穷大；如果工件的体积较大（如电视机），则认为机器间缓冲区有限。

④ 柔性流水车间（Flexible Flow Shop）：柔性流水车间是流水车间和并行机的综合，用 $\alpha=FF_m$ 表示。在柔性流水车间中，工件的加工要经过 m 个阶段，每个阶段存在多台功能相同的并行机，工件在某个阶段加工时，需从该阶段存在的多台机器中选择一台进行加工。

⑤ 作业车间（Job Shop）：用 $\alpha=J_m$ 表示，反映了 n 个工件在 m 台机器上的加工。已知工件加工时间和各工件在机器上的加工顺序，且各工件的加工工艺不完全相同，需确定上述各工件在每台机器上的加工顺序，是制造系统最为典型的车间调度问题。

⑥ 开放车间（Open Shop）：用 $\alpha=O_m$ 表示，是作业车间调度问题的一种特殊形式，反映了 n 个工件在 m 台机器上的加工。已知工件加工时间，但各工件在机器上的加工顺序可以自由选择，开放车间的每个工件可以在每台机器上进行多次加工，有些加工时间可以为零，对工件的加工路径没有任何限制。

2）β 域所描述的加工特征和约束的细节可能包括以下几种。

① 提交时间（Presence of Release Dates）：用 $\beta=r_j$ 表示，指工件到达系统的时间，也就是工件可以开始加工的最早时间。

② 与加工顺序相关的调试时间（Sequence Dependent Setup Time）：用 $\beta=ST_{sd}$ 表示，也称为分离调整时间，即不能包含在加工时间内的调试时间。

③ 中断（Presence of Preemption）：用 $\beta=$ pmtn 表示，中断意味着不必将一个工件在其加工完成之前一直保留在机器上，它允许机器做另外的工作。

④ 故障（Machine Breakdown）：用 $\beta=$ brkdwn 表示，机器故障意味着机器不可用。

⑤ 优先约束（Precedence Constraint）：用 $\beta=$ prec，指某道工序开始之前，其他一道或多道工序必须完成。

⑥ 阻塞（Presence of Blocking due to Limited Buffer）：用 $\beta=$ block 表示。当缓冲区变满后，上游的机器无法释放已加工完毕的工件，加工完的工件只能停留在该机器上，从而阻止了其他工件在该机器上的加工。

⑦ 零等待（No-wait in Flow Shop）：用 $\beta=$ nwt 表示，指不允许工件在两台机器间等待，工件的加工一旦开始，就必须无等待地访问所有机器。

⑧ 再循环（Recirculation in Job Shop）：用 $\beta=$ recrc 表示，指同一工件可能重复访问同一台机器多次。

⑨ 批处理（Batching Problem）：用 $\beta=$ batch(b) 表示，指待加工工件有批处理需求约束，b 个工件必须集中在一台机器上的某一批次中完成。

⑩ 交货期（Presence of Deadlines）：用 $\beta=$ deadline 表示，指加工工件有交货期需求约束，必须保证在交货期前完成加工任务。

3）γ 域所描述的性能指标可以包括加工完成时间类、交货期类、生产效率类等。

① 基于加工完成时间的指标：这类指标主要可以衡量单一产品或全部任务加工完成的快慢。常见的分级指标包括：

最大完成时间 $\qquad C_{\max}=\max\{C_i\}$

平均完成时间 $\qquad \overline{C}=\dfrac{1}{n}\sum_{i=1}^{n}C_i$

最大流经时间 $\qquad F_{\max}=\max_{1\leqslant i\leqslant n}F_i=\max_{1\leqslant i\leqslant n}\{C_i-r_i\}$

总流经时间	$\sum_{i=1}^{n} F_i$
加权流经时间	$\sum_{i=1}^{n} w_i F_i$
平均流经时间	$\overline{F} = \frac{1}{n}\sum_{i=1}^{n} F_i$

式中，C_i为工件J_i的加工完成时间；r_i为提交时间；F_i为工件J_i从进入制造系统到加工完毕离开系统所经历的时间，称为流经时间。

② 基于交货期的性能指标：交货期与顾客满意度直接相关，是调度问题的一类重要指标。这类指标主要从能否满足及时交货角度衡量作业任务的延期程度及未能及时交货数量。常见的分级指标包括：

总延迟时间	$\sum_{i=1}^{n} L_i$
最大延迟时间	$L_{\max} = \max_{1 \leq i \leq n}\{L_i\}$
平均延迟时间	$\overline{L} = \frac{1}{n}\sum_{i=1}^{n} L_i$
延迟工件个数	n_L，即完成时间大于交货期的工件数

式中，L_i为工件J_i的延迟时间，$L_i = \max\{C_i - d_i, 0\}$，$d_i$为$J_i$的交货期。

③ 基于产量/库存的性能指标：产量/库存是生产管理中主要的收入/成本来源，是调度问题期望增加/降低的关键目标。这类指标包括：

平均已完成工件数	$\overline{N_c}$
平均未完成工件数	$\overline{N_n}$
平均在制品库存数	$\overline{N_{WIP}}$
最大在制品库存数	$\max N_{WIP}$

④ 基于机器负荷的性能指标：调度问题一方面要重视顾客满意度，另一方面也要关注企业自身的运作效率，这类指标主要从衡量资源的负荷均衡程度出发。常见的分级指标包括：

最大机器负荷	$WL_{\max}$，即具有最大加工时间和的机器的负荷
总机器负荷	WL_{rot}，即所有机器所有加工时间之和
机器负荷间的平衡	B，即所有机器负荷之间的方差或标准差
平均机器空闲时间	$\overline{I}$
最大机器空闲时间	$I_{\max}$

3.1.2　调度方法分类及发展

调度研究的核心内容是调度方法。1954 年，Johnson 提出 $n/2/F/C_{\max}$ 问题的求解开启了经典调度理论研究，初期主要研究规模较小的单机或一些特殊情况下的简单流水车间问题的解析优化方法。20 世纪 60 年代开始，调度问题受到应用数学、运筹学、工程技术等科学家的重视，大量的理论包括线性规划、整数规划、目标规划、动态规划及决策分析被广泛地应用于调度和优化问题的求解中。20 世纪 70 年代，学者开始对算法复杂性进行深入研究，多数调度问题被证明属于非确定性多项式（Non-deterministic Polynomial，NP）完全（NP-complete）问题或 NP 难（NP-hard）问题，即难以找到有效的多项式算法进行求解。同期，也有学者提出基于分派规则的调度研究，总结归纳了诸如 SPT、LPT、EDD 等不同规则，发现在将它们应用于大规模调度问题时，多种优先分派规则组合使用更有优势。进入 21 世纪，随着计算机技术的发展，为了解决大规模调度优化问题的高效求解，从仿真建模优化、数学规划问题求解器到各种智能算法的研究都开始得到广泛关注，在车间生产调度中得到了越来越多的应用，相应的理论研究也取得了较多的成果。

总体而言，针对制造系统的生产调度方法可以归结为四种类型：基于启发式（分派）规则的方法、基于运筹学的方法、基于仿真的方法和基于人工智能的方法。

1. 基于启发式（分派）规则的方法

启发式规则，又称调度策略，是指选取工件的某个或者某些属性作为工件的优先级，按照优先级的高低顺序选择工件进行加工的方法，具有计算量小、效率高、实时性好的优势。启发式规则以其简单性和快速性成为实际制造环境下调度的首选，特别针对动态调度有一定的优势，也是目前企业实际车间排程调度中应用最多的方法。然而，启发式规则也有一定的局限性，它通常仅对一个或几个目标提供可行解，缺乏对整体性能的有效把握和预见能力，其调度结果可能会与系统的全局优化目标有一定的偏差，甚至是较大的偏差。

根据调度目标的不同，典型制造过程的启发式规则可以分为基于优先分派的规则、基于负载平衡的规则与混合规则。

（1）基于优先分派的规则（Priority Dispatch Rule，PDR）

这种方法是给所有待加工的工序分派一个优先权，按优先权次序排序，然后选择优先权最高的工序。该方法具有容易实现和较小时间复杂性的特点，是在实际应用中解决调度问题的常用方法。基于优先分派的规则虽然速度非常快，但是具有短视的天性，如它只考虑机器的当前状态和解的质量等级等问题，而不能全面地考虑问题。常用的分派规则包括以下几种。

Random：工件间无排序原则，纯随机选择。

FCFS（First Come First Served）：先到先服务原则，是最为普通的排队规则，优先选择最早进入可排工序集合的工件。FCFS 法则公平、算法实现简单。

SPT（Shortest Processing Time）：将工件加工时间按照从小到大排序，优先选择加工时间最短的工序。应用 SPT 规则可以使平均流程时间最短，使滞留在本机床组的平均在制品占用量最少，有利于节约流动资金，但由于没有考虑交货期，可能会发生交货延期。

LPT（Longest Processing Time）：将工件加工时间按照从大到小排序，优先选择加工时间最长的工件，进入加工状态的机台空闲时，将剩余任务中最长加工时长的任务安排给该空闲机台。

EDD（Earliest Due Day）：基于交货期的规则，交货期较早的工件优先排序，按照交货期的先后从前往后排序。应用 EDD 规则，可以保证按期交货或使交货延期量最小，减少违约罚款损失，但平均流程时间增加，不利于节约制品的占用资金。

LRPT（Longest Remaining Processing Time）：基于最长剩余加工时间的规则。

SRPT（Shortest Remaining Processing Time）：基于最短剩余加工时间的规则。

LOS（Longest Operation Successor）：基于最长后道工序时长的规则。

SNRO（Smallest Number of Remaining Operations）：基于最少剩余工序数目的规则。

LNRO（Largest Number of Remaining Operations）：基于最多剩余工序数目的规则。

CP（Critical Path）：关键路径规则，首先根据加工时间和加工先后顺序约束计算出调度问题的关键路径，然后将加工的最高优先级给关键路径的头节点，若有多个关键路径，则任选其中一个。

（2）基于负载平衡的规则（Load Balance Rule，LBR）

负载平衡分析方法分为动态和静态两种。当用户提交任务的大小、任务间的通信量以及各工作站的负载情况已知或估算给定时，负载平衡问题就是如何将任务均匀分配给各工作站，使系统效率最高。此时工作站的任务量、任务间的通信量都为定值，不随时间变化，故称为静态负载平衡调度策略。当任务量、任务间的通信开销以及各工作站的负载情况未知或不确定时，需要人为地对各变量进行预测或动态分析，以便在执行过程中动态分配负载。此时每台工作站上的任务是动态产生的，并且每台工作站的负载大小是动态变化的，故称为动态负载平衡调度策略。

（3）混合规则

混合不同的调度规则，旨在实现一个实时的调度算法。在混合调度规则方法中，由于每台机器可以申请不同的调度规则，故需要指定一个组合的基本调度规则。

2. 基于运筹学的方法

该方法是将生产调度问题转化为数学模型，设计目标函数、约束函数及变量，最终提炼成数学规划模型（如线性规划、整数规划、目标规划、动态规划等模型），采用基于枚举思想的分支定界法或动态规划算法求解调度问题的最优解或近似最优解，属于精确算法。这类基于运筹学的方法是近 20 年内生产调度领域科研中最受关注的研究热点，发表的成果最为广泛。

数学规划方法是较早地用于求解车间调度的方法。20 世纪 60 年代，研究人员倾向于设计具有多项式时间复杂度的确定性方法，以期求出车间调度问题的最优解。混合整数规划方法（Mixed Integer Programming）是求解调度问题的常用数学方法，该方法限制部分决策变量必须是整数，但是在运算中整数变量的数量会随问题规模呈指数增长。因此，有研究人员认为使用整数规划方法求解调度问题在计算上是不可行的。用于求解调度问题比较成功的数学方法包括拉格朗日松弛法（Lagrangian Relaxation）和分解方法（Decomposition Method）。拉格朗日松弛法用非负拉格朗日乘子将工艺约束和资源约束进行松弛，最后将惩罚函数加入目标函数中，在可行的时间里能对复杂的规划问题提供较好的解，该方法已经用于解决作业车间调度问题。分解方法将原问题分解为多个小的易于求解的子问题，将子问题求出最优，该方法也已用于求解调度问题。分支定界法（Branch and Bound Method）是主要的枚举策略之一。它用动态结构分支来描述所有的可行解空间，这些分支隐含有要被搜索的可行解。这种方法可以用数学式和规则来描述，在对最优解的搜索过程中，它允许把大部分的分支从搜索过程中去掉。这种方法从它诞生之日起就十分流行。它适合求解总工序数 $N<250$ 的调度问题，对于求解大规模问题，由于需要巨大的计算时间，因此限制了它的使用。该方法也被大量地用于求解车间调度问题。

随着计算机软件技术发展，目前建立的数学规划模型可以通过求解器来求解。求解器是一类封装好的优化算法程序包，研究人员可以使用求解器来优化调度等复杂问题，而不需要自己编写算法代码。特别是随着各类数学规划求解器的蓬勃兴起，如 LINGO、CPLEX、Gurobi、MOSEK 等，借助这些数学规划求解器，可以在可接受运行时间内求解优化模型，从而生成生产调度问题的最优解，真正实现对制造系统的全局优化调度。

但是对于复杂的实际调度问题，由于生产特点的千差万别，特别是特殊约束情形有别于传统的作业车间和流水车间的生产线，这种纯数学方法的数学模型求解困难。若简化调度问题，则会增设大量不符合实际的假设，反之，若为保证模型可靠性，则存在数学模型复杂、运算量大、算法难以实现的弱点，很难保证求解器能在允许时间内完成求解。当生产环境动态复杂且需要快速重调度时，该方法无法及时解决动态及快速响应的问题。

3. 基于仿真的方法

该方法模拟实际制造系统的运行过程，借助仿真软件平台构建制造系统的仿真模型（一般根据具体制造系统的特点，分为离散事件系统模型和连续系统模型），模拟不同的任务需求、分派调度策略及状态变量等，用于生产线布局、工厂资源分配和调度、生产过程、仓库和物流等方面的预规划优化。设计仿真实验，依据不同的评价指标，通过大量仿真模拟计算对比分析，形成调度优化解。基于模拟模型的预演，可以通过分析、评估和验证发现一些问题或不足，并及时进行调整和优化，减少后续生产执行环节中物理系统的更改和返工次数，从而有效降低成本，缩短工期，提高效率。

现有常见的仿真软件平台包括 Arena、FlexSim、Plant Simulation、Simio 等，这些仿真软件系统的特点参见表 3-1。

表 3-1 主要生产系统建模仿真平台特点汇总

Arena	FlexSim	Plant Simulation	Simio
1. 基于 SIMAN 模拟语言的通用仿真软件 2. 可以模拟离散连续混合系统 3. 基于层次建模概念的图示化仿真系统，具有可视化交互功能 4. 软件具有内嵌 VBA 工具，可以与其他软件集成	1. 通用的离散事件系统仿真软件 2. 面向对象的仿真环境和建模方式，使得建模过程更快捷，且具有高度的开放性和柔韧性 3. 唯一的在图形模型环境中应用 C++ IDE 和编译程序的仿真软件	1. 一款工厂、生产线及物流仿真软件 2. 能够对车间布局、生产物流设计、产能等生产系统的其他方面进行定量的验证	1. 新一代基于"智能对象"技术的全 3D 系统仿真模拟软件 2. 不需要编程就能够同时支持离散系统、连续系统和基于智能主体的大规模行业应用

4. 基于人工智能的方法（人工智能、计算智能和群体智能）

由于制造系统的调度优化是一个非常复杂的问题，其性能好坏不仅取决于调度策略本身，而且和系统模型、实际加工过程中的各类资源状态数据和加工时间有关，与系统中瓶颈工作站个数、紧急订单加入等因素有十分密切的联系。因此，生产调度通常作为一类复杂的组合优化问题，具有多约束、多目标和随机不确定性的特点，其求解过程的计算量随调度问题规模呈指数增长，绝大多数调度问题都属于 NP-complete 问题。因此，为解决这些 NP-complete 问题及提高目标对象的生产效率，将人工智能引入调度问题中就显得尤为突出和重要。一些学者提出将启发式规则与智能方法结合使用，通过智能方法根据情况在备选规则间进行选择，典型的研究方法通常是同时使用某种智能方法、仿真方法和启发式规则。还有一些学者侧重于将计算智能引入优化问题的高效求解中，于是产生出智能调度方法，主要包括人工智能、计算智能和群体智能等。

首先，使用智能方法获得的解决方案比传统的优化方法更有前景。其次，大多数调度问题属于 NP-hard 问题，复杂度高。再次，与传统优化方法相比，智能方法减少了寻找解决方案所需的时间。最后，传统优化方法难以以封闭形式的数学表达式捕获问题公式。后续将在 3.2 节中详细介绍基于人工智能的智能调度方法技术。

3.1.3　智能调度的概念

对于智能调度，迄今为止国内外尚没有统一的定义。一般认为，随着调度问题规模的扩大、约束的增加、覆盖面的增大，其计算复杂性也越来越高，现实中的许多组合问题比较复杂，要从可能的组合或序列中寻求出最佳调度方案需要很大的搜索空间，可能产生组合爆炸问题。采用传统的基于规则的算法，难以取得理想的调度结果，因此需要用智能算法进行调度。这种采用智能算法的调度问题被称为智能调度。

智能调度又称为基于知识或智能的调度，要体现调度优化中的智能性。智能调度结合了大数据与机器学习，用于搭建模型和决策大脑。调度过程中要收集实时数据，再由决策大脑做出相应的最优决策，以提高效率。智能调度的层次分三种：基于人工智能的调度、基于计算智能算法的调度和基于智能体的自主调度。

（1）基于人工智能的调度

人工智能也称机器智能，它是由计算机科学、控制论、信息论、神经生理学、心理学、语言学等多种学科互相渗透而发展起来的一门综合性学科。生产调度算法中常用的人工智能系统有专家系统和人工神经网络等，它们可以实现将知识及智能推理决策集成到调度策略中。

（2）基于计算智能算法的调度

计算智能以人类、生物的行为方式或物质的运动形态为背景，经过数学抽象建立算法模型，通过计算机的计算来求解组合最优化问题。常用的计算智能算法有禁忌搜索、模拟退火、遗传算法和人工免疫算法等。在制造系统调度中，既可以单独使用某种计算智能算法，也可以将不同的计算智能算法相结合，或将计算智能算法与建模技术相结合，共同解决调度难题，以获得更好的性能。

（3）基于智能体的自主调度

群体智能是受启发于群居生物的群体行为，并对之进行模拟抽象而成的算法和模型。在没有集中控制且不提供全局模型的前提下，群体智能为寻找复杂分布式问题的解决方案奠定了基础。常用的群体智能算法有蚁群优化、蜂群优化、微粒群优化等。将群体智能与多智能体系统集成，从而实现基于智能体的自主调度。

3.1.4　智能调度的发展现状

汇总这些已有研究，可以发现国内外智能调度的研究热点大致分为以下三个阶段。

1）2007—2011 年：该阶段是智能调度的起步阶段，大量研究集中在车间调度、多智能体系统，研究方向多围绕经典车间调度模型展开，实际生产问题被简化提炼成简单的调度模型，从而设计基于运筹学（OR）或仿真的调度优化解。在实际企业车间调度应用中，多采用一些启发式规则的调度决策，也有一些人工智能算法被引入调度策略的智能选择中，从而扩展实际调度的柔性。

2）2012—2015 年：在该阶段，调度问题得到广泛关注，以信息化、互动化、自动化为发展方向，以资源配置能力、运行效率、智能化水平为发展目标，拓展理论问题的适用范围，引入大量智能算法提升调度解的求解效率。

3) 2015 年至今：随着计算机技术的发展、物联网以及人工智能理论的成熟、智能制造和 5G 概念的提出，经典调度模型和"大数据""互联网+""云"等理念相互结合，不断涌现出包含主动调度、动态调度、分布式协同调度、云调度等新颖关键词的研究课题。

3.1.5 智能调度的特点

智能调度必须满足现代生产系统的需求，尽管不同生产系统的特定情况不同，对智能调度的需求也会不同，但其中一些共性特点会普遍存在于若干实际生产系统的制造场景中。

（1）适应动态环境

在大多数真实的制造环境中，存在各种随机的和不确定的因素，扰动不可避免，故这些制造环境被认为是动态环境，这意味着静态调度问题的最优解也可能发生变化。这些干扰可能包括紧急订单插入、原定作业取消、加工时间波动、原材料紧缺或机器设备资源的可用性发生改变，比如机器可能需要进行维护操作或发生故障等各种意外因素。调度计划执行期间所面临的制造环境，很少与计划制订过程中所考虑的完全一致，即使其结果不会导致既定计划完全作废，也常常需要对其进行不同程度的修改，以便充分适应现场状况的变化，这就使得更为复杂的动态调度成为必要。一种可能的解决方案是使用以前的搜索空间，在不影响其他任务的情况下，合并或删除以前调度中的作业来改进更改后的搜索。在极端情况下，重新安排可能是更好的选择。因此，智能调度需要适应动态环境的变化，同时考虑计算成本及调度调整成本，及时高效地提供合适的解决方案。

（2）考虑系统柔性和作业复杂性

柔性制造系统能够通过共享工具或资源生产不同的产品。越来越多的工厂正在采用柔性的产线或设备来实现模块化，这些柔性设备/产线使得加工工艺可以在多台设备上执行（流程柔性），或者每台设备可以通过共享资源来执行多个加工作业操作（设备柔性）。在这种柔性制造系统中，引入了许多新的调度约束，比如加工时间的变化。在以往的调度中，任务处理时间被认为是静态的，即它们是预先知道的，并且不会随着时间的推移而改变，而设备柔性/流程柔性使得加工时间不仅包含加工操作的时间，还要考虑加工前工装准备/调整时间，以及任务顺序对加工时间的影响。此外，还有实际制造系统中普遍存在的优先约束问题。在现有的调度理论研究中，通常假设要处理的每个作业或任务都独立于任何其他作业或任务，但情况并非总是如此，因为有些作业可能是其他作业的中间产物。因此，在存在优先约束的情况下，需要提前或及时收集作业任务的优先约束，还要考虑实际生产过程中的突发优先级情形等。

（3）考虑其他生产环节的影响

企业或车间内作业任务的完成不仅是协调加工设备和人力资源，智能调度还需要引入更多生产系统中的组成环节约束，包括设备维护、物流运输及在制品存储。这些约束都是实际生产过程中需要实时反馈收集的信息。

1）设备维护：维护活动是设计调度方法时需要考虑的一个重要因素，以获得更稳健的解决方案并实现更好的系统性能。更重要的是，在当前全球化的市场中，制造商更注重加强交付可靠性，通过战略性地安排维护操作，在智能调度中主动引入例行设备维护约束，规划设备资源的可用性，能保障调度方案的实用性和适用性。

2）物流运输：产品加工的完整流程从原材料到产成品，都需要在工厂内的不同工位、设备或存储区间转运，这一过程需要叉车、机械臂、自动导引车等工具来进行运输。这意味着，首先，运输需要一定时间，其次，运输资源有限。因此，它们必须与生产加工调度过程同步，若智能调度中忽略物流运输，将会严重影响调度性能。

3）在制品存储：存储缓冲区约束在调度文献中经常被忽略或被认为是无限的。显然，实际生产中这个空间不是无限的，存储区域饱和或管理不善可能意味着生产中存在其他问题。因此，在智能调度中必须考虑使用存储缓冲区约束。

（4）具有多目标性

生产调度的总体目标一般由一系列的调度计划约束条件和评价指标构成，在不同类型的生产企业和不同的制造环境下，这些约束条件和评价指标往往种类繁多、形式多样，这在很大程度上决定了调度目标的多样性。对于调度计划评价指标，通常考虑最多的是使生产周期最短，其他还包括交货期完成率最高、设备利用率最高、成本最低、延迟最短、提前或者拖期惩罚最小、在制品库存量最少等。在实际生产中，有时不只是单纯考虑某一项要求，由于各项要求可能彼此冲突，因此在调度计划制订过程中必须进行综合权衡考虑。

（5）具备高效智能的算法

生产调度问题的复杂特性主要表现为调度目标的多样性、调度环境的不确定性和问题求解过程的复杂性。众所周知，经典调度问题本身已经是一类极其复杂的组合优化问题，在大规模实时系统下的生产过程中，工件加工的调度问题更具复杂性，难以为其提供稳健的解决方案，也很难用传统的优化技术获得最优解。如果再加入其他评价指标，并考虑环境随机因素，问题的复杂程度可想而知。智能调度技术的出现，为解决调度问题提供了新的方法。同时，也正是因为存在如此巨大的挑战，多年来，对于这一问题的研究吸引了来自不同领域的大量研究应用人员，他们提出了若干高效的智能算法或集成算法，从计算智能、计算经济性等不同层面对实际问题的解决做出了贡献。

（6）与数字化工厂紧密结合

智能调度需要从调度决策智能化、调度算法智能化，向更高层次的自主调度智能化推进。智能调度需要更加紧密地结合智能产品、智能设备/产线，乃至智能工厂、供应链，且必须基于实时感知系统各层级资源及任务的状态数据，同时实现并行通信交互与协同合作，才能保障提供更稳健高效的调度解决方案。未来高级的智能调度不是独立的算法或策略，而一定是紧密集成于数字化工厂的运维系统之中，且一定具备如下高级特征：自学习程度高、自动化程度高、感知能力强、告警与预警能力强、抗风险能力强、运行经济性好、精细化程度高、流程化程度高。

3.1.6 智能调度的意义

采用智能算法对复杂的制造系统进行智能调度具有如下重要的意义。

（1）有利于减少加工等待时间，提高加工效率

当前，手工排产往往是按照订单顺序安排产品的生产顺序，并且在某批次产品的加工过程中一般不插入新的生产批次，这会造成机器设备空置、在制品流转量大，同时造成交货时

间的延后。因此，研究跨车间调度，制订跨车间生产计划，有利于充分调动生产资源，减少加工等待时间，提高在制品流动效率，降低在制品库存压力，提高加工效率，确保交付率。

（2）有利于降低库存，确保公司物流、仓储系统运行正常

现代企业生产为提高交货效率，往往要储备一定的在制品产品，再根据客户订单需求完成后续制造，因此对库存造成了一定的压力。而研究跨车间调度问题可以有效提高产品生产效率，有效减少在制品数量，从而减少原料采购、运输、仓储等环节对物流、资金资源的占用。提高物流周转效率，也可避免在制品因长期存放而造成的产品质量问题。

（3）有利于提高产品生产管理水平，建立现代企业管理体系

传统单个车间的调度模式，只考虑一个车间内的生产资源调动，由车间单独制订生产计划。这往往导致前道工序完成后，在制品在进入下一车间前大量堆积，造成公司生产的混乱，降低了公司的管理水平。通过跨车间调度，可以有效组织公司的生产资源，保持前后道工序车间的信息交流通畅，减少在制品"淤积"，提高生产管理水平，建立现代企业管理。

3.2 智能调度的关键技术

实现制造系统的智能调度，需要在软件及硬件两个层面中都引入智能性和自主性，既需要能够实时收集感知系统内各类资源的状态，也需要有高效、协同、优化的决策智能，故而会涉及众多交叉领域的关键技术。本节将对以下几个关键技术进行讨论。

3.2.1 人工智能技术

智能调度中引入的典型人工智能主要涵盖模糊逻辑、专家系统、机器学习（基于案例的推理、归纳学习和神经网络）。

1. 模糊逻辑

1965 年，美国数学家 Zadeh 首先提出了模糊集合的概念，这标志着模糊数学的诞生。Zadeh 为了建立模糊性对象的数学模型，把只取 0 和 1 二值的普通集合概念推广为在[0,1]区间上取无穷多值的模糊集合概念，并用"隶属度"这一概念来精确地刻画元素与模糊集合之间的关系。把模糊数学的一些基本概念和方法运用到逻辑领域中，产生了模糊逻辑变量、模糊逻辑函数等基本概念。模糊逻辑是建立在多值逻辑基础上，运用无穷连续值的模糊集合去研究模糊性对象、思维、语言形式及其规律的科学。

调度问题包括确定性调度和不确定性调度，不确定性调度问题可分为两类：模糊调度和随机调度。汇总统计已有的生产调度中运用模糊逻辑智能的研究，鉴于问题的性质，可分为流水车间、作业车间、开放车间、单机和并行机五类问题。在这些调度环境中，制定模型目标、决策变量、约束和参数所需的信息可能是模糊的或无法精确测量的，个人偏见和主观意见导致的不精确和模糊可能会进一步降低可用信息的质量和数量，而模糊调度算法可以实现真实系统的灵活性和对真实环境中固有不确定性的适应。然而，模糊逻辑智能也有其不足，表 3-2 汇总了模糊逻辑的优势和不足。

表 3-2 模糊逻辑的优势和不足

优　势	不　足
1. 使用近似推理将复杂问题简单化，可以提供快速推理 2. 可以有效模拟系统的不确定性 3. 避免复杂数学建模，反映复杂系统的非线性和随时间的变化 4. 可以处理不精确和不完整数据的问题 5. 现有的处理器和硬件很容易实现模糊逻辑 6. 与传统方法相比，模糊逻辑的解决方案在大多数应用中具有成本效益优势	1. 需要投入大量时间来正确调整隶属函数和规则以获得良好的解决方案。随着系统复杂性的增加，确定准确的规则和隶属函数集来描述系统行为变得更具挑战性 2. 模糊逻辑不保证完整性，它必须由设计者确定所有连接输入和输出参数之间可能组合的模糊规则 3. 生成模糊规则库很困难，需要对过程动态有深入的了解。当规则逐渐变多时，将规则关联起来变得越来越困难 4. 在规则库中使用固定形式的隶属函数比在隶属函数库中更多地限制了系统知识，会导致需要更多的系统内存和处理时间 5. 与神经网络等其他方法相比，模糊逻辑的泛化能力较差，而泛化能力对于处理不可预见的情况很重要 6. 传统的模糊逻辑不能生成满足预定精度的规则，只有通过反复试验才能提高准确性

2. 专家系统

专家系统是一个具有大量的专门知识与经验的程序系统，它应用人工智能技术和计算机技术，根据某领域中一个或多个专家提供的知识和经验，进行推理和判断，模拟人类专家的决策过程，以便解决那些需要人类专家处理的复杂问题。

存放知识和运用知识进行问题求解是专家系统的两个最基本的功能。通常一个专家系统由三个主要组件组成，包括知识库、推理引擎和用户界面。

1）知识库：存储问题求解所需的知识、具体问题求解的初始数据和推理过程中涉及的各种信息，如中间结果、目标、字母表以及假设等。

2）推理引擎：能够根据当前输入的数据，利用已有的知识，按照一定的推理策略，去解决当前问题，并能控制和协调整个系统；能够对推理过程、结论或系统自身行为做出必要的解释，如解题步骤、策略、选择处理方法的理由、系统求解某种问题的能力、系统如何组织和管理其自身知识等；能够提供知识获取、机器学习以及知识库的修改、扩充和完善等维护手段。

3）用户界面：提供一种用户接口，既便于用户使用，又便于分析和理解用户的各种要求和请求。

专家系统技术发展至今已历经三代，第一代针对单一专门问题进行推理求解，第二代是单学科专业应用型系统，第三代是多学科综合型系统。如今开始采用大型多专家协作系统、多种知识表示、综合知识库、自组织解题机制、多学科协同解题与并行推理、专家系统工具与环境、人工神经网络知识获取及学习机制等最新人工智能技术来实现具有多知识库、多智能体的第四代专家系统。

调度专家系统是将专家系统这一人工智能技术应用于提供生产调度方案，是一种模拟人类专家解决调度领域问题的计算机程序系统。最早的调度专家系统是由 Fox 和 Smith 开发的 ISIS（Intelligent Scheduling and Information System），该系统用于解决工件车间调度问题。随着系统复杂性提升，2010 年以后，一些研究开始尝试将专家系统与其他智能算法或人工智能技术集成，比如模糊逻辑、蚁群算法、遗传算法等。表 3-3 中汇总了调度专家系统的优势与不足。

表 3-3 调度专家系统的优势与不足

优 势	不 足
1. 提供了知识库与推理引擎的有效分离。这使得使用相同的专家系统外壳开发不同的应用程序成为可能 2. 支持用不完整和不确定的知识进行表示和推理 3. 一致性好：相同的情况，会做出相同的决定 4. 具有被用户频繁使用的能力 5. 一些专家系统可以同时为多用户服务 6. 集中决策程序	1. 缺少灵活性：一般来说，基于规则的专家系统缺少从经验中学习的能力，无法自动修改其知识库、调整现有规则或添加新规则 2. 无法生成创造性的答案 3. 专家系统不能通过类比来概括它们的知识 4. 衡量专家系统的性能很困难，无法量化知识的使用 5. 无效的搜索策略：推理引擎在每个周期内对所有规则进行详尽的搜索

3. 机器学习

（1）调度中基于案例的推理

基于案例的推理（CBR）是机器学习的子领域，是指依据过去解决类似问题所积累的案例来求解新问题的推理模式，是一种用"类比推理"的方法进行机器学习解决问题的过程。它利用之前解决某个问题的经验来解决当前问题，而不是使用第一原理从头开始解决当前问题。美国耶鲁大学 Roger Shank 于 1982 年首次提出了 CBR 理论的认知模型及框架。

与人类的思维和处理问题模式一样，CBR 系统首先通过对比问题事例与先前事例的相似性来决定选择以前的哪一个或哪一些事例，并修改或修正以前问题的解法。在这一点上，与其他人工智能解决问题的方法（如专家系统利用领域内通用的启发性知识和规则，通过逐步的推导得出问题的解）截然不同。而且更重要的是 CBR 系统固有的属性，它采用增量式的学习方法，即新的解决问题的方法和问题事例一同被系统记录并存储起来，以备将来之用，从而使系统的学习能力不断提高，知识和经验也不断增加。因此，一个完整的 CBR 系统一般包括几个循环过程：检索（Retrieve）、重用（Reuse）、修正（Revise）和保留（Retain）。CBR 系统的一般工作过程如图 3-1 所示。

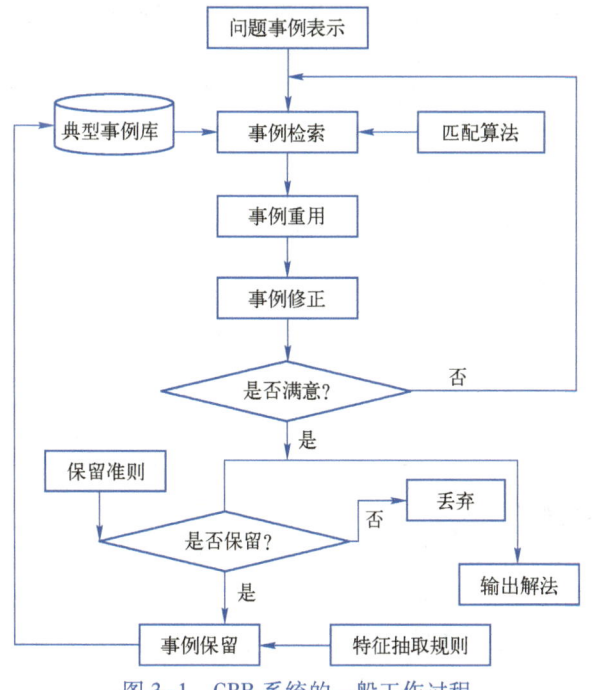

图 3-1 CBR 系统的一般工作过程

在调度问题应用中，CBR 存在一个存储调度源案例的调度案例库，该案例库以案例属性的辨识度为依据，通过算法进行检索，并依照属性权重不同呈现出对应的历史调度解决方案。表 3-4 汇总了 CBR 在调度问题应用中的优势与不足。

表 3-4　CBR 在调度问题应用中的优势与不足

优　　势	不　　足
1. 从经验中学习：它不会为了解决一个和过去一样的问题而浪费精力 2. 学习简单：学习不需要复杂的模型，更容易获取知识，不需要通过知识获取来创造规则和方法 3. 适应性：它允许推理者在不完全理解的领域提出解决方案。在遇到新问题时，CBR 表现出更强的鲁棒性 4. 避免犯同样的错误：通过记住旧的错误，CBR 系统可以避免犯同样的错误 5. 具有直觉性：它的工作原理与人类思维类似 6. 可扩展性：在 CBR 中使用索引避免了大量的搜索	1. 盲目使用旧案例：CBR 依赖于以前的经验，而没有在新的解决方案中验证它们 2. 占用较大的存储空间：CBR 可能需要很长的处理时间来找到类似的案例 3. 如果需要最佳解决方案或最优解决方案，CBR 可能不是一个好的选择

（2）调度中的归纳学习

归纳学习可以定义为从类的各个对象的描述中推断出类的描述过程。在各种学习方法中，归纳学习可能是实际应用领域中最常用的。归纳学习主要是一个推断概念描述的过程，包括正面实例并排除负面实例。一个著名的归纳学习算法是决策树，它使用信息论度量来学习划分属于各种类别的示例分区。

1984 年，多位统计学家出版了著作 *Classification and Regression Trees* 并首先提出了二叉决策树概念。决策树（Decision Tree）是一种基本的分类与回归方法。它将决策过程各个阶段之间的逻辑结构绘成由节点和有向边组成的树状图，再根据决策树进行分析计算，从而得出所需决策方案。决策树归纳法根据数据的值，把数据分层组织成树形结构，即用树形结构来表示决策集合，这些决策集合通过对数据集的分类产生规则。在决策树中，每一个分支代表一个子类，树的每一层代表一个概念。决策树的学习过程是一个递归选择最优特征，并根据该特征对训练数据进行分割，使得各子数据集有一个最好分类的过程。该过程包含特征选择、决策树生成与决策树剪枝。目前，已有智能调度研究中应用归纳学习的案例。表 3-5 整理了决策树在调度问题应用中的优势与不足。

表 3-5　决策树在调度问题应用中的优势与不足

优　　势	不　　足
1. 易于构建和更新 2. 可以根据问题的类型定制特定类别 3. 允许用户根据他们的任务平稳地权衡精度和召回 4. 很容易验证 5. 小规模数据集有效	1. 范围有限，推断不准确：归纳推理从特定的事物开始，然后试图归纳，这往往会出错。类别较多时，错误增加较快 2. 需要大量的信息，且只能得出特定情况下的结论，这些情况与观察到的样本具有完全相同的特征 3. 处理连续变量效果较差

（3）调度中的神经网络

人工神经网络（Artificial Neural Network，ANN）也简称为神经网络（NN）或称作连接模型（Connection Model），是通过对人脑的基本单元（神经元）的建模和连接，模拟人脑神经系统功能的模型，具有学习、联想、记忆和模式识别等智能信息处理功能的人工系统。神经网络是人工智能领域内的一大分支，其本质是一种大规模并行分布式处理器，具有存储经验知识并使其可供使用的自然倾向。它在两个方面类似于大脑：一方面，网络通过学习过程获取知识；另一方面，使用称为突触权重的中间神经元连接强度来存储知识。

神经网络的关键要素之一是其学习能力。神经网络不仅仅是一个复杂的系统，而且是一个复杂的自适应系统，它可以根据流经网络的信息数据来改变其内部结构，通常这是通过调整网络权重实现的。也就是说，它不仅能够从环境中学习，同时又能够把学习的结果分布存储于网络的突触连接中。在图 3-2 所示的神经网络示意图中，每条线表示两个神经元之间信息流的路径，每个连接都有一个权重来控制两个神经元之间信号的大小。神经网络的学习是一个过程，在其所处环境的激励下，相继给网络输入一些样本模式，并按照一定的规则（学习算法）调整网络各层的权值矩阵，待网络各层权值都收敛到一定值，学习过程结束。然后可以用生成的神经网络来对真实数据做分类。目前，已有一些生产调度研究中应用神经网络来实现智能调度。表 3-6 汇总了神经网络在调度问题应用中的优势与不足。

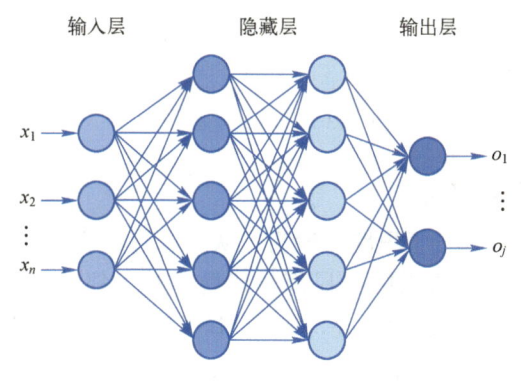

图 3-2　神经网络示意图

表 3-6　神经网络在调度问题应用中的优势与不足

优　势	不　足
1. 基于神经网络的调度解决方案可以不使用系统的数学建模，仅借助输入和输出数据学习系统行为 2. 用于调度问题的神经网络可以是一个简单模型，虽然训练模型较慢，但经过训练的网络可以快速高效地产生输出 3. 与其他机器学习工具相比，神经网络具有更好的学习和泛化能力，可以捕捉所研究调度问题中输入和输出变量之间的复杂关系，即使在有噪声干扰情形下，也可以有效解决非线性、时变问题	1. 神经网络的黑匣子性质意味着无法得知调度解输出的产生过程以及对影响因素的解释 2. 神经网络的计算成本高于传统算法，且很难确定惩罚参数、网络参数以及解决给定问题的神经网络结构 3. 生成训练集非常耗时，而训练集的充分性对泛化能力有很大影响，会导致神经网络不能很好地扩展 4. 神经网络容易陷入局部最小状态，可能无法收敛到高质量的调度解

3.2.2　计算智能

计算智能主要是受生物智能或物理现象所启发而产生的优化搜索算法。从理论上看，这类算法不追求确保解的最优性，而是以快速高效的近似最优解（或满意解）为目标；从实际应用上看，这类算法一般不要求目标函数和约束的连续性与凸性，有时甚至都不需要解析表达式，对计算中数据的不确定性也有很强的适应能力。由于这些独特的优点和机制，其在生产调度领域中得到了广泛应用。调度领域中常见的计算智能主要分为两大类：基于邻域搜索的优化算法和基于种群迭代的优化算法。两类算法的区别主要在于，前者的搜索从单一初始解出发，后者则是从一群（代）初始解出发。基于邻域搜索的优化算法主要包括模拟退火算法和禁忌搜索算法。基于种群迭代的优化算法又进一步划分为进化算法和群体智能算法。具体分类详见图3-3。

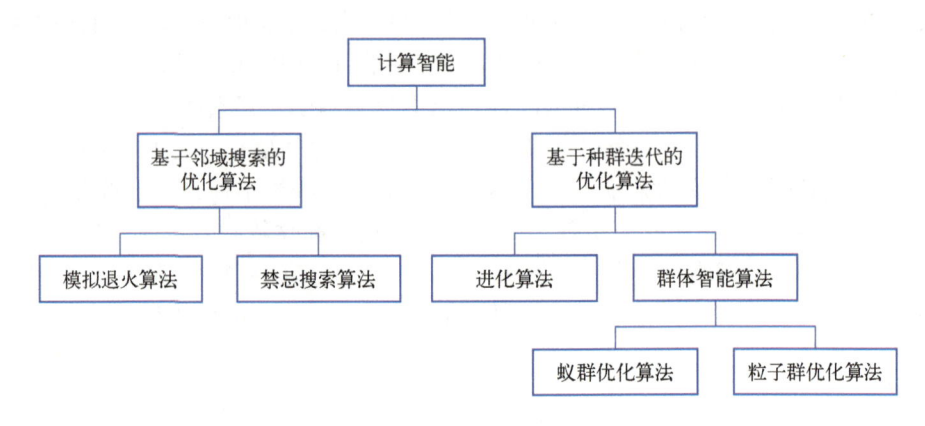

图 3-3 计算智能的分类

1. 基于邻域搜索的优化算法

传统优化算法的基本局部搜索思路一般为，从某一初始解出发，按照某些搜索方向开始迭代，这种基本局部搜索算法极易陷入局部最优解。基于邻域搜索（Neighborhood Search）的计算智能算法又称为局部搜索（Local Search，LS）算法，是运用人工智能、物理学等领域的某些思想，对基本局部搜索算法进行扩展。从由一些启发式构建的初始解开始，通过迭代地改进它，直到满足停止标准。

针对局部邻域搜索，为了实现全局优化，可尝试的途径有：以可控性概率接受劣解来规避陷入局部极小，如模拟退火算法；扩大邻域搜索结构，如旅行商问题（TSP）的2-opt算法扩展到k-opt算法；变结构邻域搜索；设计禁忌策略尽量避免迂回搜索，即确定性的局部极小突跳策略，如禁忌搜索算法。

（1）模拟退火（Simulated Annealing，SA）算法

模拟退火算法是基于蒙特卡罗（Monte—Carlo）迭代求解策略的一种随机寻优算法。模拟退火算法最早的思想是由Metropolis等人于1953年提出的。1983年，Kirkpatrick等人受到固体物理退火过程的极大启发，将该思路引进解决大型组合优化问题，其出发点是基于物理中固体物质的退火过程与一般组合优化问题之间的相似性。模拟退火算法从某一较高初温出发，伴随温度参数的不断下降，结合概率突跳特性，在解空间中随机寻找目标函数的全局最优解，即在局部最优解时能概率性地跳出，并最终趋于全局最优。该算法通过随机生成初始解，搜索形成邻域解，通过目标函数进行评估，如果邻域解优于初始解，则替换；反之，通过一个概率函数给定的概率值来确定替换与否，这样可以通过突跳避免过早陷入局部最优，随着迭代，突跳概率不断下降。

理论上，模拟退火算法具备概率的全局优化性能，目前已在工程中得到了广泛应用，诸如超大规模集成电路、生产调度、控制工程、机器学习、神经网络、信号处理等领域。其在调度问题应用中的优势与不足见表3-7。

表 3-7　SA 在调度问题应用中的优势与不足

优　势	不　足
1. 在调度问题求解的收敛性已被证明 2. 强调计算效率时，模拟退火可实现并行算法 3. 算法采用随机搜索，可避免陷入局部极小值。算法柔性好，具备接近全局最优的能力 4. 可以处理具有高度非线性的模型、有混沌和噪声数据及多复杂约束的问题 5. 算法通用性好，不依赖于模型的任何限制性属性	1. 在调度解的质量和计算时间效率之间需要权衡 2. 需要大量细致的调试来适应考虑不同类型的约束和微调算法的参数 3. 较难定义一个好的冷却策略 4. 算法需要大量的初始温度和退火计划的调试工作 5. 该方法无法判断是否找到了最优解。需要结合其他方法，比如分支定界法

（2）禁忌搜索（Tabu Search，TS）算法

禁忌搜索是人工智能的一种体现，是局部邻域搜索的一种扩展。禁忌搜索涉及邻域（Neighborhood）、禁忌表（Tabu List）、禁忌长度（Tabu Length）、候选解（Candidate）、藐视准则（Aspiration Criterion）等概念。该算法由美国科罗拉多大学教授 Fred Glover 于 1986 年左右提出，是一种模拟人类记忆功能的优化算法。禁忌搜索算法最重要的思想是标记已搜索的局部最优解，即在求解过程中，为避免陷入局部最优解，形成动态的禁忌表，并在进一步的迭代搜索中尽量避开这些对象（而不是绝对禁止循环），从而保证对不同的有效搜索途径的探索，减少重复搜索。

禁忌搜索算法在组合优化、生产调度、机器学习、电路设计和神经网络等领域取得了很大的成功，近年来又在函数全局优化方面得到较多的研究，并大有发展的趋势。其在调度问题应用中的优势与不足见表 3-8。

表 3-8　TS 在调度问题应用中的优势与不足

优　势	不　足
1. 为避免过早陷入局部最优，算法允许接受非改进解 2. 禁忌表的使用 3. 可以应用于离散和连续的解空间问题 4. 适用于规模更大、难度更大的问题（诸如调度、二次分配和车辆路线问题），禁忌搜索得到的调度优化解可以与其他方法找到的最佳解决方案相竞争 5. 具备半确定性，因为它既是局部搜索，也是全局搜索方法	1. 需要确定的参数太多，参数设定有时会造成无法找到全局最优 2. 迭代次数可能非常多 3. 尚无理论支持证明该算法的收敛性 4. 需要有特定领域的知识来选择禁忌和藐视准则 5. 对禁忌表的操作实现需要高效的数据结构 6. 由于在连续搜索空间中执行邻域移动的困难，它在连续搜索空间中的使用并不常见 7. 若目标函数数量多，很难设计出好的禁忌搜索方法

2. 基于种群迭代的优化算法

在邻域搜索算法中，每次迭代得到一个解，其效率不高，且易于陷入局部最优。而种群迭代算法是每次迭代得到一群（代）解，较优解是一群可行解中的最优。从算法机理上而言，一群解的迭代可以较好地规避过早陷入局部最优的情形。从其产生群（代）解的机理不同，种群迭代优化可分为进化算法和群体智能算法。

（1）进化算法（Evolutionary Algorithm）

进化算法是一类模拟生物进化过程的智能优化方法，主要包括遗传算法（Genetic Algorithm，GA）、遗传规划（Genetic Programming，GP）、进化策略（Evolution Strategy，ES）和进化规划（Evolution Programming，EP），广泛应用于规划与调度等组合优化问题。其中，遗传算法是在调度领域中应用最广泛的进化算法。

遗传算法最早由美国 John Holland 于 20 世纪 70 年代提出。该算法依据大自然中生物体进化规律设计，是模拟达尔文生物进化论的自然选择和遗传学机理的生物进化过程计算模型。它通过模拟种群自然进化过程，实现迭代搜索最优解，遵循适者生存的自然规律来进行搜索计算和问题求解，主要包括遗传（交叉）操作、变异操作和选择操作。作为一种基于种群的演化方法，遗传算法具有较好的求解能力和鲁棒性。

在求解较为复杂的组合优化问题时，相对一些常规的优化算法，遗传算法通常能够较快地获得较好的优化结果。遗传算法已被人们广泛地应用于组合优化、机器学习、信号处理、自适应控制和人工生命等领域。遗传算法在调度问题应用中的优势与不足见表 3-9。

表 3-9 GA 在调度问题应用中的优势与不足

优　势	不　足
1. 算法本身可既保留已经找到的部分调度最优解方案，又可探索新的搜索空间 2. 可以高效解决连续问题 3. 随机突变在某种程度上保证了更广泛的调度解决方案 4. 算法适合并行处理 5. 算法易于实施 6. 不需要对调度问题空间做任何假设	1. 可能找不到任何令人满意的局部调度解方案 2. 参数调优是一个挑战 3. 计算成本高 4. 可能会过早收敛 5. 调度问题必须首先设计好染色体的形式编码问题

（2）群体智能（Swarm Intelligence）算法

群体智能算法主要是通过模拟昆虫、鸟群和鱼群等群体行为所构造的一类智能优化方法。这些群体内的个体不具备高级智能，但其群体层面却展现出高效的优化决策结果。群体内的个体按照一种合作的方式寻找食物或躲避追捕，每个成员通过学习自身的经验和其他成员的经验来不断地改变搜索的方向。任何一种受动物的社会行为机制而启发设计出的算法均属于群体智能算法。在调度领域中，常见的群体智能算法有粒子群优化（Particle Swarm Optimization，PSO）算法、蚁群优化（Ant Colony Optimization，ACO）算法等。

1）粒子群优化算法。粒子群优化算法，又称微粒群算法，是由 Kennedy 和 Eberhart 等人于 1995 年开发的一种演化计算技术，来源于对一个简化动物群体（如鸟群或鱼群）行为模型的模拟。PSO 涉及许多粒子，这些粒子在搜索空间中随机初始化，并被称为群。群体中的每个粒子代表优化问题的潜在解，它们的位置根据单个粒子和群体的最佳位置，以及每次迭代中的最佳群体进行更新。其在调度问题应用中的优势与不足见表 3-10。

表 3-10 PSO 在调度问题应用中的优势与不足

优　势	不　足
1. 算法简单易用，易于实现，只需很少的参数进行微调 2. 收敛速度快 3. 该算法是连续变量问题的有效全局优化器 4. 能够通过使用惩罚方法来适应约束 5. 在静态和动态环境中都能有效地定位和跟踪最优 6. 可以快速求解非线性、不可微、多模态问题 7. 算法在内存和速度要求方面都很经济	1. 局部搜索能力弱，在高维空间中容易陷入局部最优 2. 在处理多目标优化时，调度解的多样性较难控制

2）蚁群优化算法。蚁群优化算法于 20 世纪 90 年代被提出。相关研究人员在研究蚂蚁觅食的过程中发现，蚁群群体总能够在不同的环境下，寻找到达食物源的最短路径，展现出相当的群体智能行为。研究发现这是因为蚂蚁会在其经过的路径上释放"信息素"，蚁群内

的蚂蚁对信息素具有感知能力，它们大多会沿着信息素浓度较高的路径行走，而每只路过的蚂蚁都会在所经路径上遗留下信息素，从而形成一种类似正反馈的机制。信息素不断动态更新，一方面随着经过的蚂蚁增多而积累增强，另一方面它也会自行挥发，经过一段时间后，整个蚁群就会沿着最短路径到达食物源。

基本的 ACO 模型由式（3-1）所示的蚂蚁路径选择概率和式（3-2）所示的信息素更新两大基本公式组成，即

$$p_{i,j}^k = \frac{\tau_{i,j}^\alpha \gamma_{i,j}^\beta}{\sum_{j \in \text{allowed}x} \tau_{i,j}^\alpha \gamma_{i,j}^\beta} \tag{3-1}$$

$$\tau_{i,j}(t+1) = \rho \tau_{i,j}(t) + \Delta\tau \tag{3-2}$$

式中，$p_{i,j}^k$ 表示蚂蚁 k 从 i 点走向 j 点的概率；$\tau_{i,j}$ 表示 i 点到 j 点路径上信息素的浓度；$\gamma_{i,j} = \frac{1}{d_{i,j}}$ 表示 i 点到 j 点距离的倒数；$j \in \text{allowed}x$ 表示蚂蚁目前处于 i 点，接下来可以去的所有点的集合；α、β、k 是自定义的参数；$\tau_{i,j}(t)$ 表示到 t 时刻有蚂蚁爬过 i 点到 j 点这一路径时，该路径上的信息素浓度；ρ 表示信息素的衰减函数；$\Delta\tau$ 表示信息素增量，信息素增量的定义方式有三种：全局更新（利用一代蚁群中最优解更新）、局部更新（利用每只蚂蚁单步更新）、等量更新（每只蚂蚁等量更新）。

生产系统调度问题可以转化成旅行商问题、指派问题、作业车间调度问题、车辆路径问题。这些问题都可以通过蚁群优化算法进行求解，可行的调度解通常可以视为每只蚂蚁遍历所有路径节点的顺序，每只蚂蚁将依据式（3-1）的概率选择下一个待访问节点，即蚂蚁选择路径一方面根据路径上已有的信息素浓度 $\tau_{i,j}$，另一方面也依据启发式信息 $\gamma_{i,j}$，即自身对问题的认识，体现在调度问题中就是路径本身的长短。因此，遗留的信息素越浓且节点距离越短的路径将会有更大的概率被蚂蚁选择。这种概率选择机制能让蚂蚁群体在路径选择中既遵循多数，又具有开拓性，从而避免陷入局部最优。因此，蚂蚁遍历了所有路径后，路径上的信息素浓度需要实时更新，更新方式的不同将决定下代蚁群搜索路径的概率调整。完整的蚁群优化算法流程如图 3-4 所示，其在调度问题应用中的优势与不足见表 3-11。

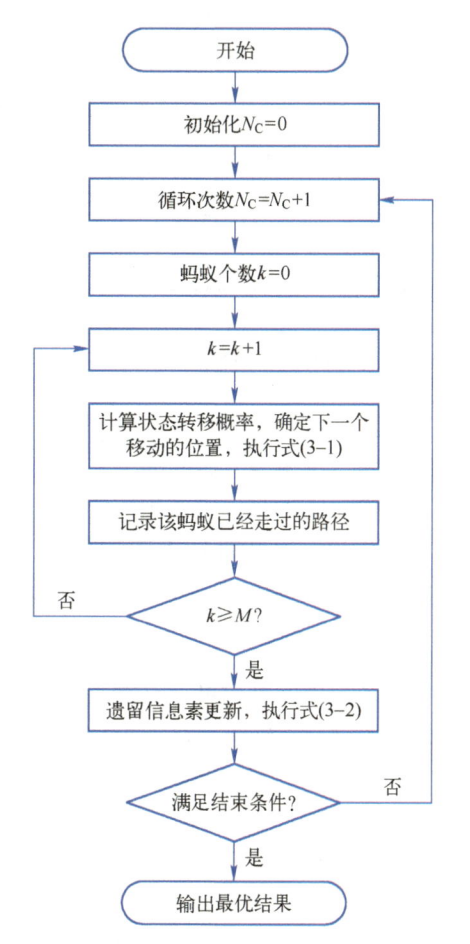

图 3-4 完整的 ACO 算法流程图

在车间调度问题中，智能算法具有独特的优势。上述各个算法的特点对比见表 3-12。

表 3-11　ACO 在调度问题应用中的优势与不足

优　势	不　足
1. 分布式计算避免过早收敛 2. 不需要明确的机制来保持多样性，因为多样性实际上是由路径确定中依据信息素的概率选择来实现的 3. 算法本身固有的并行性 4. 算法协商机制提出的变化是在决策变量空间而不是在目标函数空间 5. 积极的正反馈可实现快速发现优化解 6. 可应用于动态调度问题 7. 可有效解决旅行商问题和其他离散问题	1. 理论分析很困难 2. 随机决策序列。事实上，它们并不是独立的 3. 通过迭代改变概率分布 4. 虽能保证收敛，但收敛时间不确定 5. 不能有效地解决连续不断的问题

表 3-12　车间调度问题中计算智能算法对比

	算法名称	优　点	缺　点
邻域搜索	模拟退火算法	初始条件限制少	优化效率较低
	禁忌搜索算法	全局逐步寻优	优化效率低
人工智能	蚁群优化算法	运算效率高、搜索能力强、具有信息正反馈机制	搜索时间较长、容易陷入局部最优解
	遗传算法（进化算法）	随机全局优化、自适应性强	易早熟、搜索效率低
	神经网络	初始数学模型简便、自适应性强	运算时间较长、运算复杂
	粒子群优化算法	参数少、易于实现、全局搜索能力强、可并行计算	易早熟收敛、参数敏感性高、需反复调参

3.2.3　多智能体系统

在实际生产过程中，常常有突发的生产订单、设备故障等动态现象发生，可能导致任务之间在时间、资源等方面的冲突。因此，生产计划调度系统的成功运行协调机制和协商/冲突解决策略非常重要，两者相辅相成，缺一不可。多智能体系统在智能调度的协调机制中起到重要的作用，本节将针对智能体（Agent）、多智能体系统（Multi-Agent System，MAS）及其在调度 MAS 中的协调机制展开介绍。

1. 智能体概念

有关智能体的概念可以追溯到 20 世纪 70 年代早期的分布式人工智能研究中，由 Hewitt 提出的并发 Actor 模型。在该模型中，Hewitt 给出一个具有自组织、交互性和并行执行的术语——智能体。最经典的和广为接受的是 Wooldridge 等人提出的关于智能体的"弱定义"和"强定义"。

弱定义：智能体是一个具有自主能力、社交能力、反应能力和预测能力等属性的软硬件系统。

强定义：智能体不仅具有以上的属性，而且具有知识、信念、目的、义务等人类特有的属性。

总结起来，智能体是一个具有智能的个体。根据需要，智能体应具有以下主要属性。

1）自主性。自主性是智能体区别于其他实体概念 [比如过程（Process）、对象（Object）] 的最为独有的特征。智能体运行时不直接受其对象控制，对自己的行为与内部状态有一定的控制力。

2）反应性。智能体能够感知所处的环境或自身状态，并通过行为对环境中相关事件或者状态的改变做出适当反应。

3）社会性。智能体可能处于由多个智能体构成的社会环境中，通过某些交互途径与其他智能体交换信息，协同完成自身问题求解或者帮助其他智能体完成相关活动。智能体间通过某种通信语言相互交换各种信息。

4）主动性。需要强调的是，智能体的反应性是目标引导下的主动行为，即行为是为了实现其目标。智能体并不是简单地针对周围环境和其他智能体的信息做出被动反应，在某些情况下智能体能够主动地产生目标，采取主动交互的行为。

5）适应性。智能体能够对环境变化做出反应，在适当时候采取面向目标的行动，以及从其自身的经历、所处的环境和与其他智能体的交互中学习。

6）协同性。智能体之间能相互协同合作以完成复杂任务，这也是支持智能体社会性的具体表现。

7）学习性。智能体能从周围环境和协同工作的成果中学习，进化自身的能力，学习性是智能体可以升级为智能主体的前提特性。

8）进化性。智能体能通过学习进化自身，繁衍后代，并遵循达尔文"优胜劣汰"的自然选择规律。与学习性类同，进化性也是智能主体具备的高阶特性。

智能体的上述属性使得它表现出类似人的特征，这为计算机科学与人工智能所面临的复杂问题的求解提供了新的途径。

2. 多智能体系统（Multi-Agent System，MAS）

智能体系统可分为单智能体系统和多智能体系统。单智能体系统的研究主要集中在认知与模拟人类的智能行为，它侧重于对人类的智能行为进行研究与模拟，如计算能力、推理能力、记忆能力、学习能力和直觉等方面。而 MAS 的研究则主要集中在自主的智能体之间智能行为的协同，通过协调各智能体的目标、规划等来产生相应行为或解决问题。在问题求解过程中，为了实现某个共同的全局目标，或各自的局部目标，这些智能体共享有关问题与求解方法的所有知识。

MAS 是指一些智能体通过协同完成某些任务或达到某些目标的计算系统，它是由多个自治或半自治的智能体所构成的大型系统。MAS 通过一组智能体的松散组合，协同解决超过各自能力范围的问题。这些智能体是自主、分布运行的，甚至是异质结构的。每个智能体的子程序、函数或过程有着本质的区别，其目标和行为是相对自主与独立的。各个智能体之间相互协同与服务，彼此之间的目标与行为矛盾和冲突通过协商或协作等手段协同解决。MAS 具有分布、并发问题求解的优势，同时适应复杂的交互模式。与单个智能体相比，MAS 中每个智能体仅拥有不完全的信息和问题求解能力，数据是分散或分布的，计算过程是异步、并发或并行的。MAS 非常适用于表达具有多种求解方法和多个求解实体的问题环境。MAS 具有如下主要特点。

1）社会性。在 MAS 中，智能体可能处于由多个智能体构成的社会环境中，拥有其他智能体的信息和知识，并能通过某种智能体通信语言与其他智能体实施灵活多样的交互和通信。智能体通过与其他智能体的协作和协商等，完成其自身的问题求解或者帮助其他智能体完成相关的活动。

2) 自治性。在 MAS 中，一个智能体发出服务请求后，其他智能体只有同时具备提供此服务的能力与兴趣，才能接受动作委托。因此，一个智能体不能强制另一个智能体提供某项服务。

3) 协同性。在 MAS 中，具有不同目标的各个智能体通过相互协作、协商来协同完成问题的求解。通常的协同有资源共享协同、生产者/消费者关系协同、任务/子任务关系协同等。

多智能体系统理论建立在单智能体模型与结构之上，它在单智能体理论的基础上重点研究智能体间的互操作性、协商与协作等问题。MAS 中的协商与协作的实现以社会组织理论、建模与实现理论为基础。社会组织理论提供关于集成、交互、通信与协同的面向社会的概念模型；而建模与实现理论则消除面向社会的概念模型与现实间的距离。总体来看，构建 MAS 的过程中，主要包括以下几个方面的基本问题。

1) 智能体模型。在满足个体自主性、群体交互性和环境的要求下，对智能体进行建模，在一定抽象层次上描述智能体的组织结构、知识构成与运行机制。

2) MAS 体系结构。体系结构的选择影响智能体异步性、一致性、自主性和自适应性的程度，选择何种体系结构直接决定了多智能体系统内部智能协同行为的信息传输渠道和传输方式。

3) 交互与通信。交互是多智能体能够相互协同的基本要求，通信是交互的基础。通信包括两个方面：一是底层通信机制的构建；二是智能体通信语言的构造或选择。

4) 一致性与协同性。一致性描述分布式人工智能系统行为的总体特性，协同性则描述智能体之间的行为和交互模式。良好的协同性是实现系统整体行为稳定性和一致性的重要保障。高效的 MAS 应该能从较少次数的学习中快速地趋向总体一致性。

5) MAS 规划。MAS 中的规划是适应性规划，可反映环境的持续变化过程。

6) 冲突处理。MAS 在协同过程中出现冲突问题是必然现象。冲突大致可以分为三种：资源冲突、目标冲突和结果冲突。

3. 调度 MAS 中的协调机制

由于智能体及 MAS 本身就强调了无论个体还是系统都具有自主性、自治性、社会性等特征，因此若在制造系统调度问题中引入智能体概念，将资源及任务等实际调度问题中的典型实体用智能体封装，则可以实现这些实体智能体的自治性。借助基本 MAS 中的通信机制，可以进一步实现众多实体智能体的社会性。然而，若要众多自治的智能体呈现出系统层面更强的统筹智能性，还需要规划设计 MAS 的协调机制和冲突消解策略。

协调机制的集成层次结构可以分为不同粒度的资源协商（如企业级资源协商、车间级资源协商等）。这是一种多层次的协商模式，不同的层次采用不同的协调机制。

目前已经提出的冲突消解策略主要有基于约束（CR）的冲突解决、基于规则（RBR）的冲突解决、基于事例（CBR）的冲突解决和基于协商（NR）的冲突解决，即在 MAS 的协调机制中引入人工智能的方法。

3.2.4 其他支撑数字化工厂的计算机关键技术

前面几节介绍的主要是智能调度涉及的软件与算法技术。智能调度若要真正实现，需要结合调度问题中的实体执行对象。实际生产系统的调度对实时性的要求非常高，许多数据需要实时采集、计算分析，然后高效决策、反馈控制，从而完成调度的完整闭环。其本身的复杂度要求系统具有强大的数据采集能力和计算能力，需要众多计算机关键硬、软件技术支撑，比如机器视觉技术、数据引擎、网格计算技术、云计算、数据安全等。集群计算机、网格计算技术为应用提供强大的计算能力支持。数据引擎的实现依赖于数据总线、消息总线、服务总线技术。智能控制中心前置的通信接入方式包括光纤以太网、电力宽带及无线通信等。安全防护则由入侵检测、多级防火墙、操作记录等技术组成。因此，制造系统智能调度的发展需要数字化工厂技术作为支撑前提保障。

随着数字化工厂概念的提出，企业的完整生产流程可以实现全流程数据实时采集、各级设备互联互通、产品全生命周期信息共享，基于这样的数字化工厂的智能运维会更加高效地优化整个企业的生产决策。制造系统的智能调度属于智能运维的范畴，其目标是要为企业的实际生产服务提供实时高效的任务分派及资源调度方案。通过建设网络基础设施、推广应用工业互联网平台、健全数字化服务设施、推动企业上云等，实现制造系统数字化目标，使得企业以工业互联网为载体、以生产要素的数据化为依托，整合优化生产流程，提升资源配置效率，真正实现智能调度，达成智能运维管理。典型的数字化工厂框架涉及的关键技术如图 3-5 所示。

图 3-5　数字化工厂框架涉及的关键技术

1. 机器视觉技术

机器视觉作为一种可以有效提高制造装备环境感知、决策和自主控制能力的技术，已经被广泛地引入各个领域。机器视觉技术在目标识别和目标位姿求取方面具有强大的技术优势。机器视觉在工业生产中主要应用于产品检测、精密测控以及自动化生产线等领域。机器视觉技术是实现工厂智慧化和机器人及智能装备无人控制的关键技术，具有自适应和智能化的特点。

通过在车间产线装备上增加传感器，不仅可以实现自主感知，更重要的是可以实现动态监控与反馈。视觉技术的引入则可以通过实时反馈，对其制造过程进行有效监控，从而提高制造过程的容错能力，避免停产及降低生产的缺陷率。工业视觉监控的关键技术包括环境感知的鲁棒性、视觉监控的闭环自适应控制、图像无损压缩，以实现实时通信和各个模块的组态性。

2. 数字化工厂组网方案、网络架构、工业 5G 及上云关键技术

数字化工厂的组网需求对工厂外网呈现出云网融合发展的趋势，对工厂内网呈现出大带宽、全联接、广泛兼容、便捷部署等趋势。传统工厂网络主要采用封闭局域网方案，在工厂数字化转型过程中存在传输协议分散、设备上网率低、设备差异大、信息化水平普遍较低、网络管控水平低、信息化系统管理差异大、信息孤岛现象严重等问题。对工业企业来说，需要更加方便和高效的接入方式；需要统一且安全的私有云平台；需要通过加载丰富的工业 APP 能力提升智慧制造的程度和效果；需要"专网专用"，把办公、生产、安防等几张网络隔离起来，从而提升网络安全和网络效率。随着 5G、物联网、AI 技术的发展，在面向工业互联网的工业场景下实现全联接成为明确的趋势，可以有效发挥运营商规模部署的能力，对提升工厂网络整体水平起到重要作用。如图 3-6 所示，以工业 PON 为主承载工厂有线网络业务需求，以工业 5G 为主承载工厂无线网络业务需求，构建"双千兆"工厂网络基础，兼顾企业物联网、办公、上云等需求。

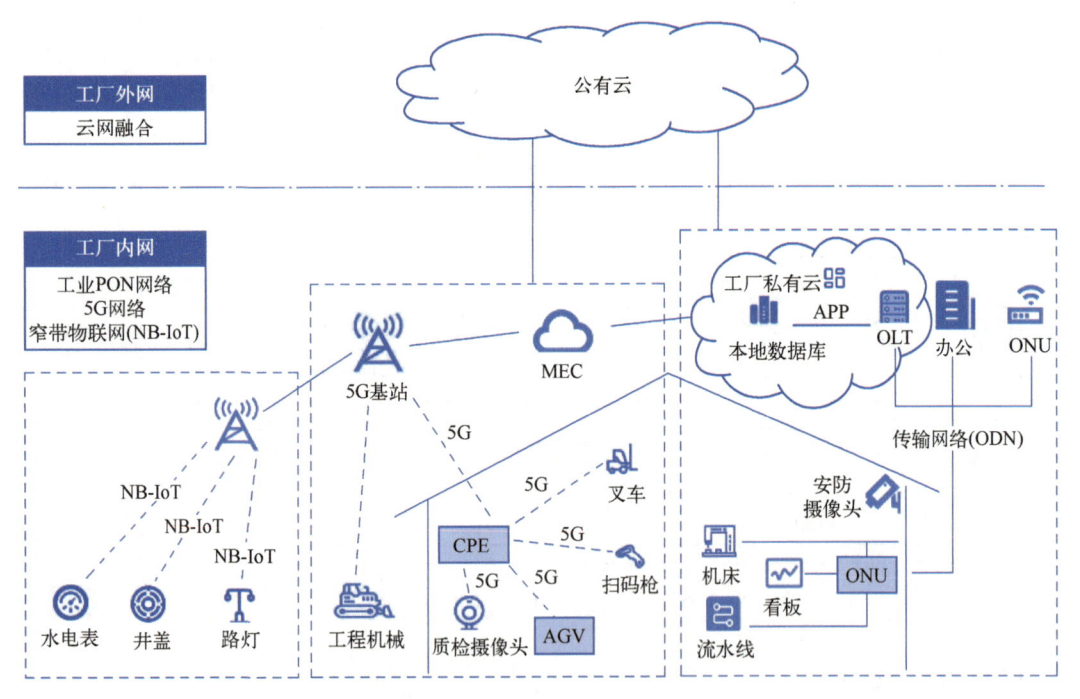

图 3-6　数字化工厂组网方案

在工业企业信息化、数字化和智慧化的驱动下，工业数据需要产生更大的价值，同时也需要大量的工业应用能力来灵活地为工厂服务。云和网高度协同、互为支撑，工业企业上云和云网融合将成为未来的发展趋势，这需要对更多工业 5G 网络关键技术、工厂网络上云关键技术展开深入研究。

3.3 智能调度的应用示例

3.3.1 基于 MAS 的制造系统智能动态调度

1. 问题领域

在实际的制造系统中会有多种不确定因素，它们会打乱原有调度安排，产生动态调度的需求，这就需要引入智能调度来快速解决制造系统中动态扰动造成的问题。本小节中介绍的智能调度应用，即是针对生产过程中的常见突发扰动情形，运用多智能体技术实现制造系统重调度决策。制造系统智能动态调度模型中考虑的扰动类型有资源类扰动和来源类扰动。资源类扰动是指由于车间中资源（机床等）的不可靠性而造成的扰动，包括机床故障维修和恢复。这类不可靠性由平均失效间隔时间（MTBF）和平均维修时间（MTTR）表示。来源类扰动是指由于系统中产品订单改变而造成的扰动，包括新订单/工件的到来、现有订单/工件的取消。

该车间内有 16 台机床，这些机床被分成 5 个组，每组分别有 4、2、5、3、2 台机床，各自有不同的加工速度。该车间内的待加工产品有 3 类，各自对应的加工工艺路线信息见表 3-13。产品订单的交货期给定。订单以一定的随机概率到达车间（到达率为均值是 1/15 时间单位的指数分布），即每个时间单位内，大约会有 15 个订单到达系统，且每个产品类型的到达概率分别为 0.3、0.5 和 0.2。每个机床都可以设定相应的故障率和平均维修时间。

表 3-13 不同产品类型的加工工艺路线信息

产品类型	产品在机床组中的加工路线（工序的平均加工时间（时间单位））
产品 1	3(0.25)、1(0.15)、2(0.10)、5(0.30)
产品 2	4(0.15)、1(0.20)、3(0.30)
产品 3	2(0.15)、5(0.10)、1(0.35)、4(0.20)、3(0.20)

实例中通过改变两个因素：工件的交货期和机床的故障因素，来仿真计算并分析各个评价指标。紧急交货期对应的系数 $k=3$，而宽松交货期对应的系数 $k=10$。本例中有关机床故障的情形分两种：一是不考虑故障，二是考虑机床故障的可能。机床故障的情形出现在机床组 1 和机床组 4 中。机床在故障前的工作时间符合 MTBF 为 4.5 的指数分布，而维修时间服从形状系数为 2 的伽马分布，且 MTTR 为 0.5 个时间单位。

2. 通用制造系统的多智能体模型的构建

将通用制造系统用智能体建模方法实现多智能体模型构建，系统中每个实体被表述成自治的智能体，封装了对应的知识、目标和功能。图 3-7 展示了该多智能体模型的框架。这个多智能体模型具有高度的柔性和扩充性，可以很方便地从系统中增加或删除用于表述各实体的智能体。正如在实际的制造系统中，订单或工件是不断地进入车间中进行处理，又随着加工完成而不断地离开车间。每当一个新的订单出现，就形成对应的订单智能体，车间智能体通过检索数据库返回订单中特定产品的工艺安排，从而一系列工件智能体被激活，开始与系统中的机床智能体或加工中心智能体进行交互。机床智能体实时监控对应的实体机床，向系统汇报维修或故障情况。只要一个工件完成加工，相应的工件智能体就从车间系统中被删除，同理，当订单中的所有工件都完成加工后，该对应的订单智能体也从系统中被删除。智能体管理系统由基于 Java 的开源框架（Java Agent DEvelopment framework，JADE）提供。

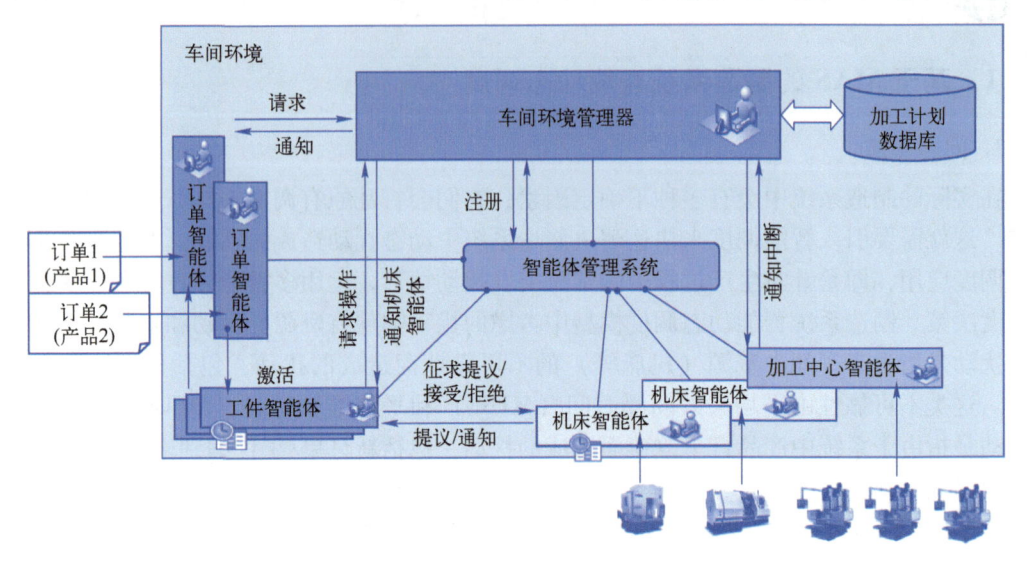

图 3-7 通用制造系统的多智能体模型框架

（1）智能体的状态

多智能体系统中每个智能体都与实际制造系统中的某个实体相对应。分别对各类智能体定义一系列的状态，用来描述所对应实体的当前状态，它们是与实体相关的。例如，订单智能体的状态有两个：处理或完成，分别表示该订单中的工件已经发往车间进行加工或该订单已经完成加工；工件智能体的状态包括处理或等待，分别表示该工件正在被某机床加工或该工件正在某等待队列中排队；机床智能体的状态有四个：空闲、繁忙、故障或阻塞，分别表示该机床当前无任何加工任务、该机床正在进行工件的加工、该机床处于故障维修状态或该机床不仅在加工，同时等待队列已满。通过对个别智能体状态的跟踪记录，可分析获得对应实体的统计数据。

（2）智能体间的合作

在所构建的多智能体系统中，不同的智能体之间要互相沟通合作，系统的总体性能取决于智能体间的合作和决策时的信息质量。在车间调度系统中，各基本智能体之间的协作包括：基于订单扰动的协作、基于故障扰动的协作、分配协作、排序协作及加工协作，具体的智能体间协作沟通的统一建模语言（UML）表示如图 3-8 所示。这里只列举了机床智能体、工件智能体和车间智能体间的合作，因为无论任何规模的车间都必定会包含基本的机床和工件实体。其中核心的协作体现在分配和排序方面，即工件智能体针对当前工序确定恰当的机床智能体进行加工，以及机床智能体针对当前排队队列选择合适的工件从事下一步加工任务，其具体结合蚁群智能的方法详见下一部分。

（3）基于蚁群智能的合作机制

将预先设计好的合作机制封装到智能体中可以使系统实现预期的行为。如何确定智能体的内部协同机制，从而使系统能有效地适应环境的改变，并取得好的整体性能，至今对学术界仍是一个挑战。目前，工业界普遍应用的是启发式分派规则，然而这类分派规则很容易形成决策短视并造成全局次优性。这里,将蚁群智能集成到机床/工件智能体中,从而帮助工件智能体找到合适的机床智能体进行加工,同时也帮助机床智能体确定在当前排队队列中下一步最合适的加工工件,即通过机床智能体和工件智能体的协同合作实现合理优化的任务分配和排序过程。

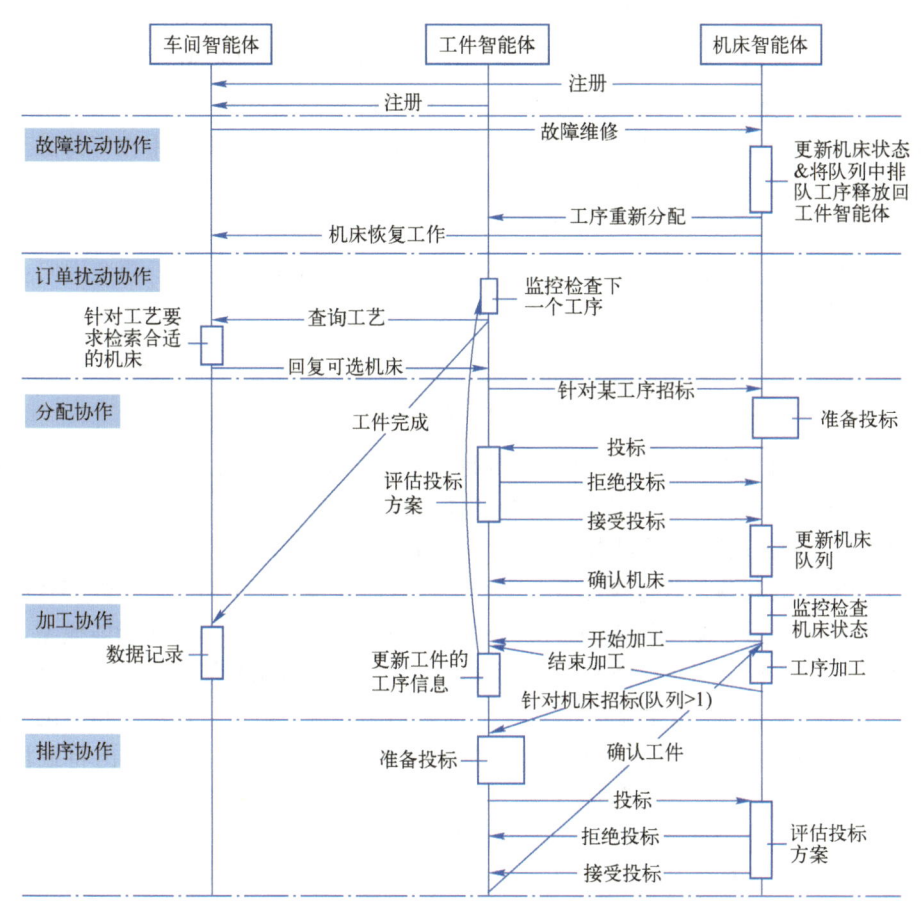

图 3-8 多智能体车间系统中各智能体间的协作沟通

1)基于蚁群智能的机床智能体。在蚁群智能中,信息素起着很重要的作用。蚂蚁向环境中释放信息素,同时也根据从环境中识别到的信息素强弱进行决策,渐渐地,整个蚁群都达到良好的整体性能。本节中,每个机床智能体都被视为一个蚂蚁,所以要对机床智能体的"信息素"进行合理的设定。初始时,机床智能体的信息素只取决于机床实体的加工能力,对一个具体工序而言,具有最短加工时间的机床智能体应具有最高的信息素浓度。

$$\tau_{MA_i}(0) = \frac{\sum_k \sum_l \eta_{kl}^i}{\sum_k \sum_j \sum_l \eta_{kl}^j} \tag{3-3}$$

$$\eta_{kl}^i = 1/PT_{O_{kl}}^i \tag{3-4}$$

式中,工序 O_{kl} 是工件 k 的第 l 道工序;$PT_{O_{kl}}^i$ 是指在机床 MA_i 上加工工序 O_{kl} 的时间;η_{kl}^i 是与工序 O_{kl} 相关的启发因子信息。当一个工序加工完成后,机床智能体的信息素则取决于两个因素:一个是机床智能体当前的状态,另一个是机床总体的等待加工时间。

$$\tau_{\mathrm{MA}_i}(t) = \frac{x_{\mathrm{MA}_i}(t)}{\sum_k \sum_l q_{kl}^i(t) \mathrm{PT}_{kl}^i} \tag{3-5}$$

式中，$x_{\mathrm{MA}_i}(t)$是机床智能体MA_i的状态，$x_{\mathrm{MA}_i}(t)=1$指机床处在正常状态（繁忙或空闲），$x_{\mathrm{MA}_i}(t)=0$则意味着机床处于宕机或阻塞状态，也就是机床实体要么正在维修，要么已不再接受工件的加工；$q_{kl}^i(t)$为工序的等待状态，若工序在机床智能体MA_i的等待队列中，则$q_{kl}^i(t)=1$，否则$q_{kl}^i(t)=0$。因此，当机床智能体在宕机或阻塞状态时，机床的信息素为0，也就不能吸引工件智能体；当机床智能体在正常工作状态时，排队队列中在等待加工的工件越多，则其信息素就越低，从而很难吸引工件智能体。每当机床智能体完成一个工序的加工任务或每当有新的工件排到等待队列中时，其信息素就应该进行更新。

工件智能体选择某一机床智能体MA_i进行工序O_{kl}加工的概率取决于两个因素：机床的信息素和工序的启发因子信息。

$$p(\mathrm{MA}_i) = \frac{(\tau_{\mathrm{MA}_i})^\alpha (\eta_{kl}^i)^\beta}{\sum_j (\tau_{\mathrm{MA}_j})^\alpha (\eta_{kl}^j)^\beta} \tag{3-6}$$

式中，α、β是用于平衡信息素和启发因子影响的调整参数，可以通过仿真得到具体设置值。具有较高概率的机床智能体越容易被工件智能体选择进行加工。

2）基于蚁群智能的工件智能体。如本节第2部分所述，在实际的制造系统中，车间动态调度是个很复杂的问题，既包含任务分配，又包含任务排序。然而，大多数多智能体的动态调度问题，无论是基于昆虫群体的智能体模型，还是基于协商机制的智能体模型，都只考虑了任务分配问题，而未考虑任务排序的问题，也就是说，机床智能体对某一工件的工序进行了投标，在成功竞标后，工件就加入机床当前队列的尾端，之后依从某一特定的预先定义好的顺序（如先进先出、短时优先等）进行加工。针对以上问题，本节提出将蚁群智能引入工件智能体中，从而解决任务排序问题。

工件智能体的信息素是解决任务排序问题的关键。初始时，当工件进入车间开始加工，工件的信息素取决于工件实体的交货紧急度。工件越是临近交货期，则初始信息素越高。

$$\tau_{\mathrm{JA}_i}(0) = e^{-\left(\frac{\mathrm{Due}_{\mathrm{JA}_i} - t_0}{\sum_l \mathrm{PT}_{O_{il}}}\right)} \tag{3-7}$$

$$\mathrm{Due} = \mathrm{Arrival} + k \sum_{i=1}^n \mathrm{PT}_i, \quad k \in [2,10] \tag{3-8}$$

式中，$\mathrm{Due}_{\mathrm{JA}_i}$、$\sum_l \mathrm{PT}_{O_{il}}$分别是工件智能体所对应的工件交货期和总加工时间；交货期松紧系数k反映了一个工件濒临延迟的程度，例如，一个$k=2$的工件比一个$k=10$的工件更濒临交货期。

工件开始加工后，工件智能体的信息素则由工件剩余加工时间和工件交货期决定。

$$\tau_{\mathrm{JA}_i}(t) = e^{-\left(\frac{\mathrm{Due}_{\mathrm{JA}_i} - t}{\sum_l f_{O_{il}}(t) \mathrm{PT}_{O_{il}}}\right)} \tag{3-9}$$

式中，$f_{O_{il}}(t)$指工序的完成状态，$f_{O_{il}}(t)=0$意味着工序O_{il}已经完成；$f_{O_{il}}(t)=1$意味着该工序尚未加工。工件信息素的设置是为了让机床智能体在选择下一步加工任务时考虑到工件的延迟情况，能准时完成加工交货的工件信息素为1。对于离交货期尚有一些时间的工件而言，它们还可以再等一些时间再开始加工，因此它们有较低的信息素，而已经或濒临延迟的工件则应有较高的信息素来吸引机床智能体。式（3-9）中工件智能体信息素是时间的函数，所以它应该连续更新。

机床智能体从当前等待队列中选择工件智能体 JA_i 的工序 O_{il} 作为其下一步加工任务的概率，这一概率取决于工件信息素大小、与工序相关的启发因子信息和加工该工件工序所能带来的利润。

$$p(\text{JA}_i) = \frac{(\tau_{\text{JA}_i})^\alpha (\eta_{il}^i)^\beta (c_{\text{JA}_i})^\gamma}{\sum_k (\tau_{\text{JA}_k})^\alpha (\eta_{kl}^k)^\beta (c_{\text{JA}_k})^\gamma} \tag{3-10}$$

式中，α、β 和 γ 分别是平衡信息素、启发因子信息和利润影响的调整参数，可以通过仿真得到具体设置值。具有较高概率的工件智能体越容易被机床智能体选中作为下一步加工任务。对于静态调度问题，这三个参数是定值，而对于动态调度问题，它们应该随当前环境不断更新。例如，当有很多工件要迫近交货期时，α 就应该设置得使信息素对概率的影响高一些；当车间处于正常负荷，这时在实际情况下，企业都会追求高利润，所以与利润相关的参数 γ 就应该调整到对概率的影响高一些。

3. 应用结果分析

为了研究集成蚁群智能的智能体协作的效果，本节建立了一个多智能体的车间系统进行仿真分析。智能体间的协作方式采用两种形式以进行比较，一种为采用蚁群智能（MAS+ACI），另一种为结合先进先出的分派规则（MAS+FIFO）。针对 MAS+ACI 和 MAS+FIFO，总共进行了 3 次仿真实验，每个仿真重复运行 10 次。

通过监测机床的利用率和生产量，以保证系统达到稳态期（也叫热身），可以发现大约完成 1500 个工件订单后，车间系统达到稳态期。因此，统计分析了每次仿真结果中订单在 1500~6500 期间的数据，即对车间系统内共计 5000 个订单的处理进行比较。表 3-14~表 3-16 给出了 MAS+ACI 和 MAS+FIFO 的仿真比较结果。实例 1：工件的交货期系数较松，不考虑机床故障因素；实例 2：工件的交货期系数较紧，不考虑机床故障因素；实例 3：工件的交货期系数较松，在机床组 1 和机床组 4 中考虑机床故障因素。除了最大值外，所有结果都是 10 次仿真结果的均值。表中的时间单位为每单位时间。

表 3-14 实例 1 的仿真结果

车间配置：机床数目=4, 2, 5, 3, 2		交货期松紧系数=10												不考虑机床故障因素		
评价指标		OP1				OP2		OP3					OP4		OP5	
		M1	M2	M3	M4	M5	M6	M7	M8	M9	M10	M11	M12	M13	M14	M15	M16
机床繁忙率	MAS+FIFO	0.81	0.73	0.73	0.80	0.45	0.43	0.76	0.68	0.76	0.81	0.82	0.48	0.59	0.58	0.80	0.82
	MAS+ACI	**0.80**	**0.74**	**0.77**	**0.80**	**0.43**	**0.45**	**0.72**	**0.74**	**0.77**	**0.80**	**0.82**	**0.45**	**0.6**	**0.61**	**0.80**	**0.83**
平均缓冲量	MAS+FIFO	0.73	1.16	0.47	0.68	0.26	0.24	0.42	0.43	0.58	0.58	0.73	0.31	0.28	0.33	1.8	1.86
	MAS+ACI	**0.19**	**0.19**	**0.20**	**0.18**	**0.03**	**0.03**	**0.04**	**0.04**	**0.04**	**0.04**	**0.04**	**0.03**	**0.03**	**0.03**	**1.01**	**1.0**
最大队列	MAS+FIFO	10	14	6	11	4	4	10	5	7	5	7	6	5	7	16	16
	MAS+ACI	**4**	**4**	**4**	**4**	**3**	**3**	**2**	**2**	**2**	**2**	**2**	**2**	**2**	**2**	**6**	**6**
平均生产量 (8 小时)	MAS+FIFO	115.66															
	MAS+ACI	**116.58**															

(续)

车间配置：机床数目=4, 2, 5, 3, 2		交货期松紧系数=10														不考虑机床故障因素	
评价指标		OP1				OP2		OP3					OP4			OP5	
		M1	M2	M3	M4	M5	M6	M7	M8	M9	M10	M11	M12	M13	M14	M15	M16
平均加工时间	MAS+FIFO	1.23															
	MAS+ACI	**1.02**															
平均延迟	MAS+FIFO	-6.4															
	MAS+ACI	**-6.64**															
最大延迟	MAS+FIFO	-2.82															
	MAS+ACI	**-4.86**															
失误率	MAS+FIFO	0															
	MAS+ACI	**0**															

表 3-15 实例 2 的仿真结果

车间配置：机床数目=4, 2, 5, 3, 2		交货期松紧系数=3														不考虑机床故障因素	
评价指标		OP1				OP2		OP3					OP4			OP5	
		M1	M2	M3	M4	M5	M6	M7	M8	M9	M10	M11	M12	M13	M14	M15	M16
机床繁忙率	MAS+FIFO	0.82	0.73	0.75	0.81	0.44	0.43	0.81	0.65	0.71	0.83	0.83	0.5	0.57	0.57	0.79	0.83
	MAS+ACI	**0.82**	**0.72**	**0.76**	**0.81**	**0.44**	**0.44**	**0.74**	**0.70**	**0.78**	**0.81**	**0.82**	**0.46**	**0.59**	**0.60**	**0.81**	**0.82**
平均缓冲量	MAS+FIFO	0.80	0.65	0.81	0.64	0.26	0.24	0.87	0.14	0.27	0.80	0.68	0.43	0.25	0.24	1.31	2.25
	MAS+ACI	**0.2**	**0.21**	**0.20**	**0.20**	**0.03**	**0.03**	**0.05**	**0.04**	**0.05**	**0.04**	**0.04**	**0.03**	**0.03**	**0.03**	**1.05**	**1.06**
最大队列	MAS+FIFO	8	6	7	6	4	4	13	3	7	4	7	6	4	7	13	16
	MAS+ACI	**4**	**3**	**4**	**4**	**3**	**3**	**2**	**2**	**3**	**2**	**2**	**2**	**2**	**2**	**9**	**8**
平均生产量(8 小时)	MAS+FIFO	115.46															
	MAS+ACI	**116.22**															
平均加工时间	MAS+FIFO	1.22															
	MAS+ACI	**1.04**															
平均延迟	MAS+FIFO	-1.08															
	MAS+ACI	**-1.26**															
最大延迟	MAS+FIFO	3.16															
	MAS+ACI	**0.79**															
失误率	MAS+FIFO	4.3%															
	MAS+ACI	**0.12%**															

表 3-14 给出了实例 1 的 10 次仿真运行结果。每组机床组中的机床繁忙率是不同的，但是 MAS+FIFO 与 MAS+ACI 两种系统中的差异不大。在 MAS+ACI 系统中，机床的平均缓冲量及最大队列大为减少，这就意味着 MAS+ACI 在工件的分派上更有效。平均生产量取决于车间的配置，因为两种对比系统中都有同样的车间配置，所以两者的平均生产量基本一致。MAS+FIFO 系统中的平均加工时间为 1.23，长于 MAS+ACI 系统中的 1.02。这一结果也符合

平均延迟与最大延迟时间的比较结果，因为较长的加工时间会造成较多的延迟。延迟数据中的负值表示工件比交货期提前完成，延迟数值越大，表示工件完成时间越迟。MAS+ACI 比 MAS+FIFO 的延迟更少。最后，在实例 1 中，MAS+ACI 和 MAS+FIFO 的失误率均为 0，这意味着 5000 个工件订单都能及时完成。

表 3-16 实例 3 的仿真结果

车间配置：机床数目=4, 2, 5, 3, 2		交货期松紧系数=10								在机床组 1 和机床组 4 中考虑机床故障因素						
评价指标		OP1				OP2		OP3					OP4			OP5	
		M1	M2	M3	M4	M5	M6	M7	M8	M9	M10	M11	M12	M13	M14	M15	M16
机床繁忙率	MAS+FIFO	0.81	0.82	0.82	0.78	0.43	0.44	0.77	0.74	0.74	0.76	0.80	0.56	0.56	0.58	0.79	0.82
	MAS+ACI	**0.82**	**0.83**	**0.83**	**0.79**	**0.42**	**0.45**	**0.80**	**0.73**	**0.76**	**0.77**	**0.76**	**0.55**	**0.58**	**0.59**	**0.81**	**0.82**
平均缓冲量	MAS+FIFO	6.81	14.1	14.3	7.7	0.28	0.24	0.4	0.76	0.27	0.66	0.9	0.89	0.83	0.66	1.46	2.22
	MAS+ACI	**7.8**	**7.9**	**7.8**	**7.6**	**0.05**	**0.05**	**0.07**	**0.07**	**0.08**	**0.08**	**0.09**	**0.39**	**0.33**	**0.31**	**1.45**	**1.43**
最大队列	MAS+FIFO	43	54	62	49	5	6	7	8	7	7	11	14	14	10	13	18
	MAS+ACI	**25**	**30**	**30**	**27**	**4**	**4**	**3**	**4**	**4**	**4**	**4**	**9**	**8**	**8**	**15**	**14**
平均生产量 (8 小时)	MAS+FIFO	115.52															
	MAS+ACI	**116.32**															
平均加工时间	MAS+FIFO	4.44															
	MAS+ACI	**3.15**															
平均延迟	MAS+FIFO	-3.22															
	MAS+ACI	**-4.52**															
最大延迟	MAS+FIFO	12.96															
	MAS+ACI	**7.6**															
失误率	MAS+FIFO	17.6%															
	MAS+ACI	**2.06%**															

表 3-15 为实例 2 （与实例 1 的不同之处在于工件的交货期松紧系数）的仿真结果。机床繁忙率、平均缓冲量、平均生产量与表 3-14 基本一致。这个仿真结果也进一步证实了 MAS+ACI 在处理工件紧急性方面有更好的优势。当工件的交货期很紧时，在 MAS+ACI 情况下，这些工件将被立刻安排进行相应的加工。因此，MAS+ACI 系统在减少延迟率和订单完成失误率方面的优势更加显著。MAS+ACI 系统中失误率为 0.12%，而在 MAS+FIFO 中则为 4.3%。

实例 3 可以视为在实例 1 的基础条件下，针对机床故障维修情况所做的扩展。这里假设机床组 1 和机床组 4 中的机床运行一段时间后会产生故障维修事件。实例 3 所对应的仿真结果如表 3-16 所示。平均生产量与表 3-14 中相比略低。然而，平均加工时间则增加了超过 300%：MAS+ACI 系统从 1.02 升至 3.15，MAS+FIFO 系统从 1.23 升至 4.44。最大队列统计结果也大大增加。仅在机床组 1 和机床组 4 中考虑故障停机因素就给系统运作带来了相当大的负面影响。然而，在考虑机床故障情况下，MAS+ACI 系统仍然优于 MAS+FIFO 系统，如 MAS+FIFO 的失误率为 17.6%，而 MAS+ACI 的失误率仅为 2.06%。

以上 3 个实例情况的仿真结果显示,集成了蚁群智能的多智能体系统(MAS+ACI)在以下 3 方面要优于集成传统启发规则的多智能体系统(MAS+FIFO):①减少缓冲队列大小和最大排队数量,即有较少的工件在排队队列中等待;②减少平均加工时间,即工件需要较少的时间完成加工;③减少延迟率,即保证工件可以准时交货。

3.3.2 基于混合计算智能的智能调度应用

1. 问题领域

本节的问题来源于一家大型柴油发动机公司的产品加工情况,包括计划批次、加工工序数量、加工时间、车间、班组安排等生产信息。表 3-17 记录了 8 批次产品在粗加工车间的加工过程,表 3-18 记录了 8 批次产品在精加工车间的加工过程,表 3-19 记录了 8 批次产品在清洗车间的加工过程。其中各个批次要求的交货时间(min)依次为 591.5、364.5、400、565.5、559.5、502、500、443。

表 3-17 粗加工车间加工过程

批次	班组 1		班组 2								班组 3			
	1	2	3	4	5	6	7	8	9	10	11	12	13
1	10	5	18	16	18	19	19	12	12	5	5	6	6.5
2	11	6	16	16	15	16	16	12.5	12.5	7	6	6	7
3	8	5	17	15	17	17	17	13	13	5	7	6	7
4	9	4	19	18	19	19	19	14	14	5.5	8	8	7
5	8.5	5	23	25	23	22	22	13	13	6	7	6	7
6	9	4	17	18	17	16	16	12	12	6.5	7	6	7
7	10	5	18	20	18	17	17	14	14	7	7	7	7
8	11	5.5	19	16	19	18.5	18.5	15	15	6	8	8	7

在粗加工车间中,班组 1 为前道处理,完成基准面加工和检验;班组 2 完成后续工件表面、孔系加工,由于加工时间较长,存在两组加工能力相同的平行班组;班组 3 为工件粗加工完工清理、检验环节。

表 3-18 精加工车间加工过程

批次	班组 1	班组 2							班组 3				
	1	2	3	4	5	6	7	8	9	10	11	12	13	14
1	7	16	23	23	27	30	14	21	12	20	14	16	16	20
2	6	17	19	19	18	30	12	18	10	20	12	15	15	17
3	7	18	19.5	19.5	20	31	14	21	12	23	13	17	17	23
4	6	21	20	20	23	30	12	20	11	18	12	15	18	18
5	7	19	22	22	20	31	14	21	9	24	14	15	15	24
6	8	20	26	26	25	32	16	23	15	26	16	18	16	28
7	7	15	16	16	19	30	14	23	12	20	14	16	17	24
8	6	17	19	19	20	30	12	20	11	19	12	14	18	19

在精加工车间中，班组 1 完成工件的转运和来料检验工作；班组 2 完成工件表面、孔系加工的精加工，存在两组加工能力相同的平行班组；班组 3 为工件清理铁屑、预装、检测环节。在清理车间中，主要完成工件的清理、烘干、打包封装环节。

表 3-19 清理车间加工过程

批　次	工序加工时间/min 班组 1		
	1	2	3
1	5	7	3
2	4	7	2.5
3	5	7	3
4	3	7	2
5	5.5	7	3.5
6	6	7	4
7	5	7	3
8	4	7	5

针对该柴油发动机公司在产品加工过程中的多班组、多批次复杂调度问题，需要开发适合的智能调度算法，以实现减少订单产品加工完成时间及订单延误推迟时间的多目标优化，进而获得高效调度安排。

2. 基于混合计算智能模型的智能调度

考虑到该柴油机发动机车间实际调度问题的复杂性，选取了遗传算法-蚁群优化（GA-ACO）混合计算智能模型为智能调度模型算法。

（1）GA-ACO 混合计算智能模型

为保证优化质量和效率，需要让初始种群覆盖更大的范围，即随机性，以此来提高优化质量；同时，初始种群中需要包含个别较优的染色体，以此来提高优化效率。因此，可以在传统遗传算法的初始种群中引入少量较优染色体组成混合种群，在保证其随机性的基础上提高算法优化效率。

按照遗传算法的改进思路，需要在遗传算法的初始种群中引入外部优势种群，本节选择蚁群算法来获得这些外部种群。设置蚁群算法的多目标优化函数，见式（3-11），并设置其给定加权系数矩阵。

使用蚁群算法完成上述多目标优化问题，同时记录该组蚂蚁在某次迭代过程中的最优解，以及完成各工件加工工序路径上的信息素浓度更新。信息素评价为加权后的"路径长度"，即

$$D_{ij}=\omega_{i1}C_{\max}+\omega_{i2}T_{\max}, \quad i=1,2,3 \tag{3-11}$$

式中，$C_{\max}$ 为最大完工时间，$T_{\max}$ 为最大拖后时间，ω_i 为加权系数。

在完成上述多目标优化后，输出的优化结果按照遗传算法的编码方法进行编码，组成染色体条数为 $n+1$ 的优势种群 N_1，取代传统遗传算法中相应数量的染色体，组成新的混合种群 N'。

同时，通过精英保留策略保留某代得到的较优解。其具体操作为：设置精英保留数量为 n_e，在进行复制操作时，将交叉、变异操作处理后的父代种群，根据轮盘赌算法得到的适配值大小，从大到小依次保留父代中 n_e 个优化结果（精英解集），并交由子代种群，确保每次

遗传操作得到的帕累托解能够较多地保留下来。通过精英保留策略可以进一步加快遗传算法的搜索效率，获得数量更多、质量更好的帕累托解。

（2）GA-ACO 步骤

完整的 GA-ACO 优化算法步骤如下。

步骤1：向蚁群算法输入初始值。

步骤2：对蚁群算法中节点的路径进行信息素初始化。

步骤3：蚁群算法初始化，即初始化蚁群算法的最大迭代次数、工件数、工序总数、机器数、蚂蚁个数等。

步骤4：蚁群算法优化，即使用蚁群算法进行寻优，每只蚂蚁从析取图模型中的起始节点开始遍历，构建调度问题的可行解，获取优化结果。

步骤5：更新蚁群算法的信息素，满足循环结束条件时输出优化结果。

步骤6：遗传算法生成初始种群，完成染色体编码组成基因串后，生成一个染色体数量为 N 的随机初始种群。

步骤7：将蚁群算法优化结果进行编码并组成优势种群，与遗传算法随机产生的初始化种群共同组成混合遗传算法的初始种群。

步骤8：交叉操作，即按交叉概率 P_c，对已完成编码的基因串进行交叉操作。

步骤9：变异操作，即按变异概率 P_m，对已完成编码的基因串进行变异操作。

步骤10：选择操作，即实施轮盘赌策略对种群进行选择，并采用精英保留策略，产生新个体。

步骤11：遗传算法终止条件判断，当进化代数达到预先设置的最大代数后，遗传算法操作结束。

算法流程如图 3-9 所示。

3. 应用结果对比分析

与已有的手工排产方式进行对比，并通过对比传统遗传算法获得的优化结果，分析混合遗传算法在车间调度问题中的优势。

采用手工排产时，对由两个加工班组可以完成的工序，按照单双号安排加工，得到其最大完工时间 C_{max} = 586.5 min，最大拖后时间 T_{max} = 143.5 min；使用传统遗传算法，其最大完工时间 C_{max} = 572 min，最大拖后时间 T_{max} = 47 min；使用 GA-ACO 优化算法，其最大完工时间 C_{max} = 560.5 min，最大拖后时间 T_{max} = 28 min。

相较于手工排产，采用 GA-ACO 优化算法，最大完工时间缩短 4.43%，最大拖后时间缩短 80.49%；相较于传统遗传算法，GA-ACO 优化算法的最大完工时间缩短 2.01%，最大拖后时间缩短 40.43%。采用手工排产、传统遗传算法、GA-ACO 优化算法对应的各批次完工时间以及预计交货时间见表 3-20。

表 3-20　各批次产品完工时间及预计交货时间（min）

批次		1	2	3	4	5	6	7	8
完工时间	手工排产	425.5	441	472	487.5	515.5	543.5	566.5	586.5
	传统遗传算法	507.5	388.5	428	586	572	549	452	488.5
	GA-ACO 优化算法	448	388.5	428	560.5	546.5	523.5	491	468
预计交货时间		591.5	364.5	400	565.5	559.5	502	500	443

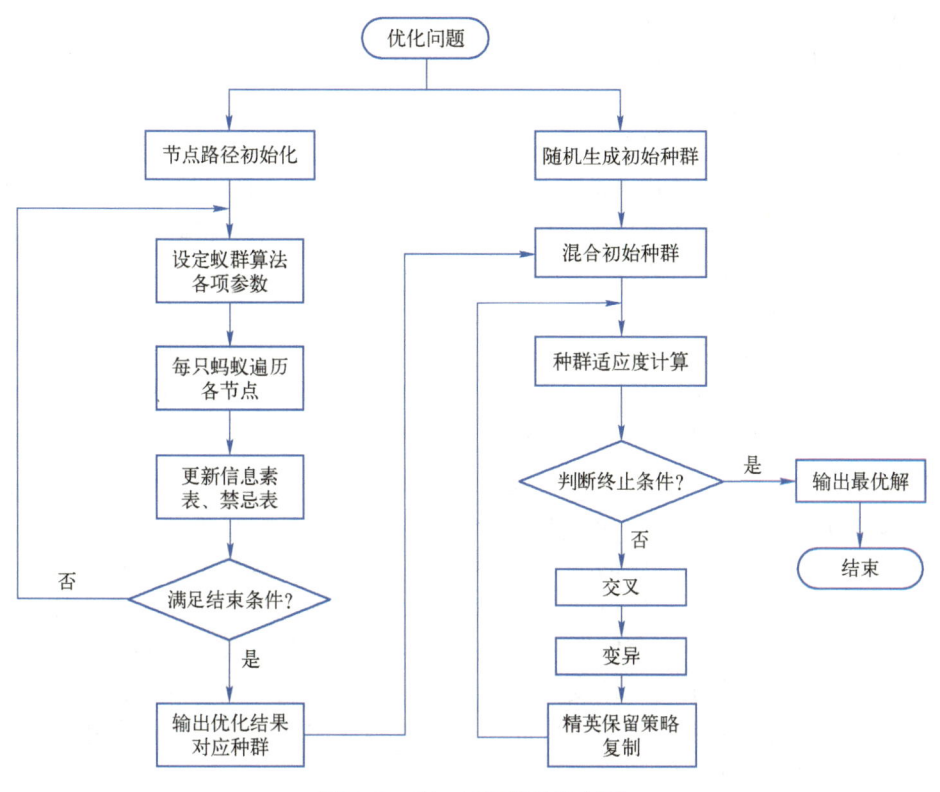

图 3-9　GA-ACO 算法流程图

3.4　智能调度发展趋势

结合已有的各方研究成果，本节从四个方面来阐述制造系统智能调度未来的研究方向。

1. 更高效智能算法的创新及落地

（1）计算智能算法创新层面

混合算法/集成算法：单一类型智能算法解决车间/工厂调度问题已经不能满足其多样性需求，混合算法/集成算法成为解决该问题的新思路，可以弥补单一算法存在的局限性。近期开始有一些智能算法成果结合强化学习算法和元启发式优化算法来解决车间调度问题，并取得了一定的成效。未来可以考虑结合其他领域的算法，或者将复杂的系统调度问题拆解为多阶段调度子问题求解，充分考虑子问题特点（如规模、约束、动态性、实时性等），结合各类算法的优势，对不同阶段子问题采用不同的算法或混合算法求解。

多目标优化：现有算法优化的目标基本都是经典的调度优化目标，以生产效率类目标为主，比如最大完工时间（Makespan）最小化。有综述统计，约 52% 的调度优化关注单一目标，25% 的优化研究考虑 2 个目标，15% 的研究同时考虑 3 个目标。这些调度问题中有 65% 以最小化 Makespan 为目标，这一目标过于单一。企业的实际需求还需要考虑到节能减排、订单延误、库存压力等问题。因此，未来在对智能调度问题的研究中，可以考虑更倾向于多目标优化，特别是不同层级（产线、车间、企业、供应链等）的调度问题，多目标间的耦合影响也将是有价值的研究方向。

算法效率的提升：现有生产系统调度问题求解中，较成熟的智能算法一般都应用在确定性调度优化问题（NP-hard 组合优化问题）中。然而，一个关键问题在于，计算复杂性是否能满足对系统动态调度、实时调度的需求，特别是在实际生产系统调度问题规模变大、约束复杂的情形下，现有的算法成果是否能保障在可接受的时间内取得较优解。未来的研究方向将重点关注新算法效率的提升创新，包括如何在保障精度的同时缩减搜索区间，以及实现并行搜索、结合机器学习的搜索等。

（2）算法落地应用层面

约束复杂性：目前，许多运用运筹学方法、仿真优化方法来解决智能调度问题的研究，大多数还停留在理论研究层面，真正有效落地实践在企业车间调度中的应用尚不多见，其主要原因在于模型中过多的假设简化，造成实用性不强。常见的假设如下：所有作业和机器在启动时就可用，不考虑释放时间；每台机器只能执行一个特定操作，但事实是有些机器可能具有执行多个操作的灵活性，但是前提是通过更换刀具实现；加工时间是恒定不变的，但实际生产中的加工时间可能会根据特定时刻的条件而变化；机器设备始终可用，不会发生故障；任何加工操作的准备时间都是独立的，包含在加工处理时间中；不允许有优先级差异；存储缓冲区是无限的。这些不合实际的简化假设会导致不可行的调度解决方案。由于生产调度是企业生产运营的关键环节，要提高生产效率，还需要将算法运用到实际生产系统中，因此实际生产系统中的各类约束必须准确提炼，其数学模型或仿真模型不能简化。

动态调度：由于制造环境是高度动态的，不依赖静态特征，因此在做出不现实的假设时会出现一些问题。这些假设可能会迅速导致不可行的调度解决方案。在生产制造中，调度环境和任务具有复杂性和不确定性，传统的静态调度方式（确定性组合优化问题）在这种情况下很难发挥有效作用，而动态调度则能够根据实时的生产情况做出更加科学的决策方案。针对生产订单的不确定性问题，动态调度以设备资源监控器和智能决策终端为硬件支撑，而动态调度算法需要结合硬件采集的实时信息数据，实现快速求解。

2. 调度中人因的导入

调度中综合人力资源的并行考虑：资源配置是调度问题解决方案中的重要内容，制造系统调度问题中涉及的资源种类包括各类层级的机器/设备/车间资源、人力资源、财务资源、信息资源等。现有智能调度研究成果大多仅局限于优化不同层级的机器/设备资源，事实上机器需要由人工来操作、系统需要信息支撑和人员使用，这些综合人力资源与机器设备资源的协同分配会对生产效率产生极大影响。因此，未来需要考虑机器与人工在内的多资源约束的车间调度问题。

人因对智能调度的影响：智能调度中人力资源的导入不仅仅是多考虑几个并行资源约束的问题，人力资源与机器设备的不同主要在于人的不确定性因素更强。标准化和自动化对于机器来说并不难。与机器相比，人的行为、心理、情绪等因素要复杂得多。在目前的研究中，调度通常只考虑任务和处理机器，或者简单地将人工简化假设建模为一般的机器资源。目前的人工模型在实际生产中不实用，导致执行过程中调度计划出现偏差。未来应该对人的心理、行为、情感等因素进行建模，考虑人的行为与制造系统之间的相互关系，将复杂人因影响导入调度模型中。

3. 基于数据驱动的主动调度、集成数字孪生的智能车间调度与面向数字化工厂的分布式智能协同调度

基于数据驱动的主动调度：由于多品种、小批量、个性化定制等生产方式在世界范围内备受关注，主动生产调度作为一种新兴的智能调度方式，可以增加企业的柔性和灵活性，确保调度计划的高效稳定执行。企业通过在生产过程中收集实时状态的数据，据此来预测制造系统的趋势，从而对可能出现的趋势或异常的情况做出提前调度。另外，机器故障、紧急插入订单、交货日期变化和订单变化等动态事件严重影响生产的稳定性和效率，而主动调度可以快速响应车间环境中的动态事件，这需要基于数据驱动的智能决策来实现。由于智能设备和智能传感器在车间生产中的广泛使用，可以充分收集制造过程中产生的数据。利用数据更好地为车间生产服务已成为当前智能调度研究的热点。在车间调度中引入数据分析方法，准确预测机器故障等动态事件，建立新的数据驱动的车间动态调度模型，以实现对动态事件的快速准确响应和处理，是未来调度的研究重点之一。在基于数据驱动的智能调度中，针对生产过程中出现的紧急订单情况，智能决策系统先对订单做出评估，判断订单需要的设备种类以及数量，之后用设备检测器找出当前设备的使用数据，对设备的生产能力进行大致的计算。若设备产能不足时，对设备停靠和紧急调用损益进行估计，得到设备的意愿表，最终形成实时决策方案，即主动调度方案。

集成数字孪生的智能车间调度：数字孪生是智能制造领域最热门的话题之一。智能制造的目标是整合和利用新一代信息技术建设智能工厂，开展智能生产，以满足社会化、个性化、服务化、智能化、绿色化等制造业发展的需求和趋势。实现这一目标的瓶颈之一是如何实现制造业的物理世界和网络世界之间的交互和融合。智能仿真和调度将在数字孪生车间中发挥越来越重要的作用。新一代生产系统仿真需要与制造执行系统（MES）、人工智能等技术集成。它通过各种应用程序接口（API）与实际生产系统进行物理连接。它使用数据驱动的仿真模型，存储和管理在线数据，并为分析提供人工智能。人工智能使用生产系统模拟来执行增强预览以形成决策判断，然后下载程序来自动调整实际生产系统，以形成智能制造系统的闭环。普通生产调度会将订单层级分解，并将分解后的订单分配到个车间，低层级车间会受到高层级车间的约束和管理，导致可调配的资源有限。在数字孪生技术的集成下，各级设备实现互联互通，各类信息系统实现信息数据共享，资源按环形立体式配置，订单协调分解，并提前获得生产车间彼此间的加工任务，具有智能化、能辐射全生命周期、更适用于动态多变生产环境的特点。

面向数字化工厂的分布式智能协同调度：目前，制造系统智能调度的大量理论研究及应用成果还主要集中在针对单一企业/车间层级的调度问题求解方面。而在更多部门乃至供应链层级，分布式制造通过集成多个企业或工厂的资源，利用互联互通的技术实现资源的合理配置、优化组合及共享，从而以低成本、高效率完成生产任务。多个工厂依据供应链合作关系，分工协作，完成全方位的协同，它们各自运用计算智能和特征分析技术，分别实现群体智能多搜索操作和知识型搜索，进而实现知识驱动的协同群体智能算法，完成分布式生产调度，使得企业在低成本、低风险的情况下提高效益。分布式智能协同调度运行机制如图3-10所示。

4. 云制造中的智能调度

云制造作为一种新的制造模式，可以通过互联网向消费者提供按需制造服务。云调度是实现云制造的关键技术之一。云制造中的调度可以分为平台级、企业级和车间级。平台级调度是指云平台运营商分析和分解消费者提交的制造任务，根据任务的特点、质量要求、执行进度和不同资源提供者的现状，将任务合理分配给企业。企业级调度是将云任务分配给不同的车间。车间级调度是指对机器、加工中心和其他资源的调度。其中，云平台的调度需要考虑不同企业或车间的实时生产状态；同时，企业或车间可能有非云平台的任务，因此企业或车间需要考虑云平台的状态，以调整生产任务的优先级或其他策略，以实现利益最大化。因此，云平台调度和企业或车间调度需要协同优化，以实现更好的调度，提高云制造的效率。

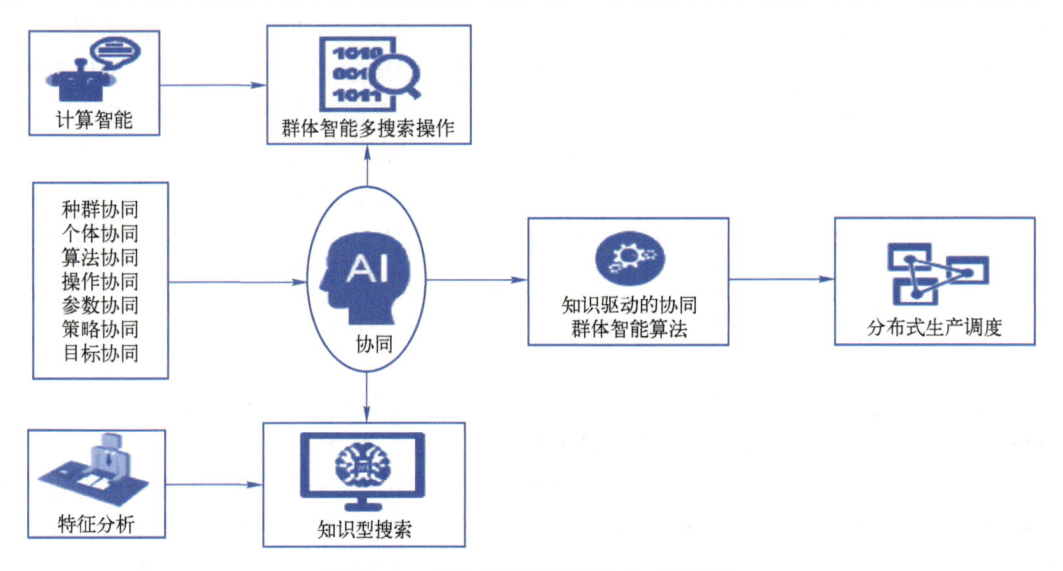

图 3-10　分布式智能协同调度运行机制

3.5　本章小结

随着云计算、人工智能、大数据等新兴技术和传统制造业的深度融合，智能制造成为当前世界发展的主题和趋势。智能调度作为智能制造的重要依托技术，除了具备解决生产调度问题中的复杂性、多目标性外，还具有自组织、自适应、实时决策等特征，不仅能够极大提高企业的生产效益和生产管理水平，也为企业的可持续发展和市场竞争力的提升提供了重要支持。本章着重描述了智能调度概述、智能调度的关键技术，然后讨论了制造系统智能调度应用示例，最后总结了智能调度的发展趋势。

复习思考题

1. 一个车间要加工一批零件，每一个零件都具有相同的工序，即按照相同的顺序在6个不同的机床上的加工；一个零件在每个机床上的加工时间可能不同；调度的目标是使加工完所有零件的时间最短。请说明这属于哪类调度问题，并用三元组表达该调度问题。

2. 汽车生产焊装过程中，8个焊装工业机器人在尽量少的时间内完成一个整车3000多个焊点的焊装任务，最后一个焊点的焊装完成时间标志着所有焊装任务的完成。请说明这属于哪类调度问题，并用三元组表达该调度问题。

3. 一个大型超市共有 50 个收银台，每个收银台有一个收银员。每个收银员的收银速度相对恒定，目标是在尽量短的时间内满足更多用户的收银任务。请说明这属于哪类调度问题，并用三元组表达该调度问题。

4. 某高校扩大招生数量，原来针对学生的网络服务器已经不能满足学生需求，为了提高服务质量，在原先网络服务器的基础上购置了一台新的服务器，并构建了由两台服务器组成的计算机集群系统。请说明这属于哪类调度问题，并用三元组表达该调度问题。

5. 请列举生产计划调度中常用的调度规则，并分别简要说明其含义。

6. 生产调度中的目标都有哪些？其中哪些目标是有冲突的？

7. 请列举基于交货期的性能指标都有哪些？这些性能指标的差异体现在哪里？

8. 请对比运用 SPT 和 EDD 分配调度规则的区别。

9. NP-hard 问题的解决思路有哪些？

10. 考虑下表在加工中心上 5 个作业任务的调度问题，请分析在 EDD、SPT、FIFO 分配规则下的调度解差异（完成时间 CT、拖延时间 tardness、最大延迟时间 Maximum lateness）。

作　业	加工时间	交　货　期
1	11	61
2	29	45
3	31	31
4	1	33
5	2	32

11. 请说明遗传算法如何避免智能调度解陷入局部最优中。

12. 请说明蚁群优化如何避免智能调度解陷入局部最优中。

第 4 章　数字化质量管理

随着物联网、5G 和云计算等技术不断发展，生产制造系统运行过程中采集的数据量迅速增加，这些海量数据应用在产品全生命周期的设计、制造和维护等过程中，取得了超出预期的成绩。制造业质量管理数字化是通过新一代信息技术与全面质量管理融合应用，推动质量管理活动数字化、网络化、智能化升级，增强产品全生命周期、全价值链、全产业链质量管理能力，提高产品和服务质量，促进制造业高质量发展的过程。

智能制造下的质量管理结合了先进的信息技术、自动化技术以及大数据分析技术，质量管理的理念和方式发生了显著变化。通过实施质量数据采集、在线质量监测和预警、质量档案及质量追溯、质量分析与改进等质量管控标准和措施，显著提升生产过程中质量控制和改进的效率。智能制造下数字化质量管理的主要内容和特征包括以下几点。

数据驱动的质量管控：智能制造依赖于大量实时的质量数据收集和分析，通过传感器、物联网设备等，实时收集生产过程中各个环节的数据，实现质量的精准控制。

质量实时监控与反馈：智能制造环境中，生产过程和产品质量管控实现实时化。企业可以通过数字化质量管控系统实时跟踪生产线上的各项指标，及时发现质量异常情况并采取纠正措施。

质量预测性维护：通过实时采集生产数据，结合先进数据分析和 AI 算法，企业能够预测设备故障和质量问题，降低设备停机时间和生产损失，提高产品质量。

质量闭环管控和智能决策：通过对质量数据进行大数据分析，实现质量管理任务，包括自动检测、缺陷分类和质量管控智能决策。不断调整和优化生产流程，实现生产过程中质量闭环管控机制，提高产品质量和生产效率。

本章将从智能制造数字化质量管理的概念、发展、技术方法、应用及展望等方面展开介绍。

4.1　数字化质量管理概述

4.1.1　智能制造中的质量管理

1. 制造系统的质量管理

（1）质量管理定义

质量管理是指通过规划、控制和改进过程，以确保产品或服务符合预期质量要求和标准的一系列活动和方法。它涉及组织内部的各个方面，包括设计、生产、交付、服务等环节，通过这些环节来提高产品或服务的质量，满足客户需求和期望，实现持续改进。

质量管理的应用领域有很多。在原材料行业，如钢铁、石化、化工、建材等，在生产环节应用传感器、机器视觉、自动化控制、先进测量仪器等技术，通过对生产环节质量数据自动采集与处理，能实现质量在线监测、诊断与优化。面向机械、交通设备制造等行业，将人工智能、仿真等技术应用在产品研发设计环节，能搭建产品级、部件级数字仿真模型，开展失效模式分析、装配及物流仿真，识别最优设计与生产方案，并通过智能化质量策划提升质量设计与管理水平，降低质量损失风险。在消费品行业，如轻工和纺织行业，将传感器、机器视觉、自动化控制技术等广泛应用在生产环节，能提高在线质量监控水平。面向医药、食品等行业，能推进产品全生命周期质量追溯。联合上下游共建产品唯一的标识规范，开展质量追溯体系建设，能提供信息实时追溯和查询服务，强化全生命周期质量协同管控，让消费者放心消费。

（2）质量管理问题描述

目前，制造业利用生产大数据对产品质量进行管控尚处在初步阶段，很多情况下只是对生产数据进行简单的人工统计分析，未能利用大数据、人工智能、机器学习等方法进一步挖掘数据中蕴含的质量改善信息。同时，由于生产过程产生的数据过于庞大，碎片化程度较高，需要大量的人力成本对各个质量特征进行分析，阻碍了大数据的应用。人工统计分析很难做到对所有质量数据的兼顾，导致分析局限性较高，且易受人工水平高低的影响，难以避免误判和错判，这也致使质量分析准确率和效率不高。随着物联网、大数据、云计算等信息技术的不断发展，部分企业开始尝试投入资金对工厂进行智能化改造，将各种感知技术引入生产环节，通过传感器对生产制造过程中的信息进行详细记录，并利用新一代信息技术与全面质量管理融合应用，推动质量管理活动数字化、网络化、智能化升级，逐步实现制造业质量管理数字化。

2. 质量管理方法分类与发展

质量管理的核心内容是对质量的规划、控制、保证和改进。在工匠时代，质量是由熟练工匠的技能和经验决定的，质量管理主要是个体技能的传承。随着工业化的兴起，需要更加系统的方法来管理质量。早期的质量控制方法通过检验和报废不合格产品来实现。20世纪初，质量控制方法得到改进，包括统计过程控制。这一时期的质量管理强调错误的预防而不是检验。到了20世纪后半叶，出现了质量管理体系标准，如ISO 9000系列。这些标准强调了组织级别的质量管理，包括质量规划、质量控制、质量保证和持续改进。当今，数字技术、大数据分析和全球供应链的复杂性正在塑造质量管理的未来。质量管理趋向于更智能、更综合的方法以应对现代商业环境的挑战。

（1）ISO 9000质量管理体系

ISO 9000族标准是国际标准化组织（ISO）于1987年颁布的在全世界范围内通用的关于质量管理和质量保证方面的系列标准，该族标准意在证明组织具有提供满足顾客要求，以及适用法律法规要求的产品的能力，目的在于不断提高客户满意程度。ISO 9000系列标准建立了一套质量管理体系，旨在帮助组织确保其产品和服务符合质量标准和客户需求。它强调质量规划、质量控制、质量保证和质量改进的连续性。

1988年，我国标准化行政主管部门按照等效采用国际标准的指导思想，参考1987年版的 ISO 9000 系列标准，制定发布了 GB/T 10300《质量管理和质量保证》系列标准，并授权有关机构开始对企业开展贯标试点工作。1987 年版是 ISO 9000 系列标准的第一版，我国从第一版就开始采用也充分表明了我们要做好质量管理的决心。

（2）六西格玛方法

六西格玛（Six Sigma，6σ）是从 20 世纪 90 年代中期开始，从一种全面质量管理方法演变成为一种高度有效的企业流程设计、改善和优化技术，并提供了一系列同等适用于设计、生产和服务的新产品开发工具。六西格玛与全球化、产品服务、电子商务等战略齐头并进，成为全世界追求管理卓越性的企业最为重要的战略举措。六西格玛逐步发展成为以顾客为主体来确定企业战略目标和产品开发设计的标尺，是一种追求持续进步的质量管理哲学。

六西格玛是一种数据驱动的方法，旨在减少生产过程中的缺陷和变异性。它使用 DMAIC（Define，Measure，Analyze，Improve，Control）循环来识别问题、收集数据、分析原因、改进过程，并保持改进效果。

"σ"是一个希腊字母，在统计学上用来表示标准偏差值，用以描述总体中的个体离均值的偏离程度。测量出的 σ 表征着诸如单位缺陷、百万缺陷或错误的概率性，σ 值越大，缺陷或错误就越多。6σ 是一个目标，这个质量水平意味着所有的过程和结果中 99.99966% 是无缺陷的，也就是说做 100 万件事情，其中只有 3.4 件是有缺陷的，这几乎趋近到人类能够达到的最为完美的境界。6σ 管理关注过程，特别是企业为市场和顾客提供价值的核心过程。过程能力用 σ 来度量，σ 越小，过程的波动越小，过程的成本损失最低、时间周期最短、满足顾客要求的能力越强。为了达到 6σ，首先要制定标准，在管理中随时跟踪考核操作与标准的偏差，并不断改进，最终达到 6σ。6σ 现已形成一套使每个环节不断改进的简单的流程模式：定义、度量、分析、改进、控制。

定义：确定需要改进的目标及其进度，比如企业高层领导确定企业的策略目标，中层营运目标可能是提高制造部门的生产量，项目层的目标可能是减少次品和提高效率。定义前，需要辨析并绘制出流程。

度量：以灵活有效的衡量标准测量和权衡现存的系统与数据，了解现有质量水平。

分析：利用统计学工具对整个系统进行分析，找到影响质量的少数几个关键因素。

改进：运用项目管理和其他管理工具，针对关键因素确立最佳改进方案。

控制：监控新的系统流程，采取措施以维持改进的结果，以期整个流程充分发挥功效。

（3）质量功能展开方法

质量功能展开（Quality Functional Deployment，QFD）是一种质量管理工具，旨在将客户需求转化为产品或服务的具体设计和制造要求。它是一种系统性的方法，可用于确保产品或服务满足客户期望并保持高质量水平。质量功能展开方法最早由日本的质量专家开发，主要起源于 20 世纪 60 年代。它最早在汽车制造业中得到广泛应用，随后扩展到其他制造业和服务业。在日本，QFD 被广泛采用，尤其在汽车和电子制造领域。在西方国家，QFD 的应用于 20 世纪 80 年代到 90 年代逐渐增加，许多组织开始意识到其价值，特别是在新产品开发和创新方面。随着时间的推移，QFD 也不断发展和演化，以适应不断变化的商业和市场环境。下面是关于质量功能展开方法的介绍。

1）确定客户需求。QFD 的第一步是收集和明确客户的需求。这些需求可以包括直接表达的需求，也可以包括潜在的需求，通常通过市场调研和客户反馈来获取。这一阶段通常使用工具，如市场调查、焦点小组讨论和问卷调查等，来收集信息。

2）建立质量屋。一旦确定了客户需求，就会创建一个质量屋，它是 QFD 的核心工具，将客户需求与产品或服务的具体特性联系起来。在质量屋的顶部，列出了客户需求，而在左侧，列出了产品或服务的特性。

3）确定重要性和关联度。在质量屋中，需要确定客户需求的重要性和产品特性与需求之间的关联度。这通常通过定量或定性的方式来完成，以便为后续决策提供权重和优先级。

4）设定质量目标。在 QFD 中，根据客户需求的重要性和关联度，可以设定与每个产品特性相关的质量目标。这有助于确保产品的设计和制造能够满足客户需求。

5）推导下级特性。一旦设定了高级的质量目标，可以继续推导下级特性，以确保产品的不同部分或特性都满足要求。这是一个层层递进的过程，通常通过使用一系列矩阵和工具来完成。

6）设计改进。QFD 还可以用于支持产品设计和改进。通过识别需求与特性之间的关系，团队可以提出创新性的解决方案来满足客户需求，并改进产品的性能和质量。

4.1.2 数字化质量管理

1. 数字化质量管理的概念

制造业质量管理数字化是通过新一代信息技术与全面质量管理融合应用，推动质量管理活动数字化、网络化、智能化升级，增强产品全生命周期、全价值链、全产业链质量管理能力，提高产品和服务质量，促进制造业高质量发展的过程。

我国学者黄永树最早认为，数字化质量管理是将质量管理模式与信息技术、自动化技术、先进制造技术、现代检测技术、数理统计等技术的结合，而后应用于企业产品从无形到有形的全过程阶段，使质量管理模式朝着数字化、网络集成化和联合化方向发展。"工业 4.0"的"质量 4.0"这一概念，涵盖了质量管理体系和合格评定（如产品认证、质量检查、检测等）的数字化转型。质量 4.0 不仅关注技术在组织中的应用，还强调通过技术的使用来促进企业文化、协作和领导力的提升。这种新型的质量管理模式是在大数据、人工智能、区块链等新兴技术的推动下发展而来的。2021 年，在瑞典举办的质量大会上明确数字化质量管理正是质量管理在工业信息技术发展下的延伸，通过对组织流程、员工和技术的影响塑造卓越组织。数字化的内核展开来，主要就是业务数字化和数字业务化。

（1）业务数字化

业务数字化将传统的业务流程、运营模式、产品和服务转化为数字化形式，通过引入数字技术（如大数据、云计算、人工智能、物联网等）来提升效率、优化流程、增强客户体验、创造新的业务模式，从而驱动企业的创新，提升其竞争力。业务数字化就是指全业务过程都能通过数字化手段来实现，如业务活动过程中的每一个活动都可以在线完成，并且相关数据都能进行追溯。数字化程度高的企业，目前几乎已经可以实现业务流程的自动化流转和相关活动的智能化处理。以医药行业质量管理领域来说，质量管理包括变更管理、偏差管理、供应商管理等。这些业务活动，能通过线上的电子信息来操作，而不依赖线下的纸质文件；能通过在线协作的方式完成，而不用大量的人力来推动。如果能利用新一代的信息化技术来实现质量管理相关业务活动的在线协同和自动处理，那么某种程度上来说，这就是质量管理的数字化。

（2）数字业务化

数字业务化的重点在于通过数字化手段重新定义企业的核心业务，适应快速变化的市场环境和客户需求。企业通过全面应用数字技术来重构其业务模式、运营流程和提升客户价值。例如，亚马逊从传统的书籍零售商转型为全球电商巨头，其借助数字技术，推动供应链优化、个性化推荐和云计算服务，成为数字业务化的典范。在许多传统制造企业，如西门子、通用电气公司等，通过实施数字化工厂（如智能制造、工业物联网）和数字化服务（如远程监控、预测性维护），将生产线和商业模式转型为以数字为核心的智能制造系统。在医药行业质量管理过程中，通过应用质量管理活动数据，不但可以在年度回顾时为企业整体的质量管理体系提升带来数据衡量价值，还可以作为一种质量数据服务，通过数据随时帮助上下游相关部门了解到自身的质量趋势，从而赋能"客户"，不断提升自己的质量能力。

2. 数字化质量管理的发展现状

1）20世纪80年代初至90年代初：这一时期标志着计算机技术崭露头角。质量管理开始数字化，企业开始使用计算机来存储和分析质量数据。然而，这些系统主要用于记录和存档，分析能力有限。

2）20世纪90年代末至21世纪初：随着互联网的兴起，企业开始采用网络技术将质量数据传输到中心数据库，实现多地点的数据共享。同时，机器视觉技术的发展开始应用于质量检测。

3）21世纪初至10年代初：这一时期，制造业开始广泛采用自动化质量检测技术，如传感器、机器视觉和自动化设备，这些技术使得实时质量监控成为可能，有助于快速检测和纠正问题。

4）21世纪10年代初至20年代初：云计算技术的崭露头角和大数据分析的兴起，加速了数字化质量管理的发展。企业能够将大量的质量数据存储在云端，利用大数据分析来发现趋势和模式，以改进产品质量和生产过程。

5）21世纪20年代至今：物联网技术的普及和智能制造的兴起对数字化质量管理产生了深远的影响。传感器和物联网技术的普及使生产过程中的数据采集更加全面，实时监控变得更加强大。机器学习和人工智能的应用使得自动化质量检测和预测性维护更加智能化。

3. 数字化质量管理的特点

（1）更加准确和及时地收集与分析数据

传统的质量管理方式通常依靠人工检验和测量，容易出现误差和漏检等问题。而数字化质量管理可以通过传感器、监控设备等技术实时获取数据，并利用大数据分析技术进行处理和预测，从而更加准确地识别质量问题，优化生产流程。

（2）提高数据处理的效率并减少人工干预和错误

数字化质量管理能通过自动化技术实现数据采集、处理和传输，从而减少人工干预和错误，提高数据处理的效率和准确性。此外，数字化质量管理还可以通过实时监控和反馈，帮助企业及时发现和解决质量问题，减少不必要的停工和重工，提高生产效率，降低成本。

（3）实现远程监测和控制

数字化质量管理可以通过互联网和云计算技术实现远程监控和控制，使企业能够及时掌握生产过程中的情况，并及时调整流程和资源，提高生产效率和质量管理水平。

（4）使企业更加透明和产品可追溯

当前，消费者对于企业产品的质量要求越来越高。通过质量管理的数字化转型，能够提高消费者对产品质量和品牌的信任度。数字化质量管理可以通过建立数字化档案和溯源系统，记录产品生产过程中的每一个环节和数据，使消费者能够透明地了解产品的质量和来源。

4. 数字化质量管理的意义

采用数字化方式对当前的智能制造领域进行质量管理具有重要的意义。

（1）有利于实现产品定制化和质量管控的及时性

随着制造业服务化转型升级，以用户需求为导向的定制化研制模式已经成为企业质量管理水平提升的重要前提和基础。在高度自动化、信息化的原材料生产制造产线上，如果上道工序造成的不合格品不能被及时检测出来并使其加工停止，不仅会带来产程和资源的浪费，而且极易导致产品报废，甚至影响产线的安全。通过数字化的手段，关键工序的生产数据能够实时进入系统，通过实时分析得到工序级的质量情况，出现不合格可以实时进行报警，并及时制止零件继续向下游工序流动，从而减少因此带来的不必要浪费。此外，数字化的及时性还反映在质量数据可以实时地反馈给上级管理者，直接省去了原本的统计周期，让管理者可以及时掌握质量情况，从而对生产状况做出快速反应。

（2）有利于提高质量管理的透明度和规范性

数字化技术可以协助制造企业实现规范化操作，所有步骤均通过人机交互过程进行规范。信息化基础较好的企业，可以将生产流程和质检流程在信息系统中固化下来，引导生产现场严格执行，所有流程的执行情况在系统中都留下了记录，一旦出现质量问题，管理人员可以迅速定位，有据可查，进而有效地解决质量管理责任不清、措施无法有效落实的问题。此外，随着现场对信息系统的逐渐适应，人员生产经营活动会越来越规范化，为企业高效化、透明化管控奠定坚实基础。

（3）有利于实现产品质量可追溯和可持续改进

数字化的手段能够建立有效的质量信息追溯体系，通过记录生产过程中各关键工序的质量数据，给每个（批）产品建立产品合格证，客户通过扫描产品的条码、二维码、射频识别（RFID）电子标签等自动获取产品生产全周期的健康状况。随着区块链技术的进一步成熟，也有望将其引入制造业的质量管理中，避免出现人为修改数据。同时，诸如检查表、柏拉图、层别法、特性要因图、散布图等先进管理理念和方法虽然越来越得到企业重视，但问题依然频繁出现，其根本原因在于无法通过强有力的组织纪律和高素质人员实现质量持续改善。数字化时代可以很好地突破管理的限制，降低对管理的难度要求。通过信息系统的自动统计分析功能，加上用户设定的规则，系统可以自动运算并定义出问题，同时给出相应的警报；同时系统能提供鱼骨图、问题树、5W原则等问题分析手段来实施质量管控。通过信息系统跟踪问题的解决过程，以及分析对比措施的实施结果，完成计划、实施、检查、处理（PDCA）的闭环控制，实现质量持续优化迭代。

4.1.3 质量标准数字化

质量标准化是保证数字化生产过程中产品质量的核心，建立清晰的质量标准能够有效地提高数字化生产的稳定性和一致性，并且有助于企业更好地与客户交流，确保交付的产品符合客户的要求。

质量标准数字化可以提高质量管理的效率。传统的质量标准记录和管理往往依赖于纸质文档和人工操作，容易出现信息不准确、传递不及时的问题。数字化的质量标准可以通过信息系统实现自动记录和管理，大大减少人为的干预和错误，提高质量管理的效率。同时，数字化的质量标准可以实现远程访问和即时更新，使得质量管理人员可以随时随地获取最新的质量标准信息，及时进行调整和改进。

质量标准数字化可以提高质量管理的精度。传统的质量标准记录和管理容易出现信息不准确、不一致的问题，而数字化的质量标准可以通过信息系统实现数据的一致性和准确性。同时，数字化的质量标准可以实现数据的实时监控和分析，使得质量管理人员可以及时发现并解决质量问题，提高了质量管理的精度。

质量标准数字化可以促进质量管理的标准化和规范化。传统的质量标准记录和管理容易出现各种各样的格式和表达方式，不利于不同部门和企业之间的交流和比较。而数字化的质量标准可以通过信息系统实现标准化和规范化，使得质量管理的信息更加统一，有利于不同部门和企业之间的交流和比较，促进了质量管理的标准化和规范化。

质量标准数字化可以提升企业的竞争力。随着市场竞争的加剧，产品和服务的质量已经成为企业竞争的关键因素之一。将质量标准数字化可以帮助企业更好地控制和提升产品和服务的质量，提高企业的竞争力。同时，数字化的质量标准可以实现质量数据的实时监控和分析，使得企业可以及时发现并解决质量问题，提高企业的市场反应速度和灵活性。

以下是质量标准数字化的五个方面。

1) 标准数字化：将传统的质量标准文档转化为数字化格式是智能化管理的重要一环。传统的质量标准文档通常以纸质形式存在，这种形式存在着诸多问题，比如存储不便、检索困难、易于损坏和传播不便等。因此，将这些文档转化为数字格式是必不可少的。这一过程可以包括扫描文档、文字识别、数据录入、数据转换和文件整理等步骤。对于生成的电子文件，可能需要进行整理和分类，建立清晰的文件目录结构，确保文档的组织和管理规范。这样一来，传统的质量标准文档就被转化为数字格式，方便存储、管理和使用。数字化的质量标准文档可以更容易地进行备份、共享和传播，提高了工作效率。

2) 数据结构化：对数字化的质量标准进行结构化处理，确保其中的信息能够被计算机系统理解和处理。这可能包括对文本进行标记、建立数据库、定义元数据等工作。

首先，对于文本格式的质量标准，可以通过建立清晰的标准格式和数据模型，将其中的信息按照一定的规则和结构进行组织和分类。这样可以使得计算机系统能够识别和理解文档中的各个部分，比如标题、章节、条款、定义等，从而实现对文档内容的精确检索和分析。其次，对于图形或其他非文本形式的质量标准，可以通过数据转换和标注等方式，将其中的信息转化为计算机可识别的格式，比如将图形转化为矢量图形格式、将表格转化为结构化数据等。这样可以使得计算机系统能够对这些信息进行更深入的分析和处理。此外，对于数字化的质量标准，还可以通过建立数据库或知识图谱等方式，将其中的信息进行关联和链接，形成更为丰富和有机的数据结构。这样可以使得不同部分之间的关系更加清晰，为进一步的分析和应用提供更多可能性。

通过数据结构化处理，数字化的质量标准不仅能够更好地满足计算机系统的处理需求，也能够为后续的数据分析、挖掘和应用奠定基础，提升质量管理的水平和效率。

3）管理系统标准化：建立一个质量标准管理系统，用于存储、检索、更新和分享数字化的质量标准。首先，标准化管理系统可以集中存储和管理数字化的质量标准，建立起清晰的文档库和知识库。这样可以使得标准的存储和管理更加规范化和系统化，避免了文档丢失、重复、混淆等问题，也为标准的检索和更新提供了便利。

标准化管理系统可以实现对质量标准的智能化检索和分析。通过建立标准化管理系统的搜索引擎，可以实现对质量标准的全文检索、关键词搜索等功能，同时还可以实现对标准的分类、标注、关联等操作，从而更好地满足用户的不同需求。

同时，标准化管理系统还可以实现对质量标准的更新和分享。通过建立标准化管理系统的版本控制和权限管理机制，可以确保质量标准的更新和发布更加规范和可控，同时还可以实现对标准的分享和交流，促进标准化工作的推进和发展。

通过建立标准化管理系统，可以实现质量标准的规范化、智能化和共享化，提高质量标准管理的效率和质量，同时也为标准化工作的推进和发展提供了有力的支持。

4）数据分析和应用：利用数字化的质量标准数据进行分析，可以通过数据挖掘、统计分析等手段，发现质量管理的问题和机会，并据此进行决策和改进。通过数据挖掘技术对大量的质量标准数据进行深入挖掘，发现其中的潜在规律、趋势和异常情况，从而发现潜在的质量管理问题和机会。同时，通过统计分析手段对质量标准数据进行整体的分析和比较，发现其中的规律和特点，识别出重要的质量指标和关键的影响因素。在发现了质量管理的问题和机会之后，可以根据分析结果进行决策和改进。通过制定相应的质量管理策略、优化流程、改进技术等手段，可以有效地解决质量管理中的问题，提升产品或服务的质量水平。除此之外，也可以根据分析结果发现的机会，进行产品创新、市场拓展等方面的决策，从而提升企业的竞争力和市场地位。通过数据分析和应用，可以充分发挥数字化的质量标准数据的作用，为企业的质量管理和发展提供有力的支持。

5）持续改进：首先，建立一个持续改进的机制，不断优化数字化的质量标准管理系统，提高数据质量和管理效率，以及根据分析结果改进实际的质量管理实践。定期对管理系统进行评估，收集用户反馈和需求，以不断优化系统的功能和用户体验。其次，建立数据质量监控机制，包括数据清洗、去重、完整性检查等，以确保质量标准数据的准确性和可靠性。同时，还可以通过技术手段对数据进行智能分析，挖掘潜在问题和机会。根据分析结果，可以制订改进计划，包括修订标准、优化流程、培训人员等，以提高实际的质量管理实践。最后，建立跟踪和反馈机制，及时了解改进效果，并根据反馈进行调整和优化。持续改进机制的建立，可以不断提升数字化质量标准管理系统的质量和效率，同时也能够有效促进实际的质量管理实践的持续改进，从而推动企业持续发展。

因此，需要在推动数字化生产质量标准化时，制定体系完善、具有可执行性的标准，并在实施中加强对品质控制的管理和监测，以确保数字化生产过程质量的稳定性。

质量标准数字化的实施对于企业的质量管理具有重要意义。通过数字化质量标准，企业可以提高管理效率，降低管理成本，提升质量管理水平，从而更好地满足客户需求，提升市场竞争力。企业应该充分认识到质量标准数字化的重要性，积极推进质量标准数字化的实施，不断提升质量管理水平，实现可持续发展。因此，各行各业都应该重视质量标准数字化的推广和应用，以提高产品和服务的质量，满足客户的需求，赢得市场的竞争。

4.1.4 制造业质量管理数字化的转型

与传统质量管理相比，质量管理数字化工作内涵并未发生本质性的改变，它们均是利用一系列技术、方法和工具，系统化开展质量策划、质量控制、质量保证和质量改进等活动，有效管控产品和服务质量。但二者在关注焦点、管理范围、工作手段等方面存在差别。

在关注焦点方面，传统质量管理主要面向工业时代相对稳定的发展环境，更多关注规模化生产中的质量问题；而质量管理数字化主要面向数字时代的不确定性需求，在关注规模化生产质量问题的同时，也更加关注对用户个性化、差异化需求的快速满足和高效响应。

在管理范围方面，传统质量管理更多是针对企业、供应链范畴的质量管理。随着数字化的深入发展，企业边界日益模糊，质量管理的范围从企业质量向生态圈质量加速转变，由强调质量管理岗位分工、上下游质量责任分工转变为强调以客户为中心的质量协作，更加注重对产品全生命周期、产业链、供应链乃至生态圈质量进行全面管理。

在工作手段方面，质量管理数字化在应用传统质量管理沉淀的方法、工具的基础上，进一步应用数字化、智能化的设备装置、系统平台等技术条件，注重以客户为中心的流程优化重构与管理方式变革，充分挖掘数据在质量管理中的创新驱动作用，系统化提升企业质量管理数字化能力。

推进制造业质量管理数字化是一项系统性工程，要以提高质量和效益、推动质量变革为目标，按照"围绕一条主线、加快三大转变、把握四项原则"进行布局。企业要发挥主体作用，强化数字化思维，持续深化数字技术在制造业质量管理中的应用，创新开展质量管理活动。专业机构要以提升服务为重点，加快质量管理数字化工具和方法研发与应用，提供软件平台等公共服务。各地工业和信息化主管部门要以完善政策保障和支撑环境为重点，做好组织实施。

（1）围绕一条主线

把数字能力建设作为推进质量管理数字化发展的主线，加快数字技术在质量管理中的创新应用，优化重构质量管理业务流程，打破不同管理层级、职能部门以及企业间的合作壁垒，赋能企业多样化产品创新、精细化生产管控、高附加值服务开发、个性化体验提升，快速有效应对不确定性变化，不断构建差异化竞争优势。

（2）加快三大转变

加快重塑数字时代质量发展理念，推动质量管理范围从企业质量管控向生态圈协作转变，加强对产品全生命周期、产业链、供应链乃至生态圈协作质量的管理；推动质量管理重点环节从以制造过程为主向研发、设计制造、服务等多环节并重转变，深化质量数据跨部门、跨环节、跨企业采集、集成和共享利用，促进质量协同和质量管理创新；推动质量管理关注焦点从规模化生产为主向规模化生产与个性化、差异化、精细化并重转变，积极协同生产模式和组织方式创新，主动适应动态市场变化需求。

（3）把握四项原则

注重价值牵引和数据驱动，把提升发展质量与效益作为出发点和落脚点，深化全过程、全链条数据挖掘，驱动质量变革；注重深化实践和创新应用，发挥数字化系统作用，深化推广质量管理理论方法和实践活动，依托信息化平台在全产业链、价值链推动质量管理创新应用；注重分类引导和示范带动，引导企业结合自身条件制订方法路径，通过树立一批典型场景、质量标杆企业加强方向指引；注重开放合作和安全可控，完善覆盖全产业链、生态圈的质量协作机制，把握安全和发展的关系，加强企业信息安全保护。

数字化转型是以价值创造为目的，以提升效率和效益为导向，激发数据要素创新驱动潜能，用数字技术驱动业务变革的过程。数字化转型是两化融合在新时期的新要求、新部署，通过数字化转型，为实现产业转型升级和高质量发展开启了两化融合新征程。

4.2 数字化质量管理的关键技术

实现制造业的数字化质量管理，其核心是将现代信息技术、自动化技术、先进制造技术、现代测量技术与现代质量管理模式相结合，综合应用于企业的市场营销、产品设计、制造管理、试验测试和使用维护等全生命周期质量管理的各个阶段。

4.2.1 质量数据采集技术

质量数据的有效性是质量管理的核心，要实现数字化质量管理，必须首先解决质量数据的采集问题。质量数据一般可以分为以下四种。

1) 通过质量检验获得的检验数据，包括原材料检验数据、外协件检验数据、配套件检验数据、加工过程检验数据、装配过程检验数据、成品实验数据等。

2) 通过质量体系评审获得的数据，包括内审结论和不合格项、管理者评审结论、外部审核结论和不合格项等。

3) 过程评审和评价获得的数据，包括设计评审结果、工作质量评审结论。

4) 与质量数据有关的其他数据，包括检验人员代码、质量问题代码、质量故障代码、工序号、零件号等。

常用的数据获取技术以传感器为主，结合射频识别、条码扫描器、生产和监测设备、个人数字助理（PDA）、人机交互、智能终端等手段实现生产过程中的信息获取，并通过现场总线或互联网等技术实现原始数据的实时、准确传输。

传感器属于一种被动检测装置，可以将检测到的信息按照一定规律变化成电信号或者其他形式的信息输出，从而满足信息传输、处理、存储和控制等需求，主要包括了光电、热敏、气敏、力敏、磁敏、声敏、湿敏等不同类别的传感器。

射频识别（RFID）是一种自动识别技术，通过无线射频方式进行非接触双向数据通信，利用无线射频方式对记录媒体（电子标签或射频卡）进行读写，从而达到识别目标和数据交换的目的。RFID具有适用性广、稳定性强、安全性高、使用成本低等特点，在产品的生产和流通过程中有着广泛的应用。物流仓储是RFID最有潜力的应用领域之一。

条码扫描器也被称为条码扫描枪/阅读器，是用于读取条码所包含信息的设备。由光源发出的光线经过光学系统照射到条码符号上面，并反射到扫码枪等光学仪器上，通过光电转换，经译码器解释为计算机可以直接接受的数字信号。条码技术具有准确性高、速度快、标识制作成本低等优点，因此在智能制造中有着广泛的应用前景。

三坐标测量机是一种计算机控制的质量检测设备，它的特点是自动化程度高、检测精度高、适用性广。三坐标测量机安装一个三维测头作为检测传感器，计算机控制测头接触被检测零部件，根据测头的微量位移获取数据，通过模数转换装置将模拟信号转换成数字信号，并通过显示装置显示或存储在控制计算机中。三坐标测量机的基本原理是，基于被测工件的几何形状在空间坐标位置（X,Y,Z）的理论位置（尺寸）与实际位置（尺寸），通过直接比较测量出误差。而工作原理是，将被测工件置于三坐标测量空间内，测头传感器在与被测工件模型接触时发出测量信号，通过信号的模数转换锁定坐标数据，测量出工件各测点的坐标位置，然后根据获取的空间坐标值，计算被测工件的几何尺寸、形状和位置。

三维测量拥有 X、Y、Z 三个方向的运动导轨，可以对空间任意处的点、线、面以及相互位置进行测量。工件模型的复杂表面和几何形状通过探头的测量得到各点的坐标值，经过数学计算获取几何尺寸和相互位置关系，并借助计算机完成相应的数据处理。显然，通过采用数据接口技术，可以从三坐标测量机中提取质量数据送给数字化质量管理系统。

对于批量比较大的检测，人们往往采用价格低廉的通用数字化检测仪器，如安装有数据处理器的数显千分尺、数显卡尺、数显高度尺、数显千分表等。检验人员在检测零件时，检测结果不需要手写记录，而是由仪器自动地送入数据处理装置存储起来，检测完毕后，可以按各种统计数据处理方式对数据进行处理，并将处理结果显示打印出来。半自动检测目前已广泛应用在尺寸参数、几何参数、表面粗糙度、重量等检测方面。采用通用数字化检测仪器的检测过程属于半自动化检测，也可以通过采用数据接口技术将质量数据送给数字化质量管理系统。

在智能制造不断推进的背景下，质量数据获取贯彻产品生命周期的所有阶段。

1. 装备数字化改造升级

随着全球新一代科技革命和产业变革加速演进，新一代信息技术在各行各业深度渗透、融合创新，推动人类社会进入新的发展阶段，数字经济成为发展新引擎，数字化转型成为提升制造业竞争力的重要路径。制造企业需要增加其质量管理数字化运行能力，其中非常关键的一点就是如何对装备数字化改造的升级。对制造企业而言，加强必要的生产制造装备改造，提高工艺控制自动化、智能化、精准化水平，保证工艺稳定，减少质量波动对数字化质量管理是非常关键的。同时，结合装备数字化改造过程，设计开发相应的质量管理系统平台，形成以数据为驱动的在线质量控制和自主决策的能力，为工艺改进和产品创新夯实基础。

在当今工业领域，对生产装备进行数字化改造已经成为企业提升竞争力、实现可持续发展的重要手段。数字化改造对生产效率、生产成本、产品质量和服务水平以及企业竞争力和可持续发展能力等方面都有重要影响。

装备数字化改造对生产效率的提升具有显著影响。通过引入自动化控制系统、智能化调节和优化以及实时监控和数据分析等技术手段，企业可以实现生产过程的智能化和高效化。自动化控制系统可以实现生产线的自动化运行和调度，减少人为干预，提高生产效率。智能化调节和优化可以根据实时数据对生产参数进行精细调节，发挥设备生产潜力。实时监控和数据分析可以帮助企业及时发现生产过程中的问题并进行调整，从而提高生产效率，降低资源浪费。

装备数字化改造对生产成本的降低也具有重要意义。通过精细化管理和优化生产流程，企业可以降低生产过程中的浪费，提高资源利用效率，降低生产成本。同时，数字化技术还可以帮助企业降低能源消耗和废品率，进一步降低生产成本。企业可以通过成本效益分析，评估数字化改造所带来的成本降低效果，为企业的可持续发展打下良好基础。

装备数字化改造也能提升产品质量和服务水平。数字化技术可以帮助企业实现对产品质量的实时监控和调整，提高产品的一致性和稳定性。同时，数字化技术也可以帮助企业实现对客户需求的快速响应和个性化定制，提升企业的服务水平和客户满意度。

最后，装备数字化改造可以增强企业的竞争力和可持续发展能力。然而，如何对生产装备进行数字化改造，可以主要从以下几个方面进行具体分析和实施。

设备智能化：利用先进的数字化技术和智能化装备，使设备具备自动化、智能化、联网化的特性，以提高生产效率、降低成本、增强产品质量和适应市场需求变化。通过安装传感器和数据采集设备，实现设备状态的实时监测和数据采集，将设备的运行状态、能耗数据等信息数字化，为后续的数据分析和生产优化提供基础。

自动化控制：通过自动化控制，可以实现设备的自动开关、参数调节、生产过程的自动监控和调整，从而提高生产效率、降低成本、增强产品质量和稳定性。引入先进的自动化控制系统，例如 PLC（可编程逻辑控制器）、SCADA（监控与数据采集系统）等，实现生产过程的自动化控制和监测，提高生产效率和产品质量。

机器人应用：随着机器人技术的快速发展，机器人可代替或协助人类完成各种工作，凡是枯燥的、危险的、有毒的、有害的工作，都可由机器人大显身手。机器人是工业及非产业界的重要生产和服务性设备，也是先进制造技术领域不可缺少的自动化设备。引入机器人技术，实现生产线的自动化操作和灵活生产，能够提高生产效率和产品一致性。

设备互联：通过设备联网和工厂物联网技术，实现设备之间的信息互通和协同，提高生产过程的灵活性。同时，企业可以实现设备的智能化管理、远程监控和数据驱动的生产优化，提高设备利用率，降低生产成本，提高生产效率和产品质量。通过无线传感器、RFID、云计算等技术将设备连接到互联网，实现设备之间的互联互通。

虚拟仿真技术：利用计算机技术模拟真实系统、过程或事件的技术。在生产制造领域，虚拟仿真技术可以模拟产品的生产过程，对生产中的质量控制进行虚拟验证，帮助发现潜在的质量问题和改进方案，同时可以被广泛应用于产品设计、工艺规划、生产优化等方面，优化生产工艺和设备布局，降低数字化改造的风险和成本，对质量管理起着重要的作用。例如，使用计算机辅助设计（CAD）软件创建设备的三维模型，并利用渲染技术实现真实感的视觉效果。

数据分析与预防性维护：利用数据分析技术对设备的运行数据进行处理和分析，从而预测设备可能出现的故障或需要维护的情况。这种方法可以帮助企业实现设备的预防性维护，提高设备的可靠性和生产效率，降低维护成本，是制造业智能化转型中的重要环节。

综合以上几个方面的具体分析，企业可以制订相应的数字化改造方案，结合实际情况逐步推进生产制造装备的数字化改造，提升生产效率和质量水平。当然，也不能对生产装备进行盲目的数字化改造，其改造升级的目的是更有效地控制生产质量和优化管理标准。装备的改造质量可以通过以下几个方面来衡量。

技术先进性：数字化改造装备的技术水平是否达到行业领先水平，是否采用了最新的数字化技术和智能化装备。

生产工艺：数字化改造装备的生产工艺是否先进，是否采用了高精度的加工设备和先进的制造工艺。

质量控制：数字化改造装备的质量控制体系是否完善，是否采用了先进的质量管理方法和工艺控制技术。

效率提升：数字化改造装备是否能够提升生产效率、降低成本，是否能够提高产品质量和可靠性。

可靠性和稳定性：数字化改造装备的可靠性和稳定性是否得到有效提升，是否能够长期稳定运行。

综合以上几个方面的考虑，可以评估数字化改造装备的质量水平，有效实现数字化的质量管理。同时，企业还需要加强质量管理人员的数字化能力和技术水平，培养具备数据分析、质量控制技术和信息化管理能力的人才队伍，以应对数字化核心能力建设带来的新挑战和新机遇。此外，企业还应加强与供应商和合作伙伴的数字化质量管理能力建设，构建数字化质量管理的全产业链协同体系，实现从原材料采购到产品交付的全过程质量控制和管理。

总之，企业应充分认识到数字化核心能力对质量管理的重要性，加大投入，加强建设，推动质量管理数字化转型，以适应日益复杂且多变的市场环境，提升产品质量和竞争力。

2. 全流程物料数字化管理

物料管理是对仓库及仓库内的物料所进行的管理，是企业为了充分利用所具有的仓储资源，提供高效的仓储服务所进行的计划、组织、控制和协调的过程。物料管理作为连接生产和消费的纽带，在整个物流和企业经济活动中有着至关重要的作用。

随着计算机网络技术对工业互联网的影响不断加深，企业对物料管理的要求不断提升，物料的安全管控与精细化管理越来越被重视。但目前大多数物料还采用手工台账的方式进行管理，传统的管理模式流程环节较多、人为因素影响较大，广泛存在着自动化程度低、厂内数据不精准、管理效率不高等问题。

物料全过程数字化管理，应用人工智能、射频识别、移动应用等先进技术，对物料作业流程进行全过程闭环管控，使信息流、物流、车流、资金流保持一致，实现物料入库、出库、库存的高效管理，实现作业流程智能化。

入库管理：根据指定的物料入库的仓库号、货位码、接收数量进行入库操作。可以应用移动终端自动获取物料到货与验收管理业务单据。物料入库进度可以通过"物料验收已审批"，并且入库操作为"未入库"等状态进行记录，然后自动进入物料入库管理待办列表。通过叉车等搬运工具行至自动码垛机处，通过车载读写器，从码垛机垛盘上的电子标签读取入库物料资料，记录入库量，并通过车载终端将信息上传至系统。

出库管理：通过车载读写器，从垛盘上的电子标签读取ID号确认出库，并将重量等信息通过车载终端上传至系统，根据垛盘电子标签信息自动提取库位、品种、规格等信息。在运输车辆入厂到达指定装车位置后，叉车司机按照系统给车载终端下达的品种、规格、计划量、库位、客户等作业信息进行装车。

库存管理：利用RFID技术将货架贴上电子标签，该电子标签可以识别站号和位置，同时记录货架目前存放的商品数量和种类。

质量检验：通过客户端将检验计划、质量标准、检验结果信息送入系统，系统将质量信息与货位信息自动匹配。特殊指标的客户需单独录入，系统自动判断质量信息，并将信息记入系统。系统能够生成质检报告单，报告单可以通过客户端浏览及打印。系统将产品质量检验结果信息回送生产管理网。

车辆管理：对出入厂区的各类车辆进行管控，保证厂区车辆规范、有序、安全的进出，运输车辆高效的运输。对入厂车辆进行严格的管控，厂内的车辆将严格执行一车一卡，无卡车辆禁行。

收费管理：小袋、大袋、散装罐车、散装集装箱装车完毕后，系统自动判断是否收费，如需收费，客户通过刷卡、扫码等方式缴费。收费系统直接对接银行。小袋、罐车收取装车费，大袋分别收取装车费与吊装费两个费用。

移动应用：系统自动关联物料管理等相关系统的销售订单信息，支持通过手持终端实时进行登记。通过手持 PDA 等移动终端设备扫描物料码与仓库码，完成物料的入库、出库。支持移动 APP 应用扫描二维码的方式对仓储物资进行数据采集及信息录入，并将盘点数据实时汇总到系统进行分析。

统计分析：主要包括货位查询、入库综合查询、库存数量和位置查询以及出库综合查询等，系统支持为各种角色人员提供不同主题的数据分析仪表盘，如库存成本分析、采购价格趋势、合同执行跟踪、库存结构分析等功能。

通过物料全流程数字化，使得在每个生产步骤中，物料能够精准地分配到指定工位，实现物料精细化管理。物料管理系统自动根据需求发送入库、出库作业计划，加快物料周转速度。通过智能化的管理，对仓储作业全流程实时管控，排除错误指令造成的堵塞，保障生产调度效率。

3. 检验测试数字化管理

我国"十四五"规划将数字化转型纳入国家战略发展顶层设计，渗透至各行各业。检验测试行业作为支撑实体经济发展的科技服务业，其行业格局势必然发生改变，检验测试的内部管理也必然面临巨大考验，准确认识、有效利用、积极探索数字化技术对于提升检验测试管理水平具有重要意义。以计算机技术、互联网为代表的通信技术和以物联网为代表的传感技术不断升级、创新和广泛应用，检验测试行业数字化能力和范围也随之快速扩张。信息化、自动化系统的应用使检验检测过程产生海量、多样的数据，检验测试管理逐步进入数字化、智能化时代。

对于企业、组织整体的数字化变革，其数字化是通过利用互联网、大数据、人工智能、区块链、人工智能等新一代信息技术，来对企业、政府等各类主体的战略、架构、运营、管理、生产、营销等各个层面，进行系统的、全面的变革，强调的是数字技术对整个组织的重塑。数字技术能力不再只是单纯的解决降本增效问题，而成为赋能模式创新和业务突破的核心力量。而在这一过程中，企业中所有的业务、生产、营销、客户等有价值的人、事、物全部转变为数字存储的数据，形成可存储、可计算、可分析的数据、信息和知识，并与企业获取的外部数据汇总在一起，通过对这些数据的实时检测、分析、计算、应用来指导企业生产、运营等各项业务。企业检测数字化管理包括以下两点。

产品数字化设计检测：产品数字化设计是企业节约研发成本、提高设计效率、提升产品质量的一项重要举措。在这一过程中，我们需要使用人工智能算法打造数字化设计协同平台，建设通用件优选管理平台、组件模型库等设计知识库。但是为了保证产品质量符合要求以及相关数据的精准调控，需要对这一过程中所使用的二维软件、三维软件及一些管理系统实时返回的数据进行检测和调控。

工业装备数字化检测：工业装备作为高效执行作业程序的工具，是工业企业实现提质增效的基础和关键。当前工厂中大量的存量生产装备使用的是不联网、不支持实时采集和上传数据且缺少便捷友好的操作系统，只能执行简单程式化任务，难以胜任未来更加复杂、高精度、高速度、智能化和协同的作业要求。只有推动传统装备迈向数字化装备，才能进一步提高产品的质量。

在检测数字化管理过程中，通过在单机装备的基础上引入边缘智能，可以赋能单机装备完成过去凭借自身配置难以胜任的高复杂度任务；通过网络连接让数据走向互联互通；通过为传统装备嵌入实时、安全、可靠的工业级操作系统，实现人机互联、机机互联；通过为装备置入更优性能的工业芯片，装备有能力胜任更高精度、速度、稳定性和智能化的作业任务。在这一系列流程中，检测环节必不可少，它推动了整个过程的顺利进行，确保了产品的质量。通过边缘智能实现数据的智能化分析与决策，然后再经过网络连接将数据互通，又将数据反馈给操作系统进行调控，而计算芯片则加速了这一过程的进行，使得检测更加准确和迅速。

4. 供应链数字化检测

当今装备制造企业面临多重供应链问题：装备制造企业与上下游的协作受阻；供应链不健全、供应商管理不完善、供应商数据繁杂且不透明；齐套率低导致交付延期。通过对供应链进行数字化建设，企业逐步建立自身对整个供应链中数据、关键业务指标和事件的连接，结合大数据带来的分析预测能力，形成供应链控制塔，帮助企业更加全面实时地考虑和解决关键问题，从而实现对供应链数据的可视化。辅助生产与交付领域的实时监控、智能分析与辅助决策，进一步帮助企业构建以需求为驱动的协同、敏捷、实时、动态的数字化供应链体系。而实现这一系列过程离不开对其进行检测，以信息系统为辅助，以物联网、自动化、大数据等新兴技术为基础，来实现可视、可控、计划准确、决策自动的数字化供应链。

数字化检测对于企业最直接的价值，就是给数据驱动的质量管理提供可靠、及时、完整可追溯的质量数据，使后续的质量决策有了依据和基础。数字化检测在数字化管理过程中确保了质量策划（取样计划、检验计划、质量控制计划等），使具体质量方针得到严格执行。通过对检测过程进行引导和限制，进而保证了质量检验数据的可靠性，不仅使企业能够实时洞察各类动态业务中的一切信息，并做出最优决策，还使企业资源得到合理配置，使企业能够适应瞬息万变的市场经济竞争环境，实现最大的经济效益。

4.2.2 质量数据处理技术

1. 质量数据处理

数据处理是智能制造的关键技术之一，其目的是从大量的、杂乱无章的、难以理解的数据中抽取并推导出对于某些特定的人们来说是有价值、有意义的数据。常见的数据处理流程主要包括数据清洗、数据融合、数据分析以及数据存储。

（1）数据清洗

数据清洗也称为数据预处理，是指对所收集数据进行分析前所做的审核、筛选等必要的处理，并对存在问题的数据进行处理，从而将原始的低质量数据转化为方便分析的高质量数据，确保数据的完整性、一致性、唯一性和合理性。考虑到制造业数据具有的高噪声特性，原始数据往往难以直接用于分析，无法为智能制造提供决策依据。因此，数据清洗是实现智能制造、智能分析的重要环节之一。数据清洗主要包含三部分内容：数据清理、数据变换以及数据归约。

1) 数据清理是指通过人工或者某些特定的规则对数据中存在的缺失值、噪声、异常值等影响数据质量的因素进行筛选，并通过一系列方法对数据进行修补，从而提高数据质量。缺失值是指在数据采集过程中，因为人为失误、传感器异常等原因造成的某一段数据丢失或不完整。常用的处理缺失值的方法包括人工填补、均值填补、回归填补、热平台填补、期望最大化填补、聚类填补以及回归填补等。随着人工智能方法的兴起，基于人工智能算法的缺失值处理方法逐渐受到关注，例如利用人工神经网络、贝叶斯网络对缺失的部分进行预测等。噪声是指数据在收集、传输过程中受到环境、设备等因素的干扰，产生了某种波动。常用的去噪方法包括平滑去噪、回归去噪、滤波去噪等。异常值是指样本中的个别值，其数据明显偏离其余的观测值。然而，在数据预处理时，异常值是否需要处理需要视情况而定，因为有一些异常值是因为生产过程中出现了异常导致的，这些数据往往包含了更多有用的信息。常用的异常值检测方法包括人工界定、3σ原则、箱型图分析、格拉布斯检验法等。

2) 数据变换是指通过平滑聚集、数据概化、规范化等方式将数据转换成适用于数据挖掘的形式。制造业数据种类繁多，来源多样，使得不同系统和不同类别的数据往往具备不同的表达形式，通过数据变换将所有的数据统一成标准化、规范化、适合数据挖掘的表达形式。

3) 数据归约是指在尽可能保持数据原貌的前提下，最大限度地精简数据量。制造业数据具有海量特性，大大增加了数据分析和存储的成本。通过数据规约可以有效地降低数据体量、减少运算和存储成本，同时提高数据分析效率。常见的数据规约方法包括特征归约（特征重组或者删除不相关特征）、样本归约（从样本中筛选出具有代表性的样本子集）、特征值归约（通过特征值离散化简化数据描述）等。

（2）数据融合

数据融合是指将各种传感器在空间和时间上的互补与冗余信息依据某种优化准则或算法组合，从而产生对观测对象的一致性解释和描述。其目标是基于各传感器检测信息分解人工观测信息，通过对信息的优化组合来导出更多的有效信息。制造业数据存在多源特性，同一观测对象在不同传感器、不同系统下，存在着多种观测数据。通过数据融合可以有效地形成各个维度之间的互补，从而获得更有价值的信息。常用的数据融合方法可以分为数据层融合、特征层融合以及决策层融合。这里需要明确，数据归约是针对单一维度进行的数据约减，而数据融合则是针对不同维度之间的数据进行的操作。

（3）数据分析

数据分析是指用适当的统计分析方法对收集来的大量数据进行分析，将它们加以汇总和理解并消化，以求最大化地开发数据的功能，发挥数据的作用。数据分析是为了提取有用信息和形成结论而对数据加以详细研究和概括总结的过程。数据分析是智能制造中的重要环节之一，与其他领域的数据分析不同，制造业数据分析需要融合生产过程中的机理模型，以"数据驱动+机理驱动"的双驱动模式来进行数据分析，从而建立高精度、高可靠性的模型来真正解决实际的工业问题。

现有的数据分析技术依据分析目的可以分为探索性数据分析和定性数据分析，根据实时性可以划分为离线数据分析和在线数据分析。

探索性数据分析是指通过作图、造表、用各种形式的方程拟合，以及计算某些特征量等手段，探索规律性的可能形式，从而寻找和揭示隐含在数据中的规律。而定性数据分析则是在探索性分析的基础上提出一类或几类可能的模型，然后通过进一步的分析从中挑选一定的模型。

离线数据分析用于计算复杂度较高、时效性要求较低的应用场景，分析结果具有一定的滞后性。而在线数据分析则是直接对数据进行在线处理，实时性相对较高，并且能够随时根据数据变化修改分析结果。

数学建模技术将各种现代质量管理模式和技术分解融合、抽象成数学模型，通过数学模型实现质量管理模式与数字化质量管理系统之间的映射，以便于数字化质量管理系统采用标准模式进行处理，这是数字化质量管理系统应用软件实现商品化的基础。数学建模技术可以用于预测产品或过程的质量性能。通过分析历史数据、建立数学模型，可以预测产品的质量特性，以及在不同条件下如何优化产品的质量。

控制图使用统计方法监测生产过程中的变化，以确保产品质量在可接受的范围内。控制图的原理就是对过程品质加以检测并记录相应的数据，进而实现控制管理，它是使用科学方法来设计的一种图形。该图上包括中心线控制线（CL）、上控制界线（UCL）和下控制界线（LCL），并且图上的序列点是按照时间的排序来选取并记录的。图4-1是控制图的一个简单示例。

当出现质量问题时，数学建模可以用来分析问题的根本原因。通过建立因果关系模型，可以确定导致问题的因素，并采取措施

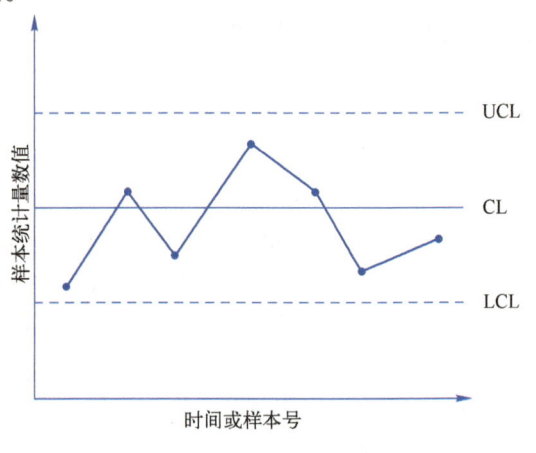

图4-1 质量过程控制图

来消除这些因素。此外，数学建模还可以用于制订质量改进计划。通过模拟不同的改进策略，可以评估其潜在效果，以便做出明智的决策。在数字化质量管理中，数学建模还可以用于产品设计和优化。通过模拟不同的设计选择，可以选择最佳的产品参数和特性以满足质量标准，同时也可以用于预测设备或机器的故障，从而采取维护措施，以减少停机时间，提高生产效率。

2. 常用质量数据处理方法

常见的数据处理包括列表法、作图法、时间序列分析、聚类分析、回归分析等方法。

1）列表法是将数据按一定规律用列表方式表达出来的数据处理方法，是记录和处理数据最常用的方法。列表法能对大量杂乱无章的数据进行归纳整理，使之便于分析观测。表格的设计要求对应关系清楚，简单明了，有利于发现相关量之间的相关关系；此外还要求在标题栏中注明各个量的名称、符号、数量级和单位等。根据需要还可以列出除原始数据以外的计算栏目和统计栏目，并添加注释进行解释说明等。表4-1为用螺旋测微仪测得的钢球直径数据。

表 4-1 钢球直径数据记录表

次　　数	1	2	3	4	5	6	7	8
初读数/mm	0.004	0.003	0.004	0.004	0.005	0.004	0.005	0.003
末读数/mm	6.002	6.000	6.000	6.001	6.001	6.000	6.002	6.002
直径/mm	5.998	5.997	5.996	5.997	5.996	5.996	5.997	5.999
偏差/mm	+0.001	0.000	−0.001	0.000	−0.001	−0.001	0.000	+0.002

由表 4-1 可知，钢球的平均直径 $\overline{D} = \dfrac{\sum D_i}{n} = 5.997\,\text{mm}$，偏差 $v_i = D_i - \overline{D}$。不确定度 A 分量为 $S_D = \sqrt{\dfrac{\sum v_i^2}{n-1}} \approx 0.0011\,\text{mm}$，B 分量为 $U_D = \dfrac{\Delta}{\sqrt{3}} \approx 0.0023\,\text{mm}$（其中，$\Delta = 0.004\,\text{mm}$，表示螺旋测微仪允差），则 $\sigma = \sqrt{S_D^2 + U_D^2} \approx 0.0025\,\text{mm}$，取 $\sigma = 0.003\,\text{mm}$，则测量结果为 $D = 5.997 \pm 0.003\,\text{mm}$。

2）作图法就是利用图像来表示数据关系的数据处理方法，可以醒目、直观地表达各个数据之间的变化关系。从图线上可以简便地求出需要的某些结果，还可以把某些复杂的函数关系，通过一定的变换用图形表示出来。以下为作图法的一般步骤。

① 选择合适的坐标系。常用的坐标系有直角坐标系、极坐标系、对数坐标系等。

② 确定坐标的分度与标记。通常选用横轴表示自变量，纵轴表示因变量，并在坐标系上注明各坐标轴所代表的物理量及其单位。

③ 描点和连线。根据测得的实验数据在坐标系上描绘出各坐标点，并用平滑的图线将各坐标点连接起来。

④ 注解和说明。需要在图纸上标注出图的名称、相关符号的意义和特定的实验条件。

以下为作图法示例，使用图像反映刀具磨损量和走刀次数的关系。磨损量和走刀次数数据可见表 4-2，二者的关系曲线如图 4-2 所示，磨损量取 2 位有效数字。

表 4-2 刀具磨损量和走刀次数数据记录表

走刀次数	1	2	3	4	5	6	7	8	9	10
刀具磨损量	37.72	37.72	37.72	37.72	38.17	38.62	39.17	39.83	40.59	41.42
走刀次数	11	12	13	14	15	16	17	18	19	20
刀具磨损量	42.34	43.32	44.37	45.47	46.62	47.80	49.03	50.28	51.56	52.86
走刀次数	21	22	23	24	25	26	27	28	29	30
刀具磨损量	54.17	55.50	56.83	58.16	59.49	60.81	62.13	63.44	64.73	66.01
走刀次数	31	32	33	34	35	36	37	38	39	40
刀具磨损量	67.27	68.51	69.72	70.92	72.08	73.22	74.33	75.42	76.47	77.49
走刀次数	41	42	43	44	45	46	47	48	49	50
刀具磨损量	78.47	79.43	80.35	81.24	82.10	82.92	83.70	84.46	85.18	85.86

3）时间序列分析是将系统中某一变量的观测值按时间顺序（时间间隔相同）排列成一个数值序列，展示研究对象在一定时期内的变动过程，进而从中寻找和分析事物的变化特征、发展趋势和规律。这一数值序列是系统中某一变量受其他各种因素影响的总结果。时间

序列分析可以用来描述某一对象随着时间发展而变化的规律，并根据有限长度的观察数据，建立能够比较精确地反映序列中所包含的动态依存关系的数学模型，并借此对系统的未来进行预测。时间序列预测的关键：确定已有时间序列的变化模式，并假定这种模式会延续到未来。例如，通过对数控机床电压的时间序列数据进行分析，可以实现机床的运行状态预测，从而实现预防性维护。常用的时间序列分析包括平滑法、趋势拟合法、自回归（AR）模型、移动平均（MA）模型、自回归移动平均（ARMA）模型以及差分自回归移动平均（ARIMA）模型等。以下为用时间序列进行分析的一般步骤。

① 获取被观测系统的时间序列数据。
② 根据获取的相关数据进行绘图，并进行相关分析。
③ 选取合适的随机模型，并用该模型对相关数据进行拟合。

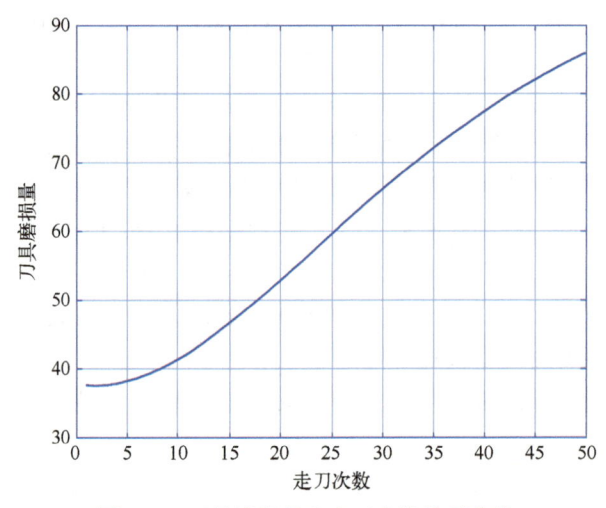

图 4-2 刀具磨损量和走刀次数关系曲线

以下为使用 ARIMA 模型进行时间序列预测的例子，通过使用立式铣刀第三刀面前四十次走刀的磨损量作为训练数据集，预测 41~50 次走刀的磨损量，数据如表 4-2 所示，预测结果如图 4-3 所示，蓝色为预测结果，黑色为实际结果。从图上可以看到预测结果虽与真实值有偏差，但差距较小，说明预测结果具有较高的可信度，在实际应用中可以作为参考。

4）聚类分析是指将物理或抽象对象的集合分组为由类似的对象组成的多个类的分析过程，其目标是在相似的基础上收集数据来分类。聚类的目标是使同一类内的样本相似度较高，而不同类之间的样本相似度较低。聚类分析在产品的全生命周期有着广泛的应用，例如通过聚类分析可以提高各个零部件之间的一致性，从而提高

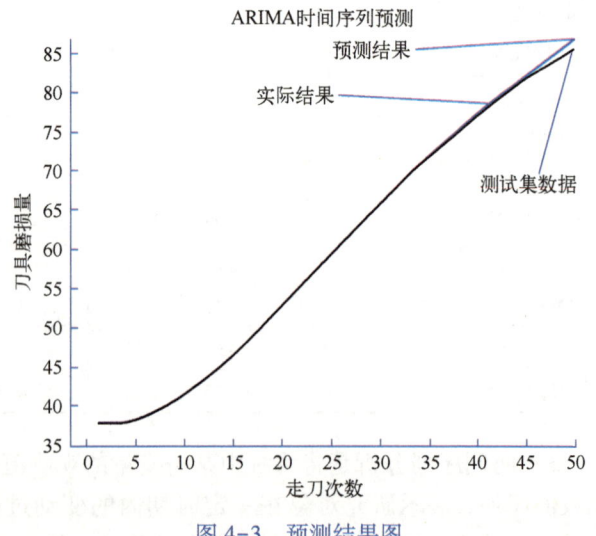

图 4-3 预测结果图

产品的稳定性。聚类效果的好坏依赖于衡量距离的方法和所选取的聚类方法，类内相似性越大，类间差距越大，说明聚类效果越好。常见的聚类分析包括基于划分的聚类方法、基于层次的聚类方法以及基于密度的聚类方法等。以下为聚类分析的一般步骤。

① 选择合适的聚类方法。
② 选择合适的数据，并对数据进行特征选择和缩放等预处理步骤。
③ 确定类的数量并运行聚类算法。
④ 对聚类结果进行分析。

以下为根据轴承的故障数据进行训练，对轴承故障类型进行聚类的效果图，如图 4-4 所示，将轴承故障类型分为 10 类。

5）回归分析是指通过定量分析确定两种或两种以上变量之间的相互依赖关系。回归分析按照涉及的变量的多少，

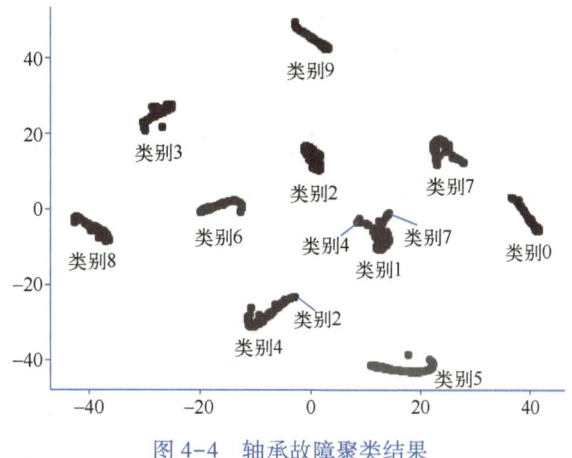

图 4-4 轴承故障聚类结果

可分为一元回归分析和多元回归分析；按照因变量的多少，可分为简单回归分析和多重回归分析；按照自变量和因变量之间的关系类型，可分为线性回归分析和非线性回归分析。常用的回归分析主要包括线性回归、逻辑回归、多项式回归、逐步回归、岭回归以及 Lasso 回归等。近年来，随着人工智能的飞速发展，除了上述方法外，以深度学习为代表的神经网络，以及以支持向量机为代表的机器学习开始逐渐受到关注。以下为进行回归分析的一般步骤。

① 收集数据。
② 对数据进行初步分析并使用可视化工具观察自变量和因变量的关系。
③ 选择适当的回归分析模型。
④ 分割数据集并对模型进行训练和评估。
⑤ 对模型进行诊断。
⑥ 根据模型评估和诊断的结果，调整模型的参数或结构。

以下为用回归分析对产品质量进行预测的结果，根据产品尺寸来判断产品质量是否合格，具体结果如图 4-5 所示。

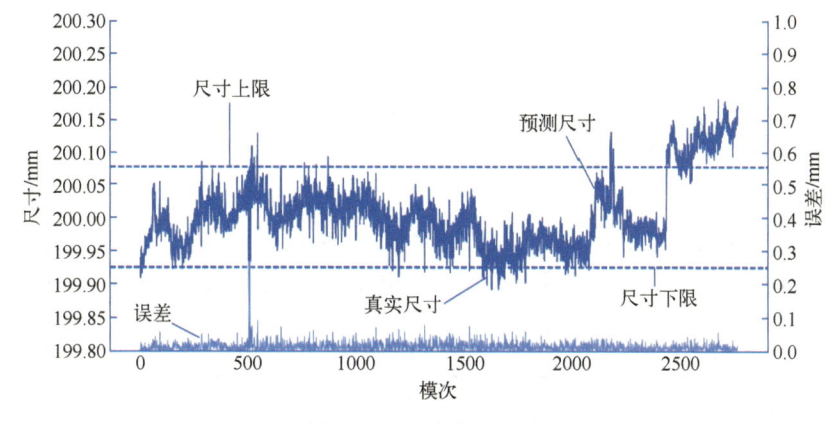

图 4-5 产品质量预测

4.2.3 质量大数据建模与分析技术

企业应基于质量知识库的质量管理模型，开展基于大数据的全过程、全生命周期、全价值链质量分析、控制与改进，推进数据模型驱动的产业链、供应链质量协同，深入挖掘质量数据价值，及时洞察质量风险和机遇。开发部署基于数据的质量控制和质量决策模型，提高质量响应和处理的及时性，降低质量业务决策风险，实施更加有效的质量预防和改进，提升用户体验，强化对不确定性的柔性响应能力和水平。

1. 基于视觉的表面质量检测技术

基于视觉的表面质量检测技术是一种通过图像处理和计算机视觉技术来评估产品表面质量的方法。通过利用计算机视觉系统，能够更快速、准确地检测和评估产品表面的各种缺陷。该检测技术的核心是图像处理和计算机视觉算法。它通过获取产品表面的数字图像，然后利用图像处理技术进行特征提取、分割和分析，最终通过预定义的算法来检测和分类缺陷。这种技术广泛应用于制造业，特别是在自动化生产线上，以确保产品符合质量标准并满足客户的期望。

制造业中，产品表面质量是影响产品外观和性能的重要因素之一。在以往，工人通过视觉来检测产品的表面质量。但是传统的人工视觉有许多不足之处。

依赖于人工的判断。传统的人工视觉检测主要依赖于人的眼睛和判断力来检测产品表面缺陷和质量问题。这种方法通常需要经过训练且有经验的操作员，其准确性受到主观因素和人为疲劳的影响。

耗时且费力。人工视觉检测通常是一项手动任务，需要大量的时间和人力资源。尤其在大规模生产中，这可能导致生产效率低下。

判断具有主观性。不同操作员对产品表面质量的判断标准可能存在差异，因此这种方法的结果可能缺乏一致性。同时，人的注意力会随时间推移而下降，影响检测的准确性。

因此，基于视觉的表面质量检测技术应运而生，相较于传统的人工视觉检测，基于视觉的表面质量检测技术有着许多优势。

高速且高效。基于视觉的表面质量检测技术可以实现高速、高效的自动化检测，远远超过人工检查的速度。这有助于提高生产线的整体效率。

提高准确性。采用计算机视觉和图像处理技术，基于视觉的检测系统可以准确识别和分类各种表面缺陷，而不受主观判断的影响。深度学习技术的应用使得系统在学习和适应不同缺陷类型方面更为灵活。

可以连续检测。与人工检测不同，基于视觉的系统可以实现全天候、连续不间断的表面质量检测，无论是在白天还是夜晚，都能保持一致的性能。

消除主观因素影响。基于视觉的系统的判断是基于预定义的算法和规则，而不受个体主观判断的波动。这提高了检测结果的一致性和可重复性。

大数据分析与改进。通过实时记录和分析检测结果，制造商可以积累大量数据，从而识别生产过程中的趋势、问题和潜在的改进空间。这有助于实现持续的质量改进。

与自动化生产线集成。基于视觉的检测系统可以与自动化生产线集成，实现实时反馈和自动决策。这有助于降低人工介入的需求，提高生产线的智能化水平。

根据应用需求和技术发展的不同，基于视觉的表面质量检测技术可以分为多个类别，通常分为表面缺陷检测技术、颜色检测技术、纹理分析技术、形状与尺寸检测技术等。

在制造业生产中,常见的缺陷有裂纹、气泡、凹陷等。这些缺陷都会对制品的外观和性能产生较大的影响。制品中出现气泡会降低材料的整体强度和韧性,这可能导致制品在承受负载时更容易发生断裂,也会影响其密封性。裂纹可能降低材料的整体强度和增加材料对疲劳的敏感性,缩短产品的使用寿命。在高应力和高振动环境下,裂纹容易扩展,导致制品失效。在裂纹扩展到一定程度时,可能导致部件的完全失效,影响整个系统的稳定性和可靠性。基于视觉的缺陷检测技术可以高效、精确地识别产品表面的缺陷,确保制造出高质量的产品。基于视觉的表面质量检测技术的基本步骤如下。

① 图像采集。使用相机或其他图像采集设备获取表面图像。确保采集到足够高分辨率和质量的图像,以便能够清晰地显示表面的细节。

② 预处理。对图像进行预处理,以减小噪声、增强对比度,使得表面缺陷更容易被检测到。预处理步骤可能包括灰度化、滤波、直方图均衡化等。

③ 特征提取。从图像中提取用于描述表面特征的信息,这些特征可能包括颜色、纹理、形状等。不同的表面质量标准可能需要不同类型的特征。

④ 区域分割。将图像分割成具有相似特征的区域,以便更容易地对每个区域进行分析。分割可以基于颜色、纹理、形状等特征进行。

⑤ 缺陷检测。使用缺陷检测算法来识别图像中的缺陷,这可能包括裂纹、凹陷、颜色不均等。常见的缺陷检测方法包括阈值分割、形态学操作等。

⑥ 质量评估。根据表面的特征和检测到的缺陷,对产品的质量进行评估。这可能涉及将检测到的缺陷与预定义的质量标准进行比较。

⑦ 分类与决策。根据质量评估的结果,对产品进行分类,判断是否符合质量标准。这通常涉及使用机器学习或深度学习模型进行分类。

⑧ 后处理。对检测结果进行后处理,可能包括去除小的假阳性区域、连接断裂的缺陷等。

⑨ 结果可视化和报告。将检测结果可视化,标记出缺陷的位置,并生成报告。这可以帮助操作员或工程师了解表面质量的问题和严重程度。

⑩ 实时监测(可选)。如果需要实时监测表面质量,可能需要优化整个流程以适应实时性能要求。

2. 基于深度学习的质量预测技术

深度学习质量预测技术是一种基于深度神经网络的先进技术。其核心思想是通过大量的训练数据,让模型自动学习并提取特定区域的质量特征,以实现对未知质量数据的准确预测。深度学习强大的非线性拟合能力使其能够处理复杂的质量模式,更好地适应现实应用场景。然而,基于深度学习的质量预测技术也面临一些挑战。例如,需要对数据隐私和安全问题、模型的可解释性以及对抗性攻击等方面的困扰进行深入研究和解决。未来,我们期望看到更多关于模型鲁棒性、跨领域应用等方面的研究,以不断提升基于深度学习的质量预测技术的实用性和可靠性。

4.2.4 质量数据可视化与协同管理技术

质量数据可视化管理是将作业现场各种质量管理信息,运用直观的图表、符号、色彩等视觉效果,让现场作业的质量管理人员和操作人员,方便、简洁地使用这些信息来组织现场的生产活动,达到提高生产效率的一种管理方式。

1. 数据可视化

数据可视化是通过图形化的方式呈现数据，以便于人们更容易理解、分析和发现数据中的模式、趋势或关系的过程。通过将数据转换成图表、图形、地图等可视元素，数据可视化帮助人们直观地理解复杂的数据集，从而支持决策制定、问题解决和见解发现。

数据可视化旨在以直观的方式表达数据，使人们能够迅速理解复杂的信息。图形、图表和其他可视元素有助于将抽象的数字信息转化为容易识别的形式。通过可视化数据，人们能够更容易地发现数据中的模式、趋势和关系。这有助于提取有用的信息，支持数据驱动的决策，为决策者提供更直观的方式来理解数据，从而更好地制定决策和策略。在智慧工厂中，常见的数据可视化图表有直线图和曲线图，它们用于反映事物随时间或有序类别而变化的趋势。质量数据曲线图如图4-6所示。

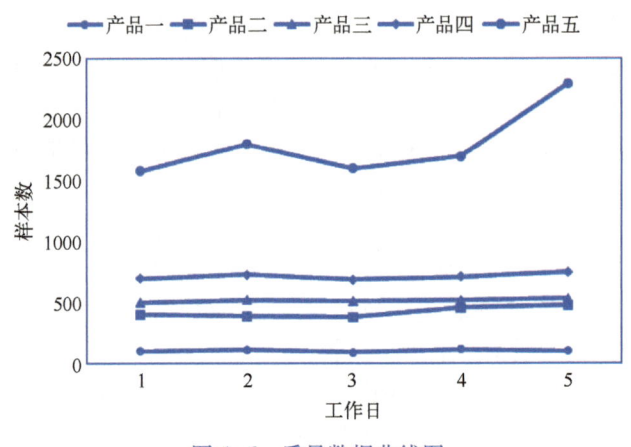

图 4-6　质量数据曲线图

柱状图和条形图：柱状图用竖直的柱子来展现数据，一般用于展现横向的数据变化及对比；条形图用横向的柱子来展现数据，一般用于纵向的数据排名及对比。质量数据柱状图和条形图如图4-7所示。

散点图和气泡图：二者常用于展现数据的分布情况，通过数据之间的位置分布来观察变量之间的相互关系。数据之间的相互关系主要分为：正相关（两个变量值同时增长）、负相关（一个变量呈现增长分布，而另一个变量呈现下降分布）、不相关、线性相关、指数相关等。而分布在集群点较远的数据点，被称之为异常点。散点图经常与回归线（就是最准确地贯穿所有点的线）结合使用，归纳分析现有数据以进行预测分析。质量数据散点图和气泡图如图4-8所示。

可视化工具能够帮助管理者更快速、准确地做出决策。一些先进的数据可视化工具提供交互性，使用户能够根据需要探索数据。这包括缩放、筛选、切片和切块等功能，使用户能够更深入地了解数据。数据可视化还可以用于实时监控数据变化。实时的可视化反馈有助于快速发现问题、改进流程，并对即时性的决策提供支持。常见的数据可视化技术有 jQuery EasyUI，它是一组源于 jQuery 集成了各种用户界面插件的集合，其目标是帮助 Web 程序开发从业人员更轻松地打造出功能丰富并且美观的 UI 界面，其主要功能模块包括 Layout、MenuButton、Form、Window、DataGrid、Tree 等。jQuery EasyUI 支持两种渲染方式；每个插件都有属性、事件和方法，既可以通过 jQuery 初始化属性，也可以通过 HTML 初始化属性；在开发产品时，所需资源少和开发时间短的优点使其成为本节所设计与实现的系统所采用的数据可视化技术之一，丰富的扩展性也使其支持扩展，可根据自己的需求扩展控件的特点。

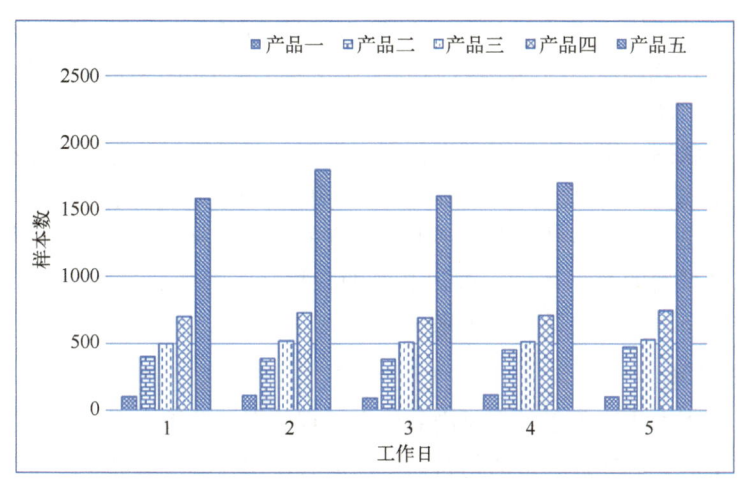

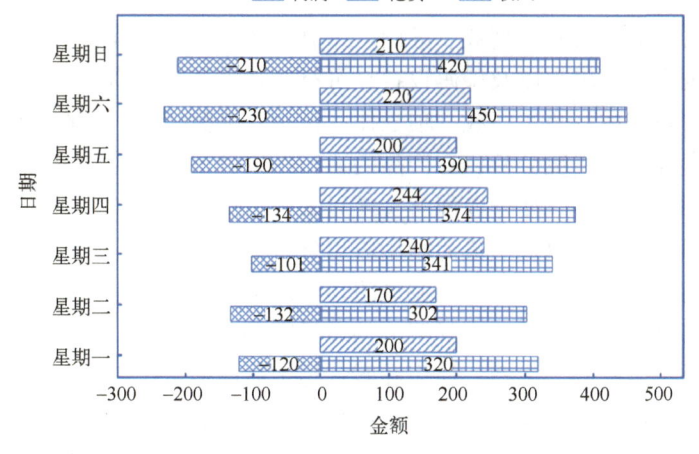

图 4-7　质量数据柱状图和条形图

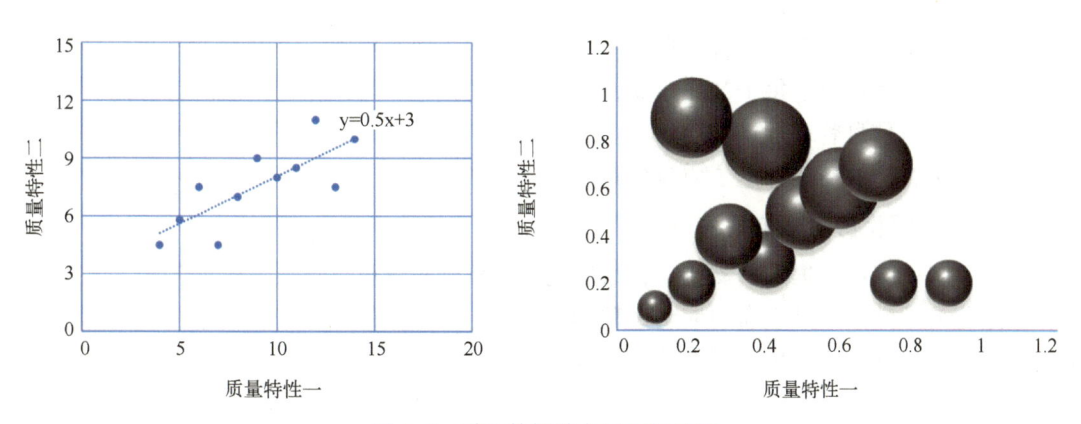

图 4-8　质量数据散点图和气泡图

Apache ECharts：是一款基于 JavaScript 的数据可视化图表库，可以流畅地运行在当前绝大部分浏览器上，底层依赖轻量级的 Canvas 类库 ZRender。其所具有的数据视图、值域漫游、拖拽等特性大大增强了用户体验，赋予了用户开展数据挖掘和数据整合的能力。ECharts 可以为前端页面提供美观、多样、高交互性的可视化方案，开发者可以使用 ECharts 绘制出定制化的可视化图表，并实现数据的动态呈现。ECharts 支持的图表样式极其丰富，可支持多个坐标系，图表可跨坐标系存在，且在移动端和电脑端上都具有优异的表现，它不但支持折线图、柱状图、饼图等数据可视化图表类型，还可根据地理信息数据实现地图的绘制。ECharts 对移动端进行了优化，核心部分体积更小，有深度的交互式数据探索功能，既可展现大数据量，也可支持多维数据，还拥有丰富的视觉编码手段。可视化帮助管理者从给定数据集中，选择合适的数据属性，进行必要的数据转换操作，选择恰当的可视化编码方式，最后渲染绘图将可视化结果呈现出来。

2. 质量闭环追溯

传统的质量管理方式局限于对当时产品生产过程数据的监控，在出现批量质量异常时无法有效锁定不良批次，对导致异常的物料无法追溯其使用在哪些成品中，增加了质量处理成本与管控难度。

质量追溯可帮助企业更实时、高效、准确、可靠地实现生产过程和质量管理，结合条码自动识别技术、序列号管理思想以及条码设备，可有效收集产品或物料在生产和物流作业环节的相关信息数据。每完成一个工序或一项工作，记录其检验结果、存在问题、操作者及检验者的姓名、时间、地点及情况分析，在产品的适当部位做出相应的质量状态标志，跟踪其生命周期中流转运动的全过程，使企业能够实现对采购、销售、生产中物资的追踪监控、产品质量追溯、销售窜货追踪等目标。最后利用数据分析工具建立质量计划、过程控制、发现问题、异常处理、管理决策、问题关闭的质量闭环管理平台，形成经验库与分析报表来支撑企业打造一套来源可溯、去向可查、责任可追的质量闭环追溯系统。

产品物料清单是产品研制、生产、使用和服务等生命周期全过程质量信息的一种全局视图，它将产品全生命周期中各阶段的各种质量信息有序、分层、关联地组织起来，形成产品生命周期电子质量档案，从而实现产品供应链上各相关实体之间质量信息的有效集成。通过电子质量档案，可以方便地得到质量故障、发生原因、责任单位造成的损失、解决措施以及各种技术文件手册等方面的综合信息。电子质量档案一般存储在一个芯片上，并称之为质量信息芯片。该芯片可以为每个产品建立一个电子化的档案，可以作为产品的身份证，为产品的生命周期质量信息管理提供有效手段。另外，电子质量档案具有开放性，产品供应链上各相关方可根据自己的需要对电子质量档案进行扩充和完善。

3. 异地可视化协同监控系统

在计算机网络和数据库的支持下，数字化质量管理系统可支持质量管理各相关方，对质量体系运行有效性和产品生命周期全过程的质量进行全方位的监控，包括企业领导对各部门的监控、企业对其产品全生命周期的监控、企业对供方的监控、用户及用户组织对企业的监控、上级集团公司对企业的监控、地方政府（质量技术监督局）对企业的监控、质量认证机构对企业的全面监控等。通过监控发现各种质量问题，并实现对质量问题及其整改措施的追踪管理。主要内容包括以下几点。

① 关键工序质量监控与协同处理。
② 车间级现场质量监控与协同处理。
③ 工厂级质量综合监控与协同处理。
④ 用户组织质量监控与协同处理。
⑤ 上级机构（行业集团质量技术监督部门）质量监控与协同处理。
⑥ 认证机构质量监控与协同处理等。

4.3 数字化质量管理应用示例

在数字化质量管理模式下，数据是核心，结合人工智能（AI）技术提升质量管控变得越来越重要。主要应用领域有以下几个方面。

质量检测和监控：利用 AI 技术中的计算机视觉和图像识别，能够自动检测生产过程中的缺陷或不合格品。通过 AI 系统分析生产线上的图像，识别产品瑕疵、变形或其他缺陷，减少人工检查的需要。应用 AI 技术处理来自生产线上各种设备的实时传感器数据，监控生产过程中的关键参数（如温度、压力、速度等）。通过数据分析，AI 能够预测设备故障，并实时提醒操作人员进行维护，确保产品质量稳定。

质量预测和分析：基于历史数据和实时数据进行质量预测，帮助企业了解产品在市场上的表现，识别潜在的质量问题，做出及时的调整。

生产过程工艺优化：可以从历史生产数据中挖掘影响产品质量的因素，帮助识别和优化生产流程中的瓶颈和不稳定因素，还可以通过机器学习方法实时分析生产过程数据，优化并调整生产参数，确保产品质量保持在预定范围内。

设备预测性维护：通过机器学习算法分析各种生产设备的运行数据，预测设备故障或需要维护的时机。通过预测性维护，减少生产停机时间和维护成本，提高生产效率。

此外，基于自然语言处理的客户反馈分析、基于供应商质量数据的供应商质量管理和智能报告与决策支持等应用。本节将介绍几种基于质量数据的质量检测与质量预测方法。

4.3.1 数据驱动的轴承产品表面质量检测

在互联网、大数据、区块链等新兴信息技术的推动下，全球制造业正在经历快速变化。传统的利用统计方法的质量管理已经无法满足企业日益发展的需求，为此，各企业纷纷提出了基于数据驱动的产品质量管理战略。通过大数据方法，企业可以从制造过程、生产系统和设备中获得有价值的信息，从而实现对制造过程中的产品进行质量控制。此外，结合智能云平台和大数据分析算法，可实现对产线、生产进度和产品质量的动态优化和调整。从质量管理的角度来看，利用过程数据进行质量管控，可以及时识别和纠正影响产品质量的潜在因素。通过数据驱动模型可以监测产品的质量波动趋势，实现对生产过程的实时监控和预警，从而减少生产资源的浪费，提高产品良品率和生产效率，减少损失。

在企业生产过程中存在生产工艺参数难以获取或者获取成本高的情况，这时质量预测方法就会存在局限性。因此，企业需要研究合适的产品质量检测方法，避免有质量问题的产品流入用户市场，影响企业品牌形象。在传统的产品质量检验过程中，有缺陷的产品需要人工仔细观察和分拣。然而，主观因素会严重影响生产效率并导致人力资源的浪费。因此，传统的产品质量检测方法已不能满足企业的生产要求。目前,基于机器视觉的产品质量检测方法在生产制造领域异军突起,已经成为现今国内外学者的主要研究方向。

企业对生产的产品进行质量检测,主要是依靠机器视觉、机器学习等算法对生产过程中采集的图像进行模型训练,并以此模型对企业产品进行表面质量缺陷检测。但是传统的检测方法需要庞大的数据量来避免模型在训练过程中出现过拟合问题,并且在多目标情形下存在目标漏检率高、模型特征融合不充分、模型计算量大等问题,无法给企业提供高效准确的检测效果。因此,如何利用有限的产品质量缺陷图像数据集,建立产品质量检测模型,辅助企业进行快速准确地检测是当前急需解决的问题。相比于传统的深度学习算法,YOLO系列模型具有良好的综合检测性能,已经成为目标检测领域的主流框架模型。

1. 产品表面质量检测基本流程

产品表面质量检测是采用一定的检测方法、设备来测定产品表面的质量特性,并把测定结果同规定的产品表面质量标准进行对比,进而判断产品表面是否合格的一种质量管理方法,这也是发现产品表面质量问题的一个关键步骤。

产品表面质量检测流程的核心内容是将工业云平台、产品表面质量检测模型及图像特征知识库部署在生产线产品表面检测关键点位置,以实现智能化质量检测,从而提高企业产品表面质量检测效率,降低企业成本,避免企业资源浪费,基本流程如图4-9所示。

产品沿着生产线到达产品表面检测关键点位置,触发生产线传感器运作,紧接着触发工业相机拍照,并将采集到的图像数据上传到工业云平台进行存储。同时,工业云平台将产品表面质量检测模型和知识库下发到生产线服务器,之后质量检测模型进行图像识别,并把图像识别结果与图像特征知识库进行快速对比。当对比结果符合产品合格特征规定的阈值时,系统判定产品合格,产品流入下一道工序;当对比结果符合产品不合格特征规定的阈值时,系统判定产品不合格,产品流入报废区域;当对比结果符合产品返修特征规定的阈值时,系统判定产品应返修,产品流入返修区域。部署在生产线附近的终端根据检测模型输出的结果,向生产线的控制器发出指令,将产品分流到不同区域,同时将流向不同区域的产品信息上传到工业云平台,而工业云平台将收集到的最新信息进行汇总和存储,为之后的质量数据分析、挖掘等奠定基础。另外,工业云平台还担任检测模型、知识库的更新以及模型训练等任务,确保各类模型和知识库的长期稳定性和准确性。

2. 数据驱动的轴承产品表面质量检测框架

通过轴承产品加工过程中的表面质量检测案例,来说明数据驱动的产品表面质量检测。轴承缺陷数据集是从工业领域收集的,并由工厂生产线上的相机捕获。轴承质量缺陷图像中主要有凹槽、擦伤和划痕三类缺陷,采集的数据集包含2247张图像,每张轴承图像均有多种质量缺陷,构建的数据集中部分图像如图4-10所示。由于损坏部件的数量有限,图像数据无法达到所需的数量。

针对加工中的产品表面质量缺陷检测在多目标情形下,存在漏检率高、模型特征融合不充分、模型计算量大的问题,以机器视觉理论方法和一些算法为基础,采用一种基于改进YOLOv8算法的产品表面质量检测方法G-YOLOv8,来弥补传统人工质量检测效率不足的问题,辅助企业更好地进行智能产品质量管控。

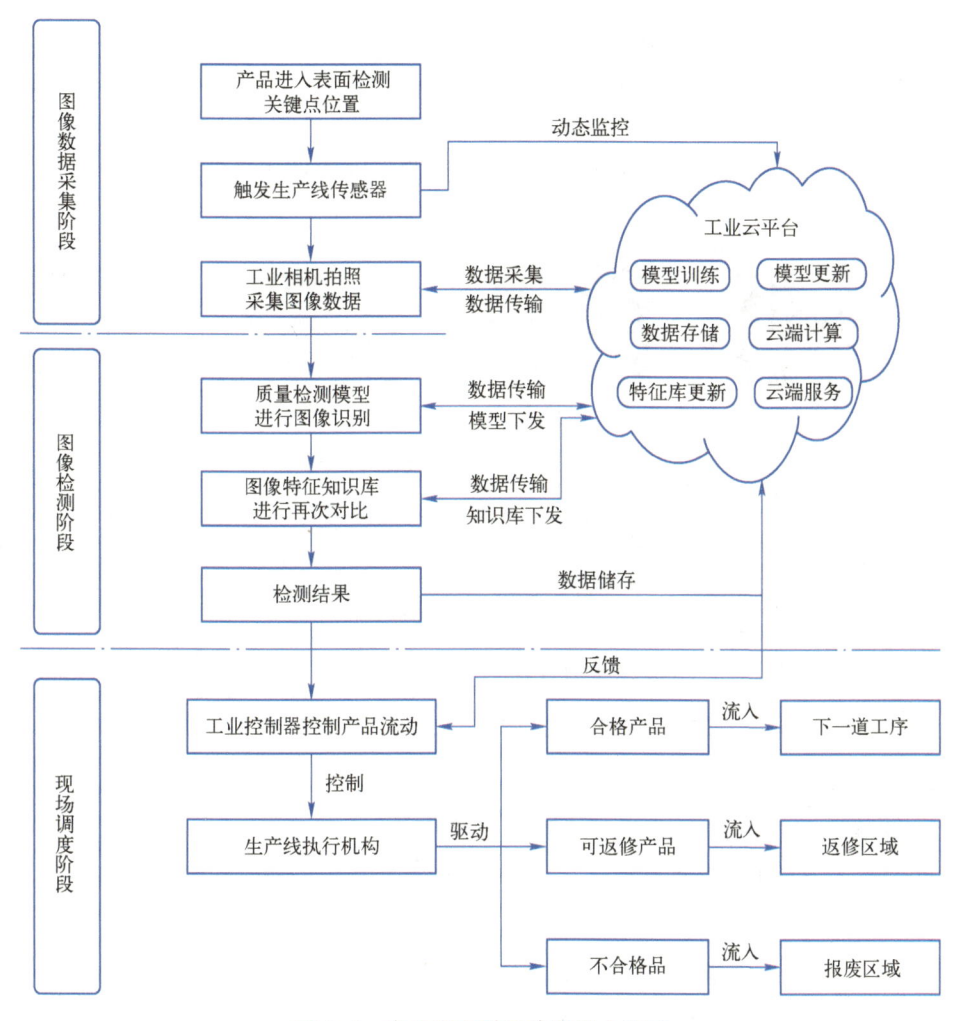

图 4-9 产品表面质量检测基本流程

图 4-10 部分轴承数据集

产品从生产流水线传送至表面检测关键点位置，触发相关传感器，然后工业相机、照明系统等图像采集设备开始自动对该产品进行图像采集，并将采集到的图像数据上传至工业云平台进行存储。为了便于后续模型的搭建，存储后的产品图像数据需要进行预处理操作，主要包括对采集的图像进行清洗、利用深度卷积生成对抗网络（DCGAN）对产品表面缺陷数据集进行扩充，解决产品质量缺陷图像数据量不足易导致模型过拟合的问题，在完成扩充后使用 LabelImg 标注软件对每类质量缺陷按照 PASCAL-VOC2007 数据集格式进行标注。处理后的图像保存为 JPG 格式，标注文件格式存储为 txt 文本。按照 8∶1∶1 的比例划分训练集、验证集和测试集，分别用于模型的训练和测试。轴承产品表面质量检测总体框架如图 4-11 所示。

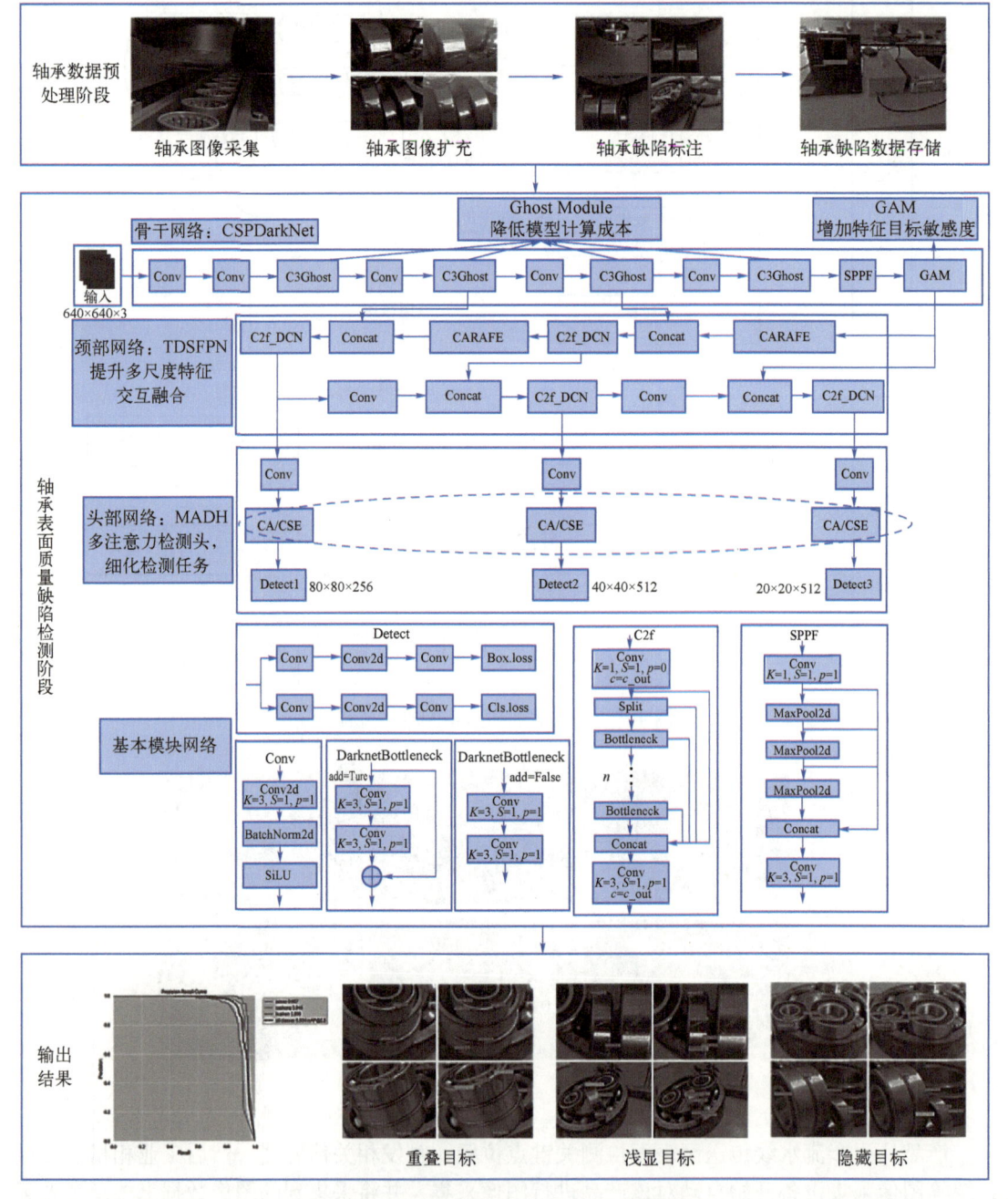

图 4-11 轴承产品表面质量检测总体框架

产品图像数据处理好后，就需要搭建产品表面质量检测模型。轴承产品表面质量检测模型以 YOLOv8 模型为框架改进而来，具体改进如下。

- 将 YOLOv8 骨干网络中的 C2f 卷积模块替换成基于幻象卷积模块 Ghost 搭建的 C3Ghost 卷积模块，降低模型计算成本，减少模型尺寸规模，提高检测效率。同时，在骨干网络末尾增加全局注意力机制 GAM，增加隐性小目标区域特征的敏感度，降低漏检率。
- 在颈部网络中引入可变形卷积 DCNv2 和轻量化上采样算子 CARAFE，构建深度可变形卷积特征融合网络，提高多尺度目标缺陷的关注度，减少上采样过程中特征信息的损失。
- 将头部网络定位分支和分类预测分支中的卷积模块替换为坐标注意力机制模块 CA 和基于压缩激励网络改进的通道压缩激励注意力机制模块 CSE，避免特征混淆，细化各个分支的检测任务，提高模型的检测准确率。

3. 基于改进 YOLOv8 模型的轴承产品表面质量检测方法

为了对轴承产品进行表面质量问题检测，需要构建产品表面质量检测模型，模型主要由产品表面图像扩充、YOLOv8 检测模型改进和产品表面质量检测等部分构成。

（1）数据增强

由于轴承产品损坏部件的数量有限，数据集规模较小，直接利用有限数据训练模型，易出现过拟合问题，因此需要选用合适的方法对数据集进行扩充。产品图像背景复杂，缺陷特征信息占比较低，普通的生成对抗网络（GAN）生成图像的过程中难以充分关注图中目标区域，而深度卷积生成对抗网络（DCGAN）将卷积神经网络（CNN）与 GAN 相结合，利用卷积层替换原有的多层感知机（MLP），提高捕获图像数据中目标特征的能力，可生成更真实、更实用的数据，更适用于图像样本的处理，因此可以选用 DCGAN 进行数据增强。

DCGAN 模型生成器的结构如图 4-12 所示，由 1 个全连接层和 4 个转置卷积层组成。生成器 G 将一个 100 维噪声向量 z 作为输入，通过全连接层对向量进行 reshape 操作，然后对拓扑空间结构进行 4 层步进转置卷积运算，得到大小为 64×64 的三通道 RGB 图像。鉴别器的结构可以看作是生成器的翻转。不同的是，鉴别器最终只输出一个简单的判别值来判断数据的来源。值得注意的是，生成器和鉴别器的训练是交替进行的。

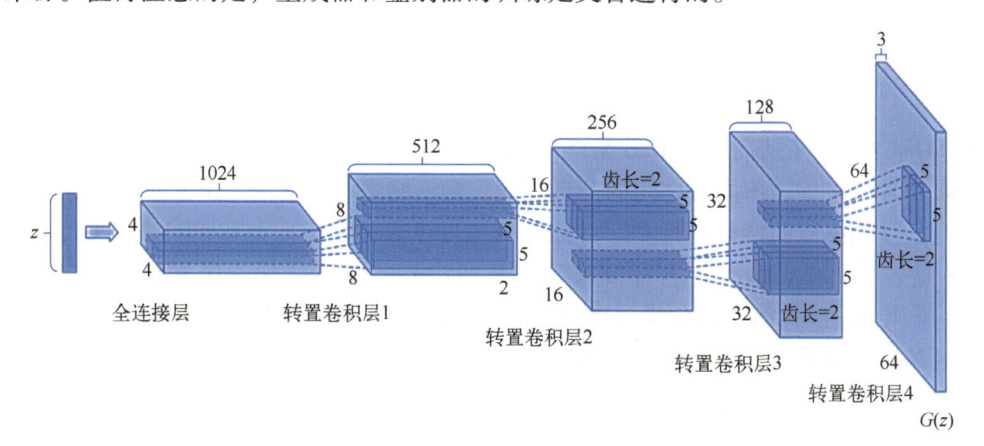

图 4-12 DCGAN 模型生成器结构

使用 DCGAN 进行数据集增强，将图像数据扩充至 4494 张。在完成扩充后使用 LabelImg 标注软件对每类产品缺陷进行标注，使轴承产品图像符合模型训练要求。

（2）YOLOv8 模型

YOLOv8 是 YOLO 系列中最新的物体检测模型，在准确性和速度方面都有显著提高，其结构如图 4-13 所示。YOLOv8 提供了五种基本型号，分别是 YOLOv8n、YOLOv8s、YOLOv8m、YOLOv8l 和 YOLOv8x，以适应不同的场景需求。

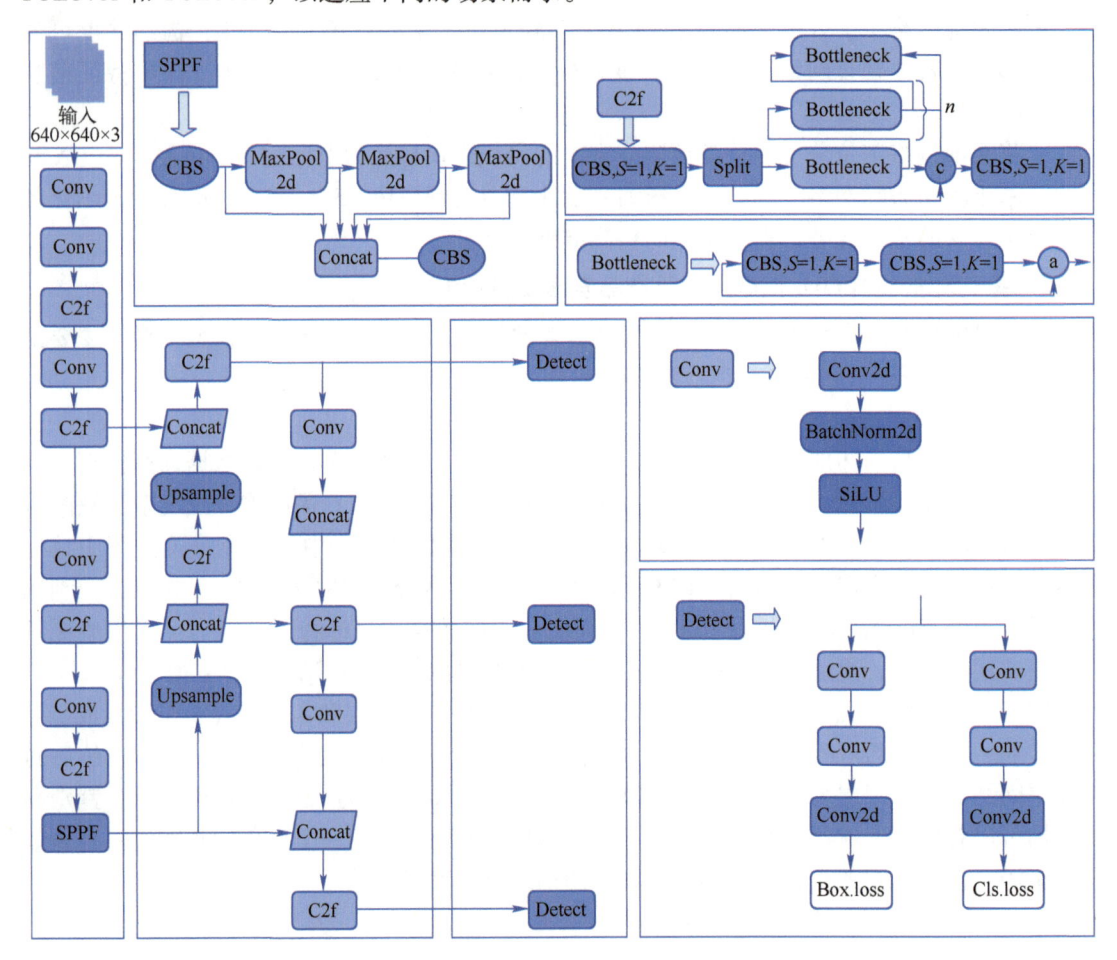

图 4-13　YOLOv8 模型结构

YOLOv8 的骨干是基于 CSPDarkNet53 网络架构修改而来的，由 53 个卷积层组成，通过部分跨阶段连接来促进不同层之间的信息流动。骨干网络负责从输入图像中提取特征，而头部网络则是使用提取的特征进行实际目标检测，以预测类概率。与以前的 YOLO 版本不同，YOLOv8 是一个无锚点模型，它直接预测对象的中心，而不是预测已知锚点框的偏移量。YOLOv8 采用自适应训练来优化学习率并平衡损失函数，从而获得更好的模型性能。模型还使用先进的数据增强技术，如 MixUp 和 CutMix，以增强模型的鲁棒性和泛化性。YOLOv8 的架构是高度可定制的，允许用户修改模型的结构和参数以满足需求，使其成为适用于各种目标检测任务的灵活工具。

4. 轴承产品表面质量检测结果分析

对轴承产品表面质量进行检测，需要利用工业相机等设备对处于表面检测关键点位置上的产品进行图像采集，并存储于工业云平台当中。对产品图像进行预处理以便更好地进行质量检测工作。使用训练好的改进 YOLOv8 模型（G-YOLOv8）对产品存在的表面质量缺陷进行快速准确地检测，输出合格和不合格的标签，在不合格的情况下定位缺陷的位置和种类，实现产品的表面质量检测，具体流程如图 4-14 所示。

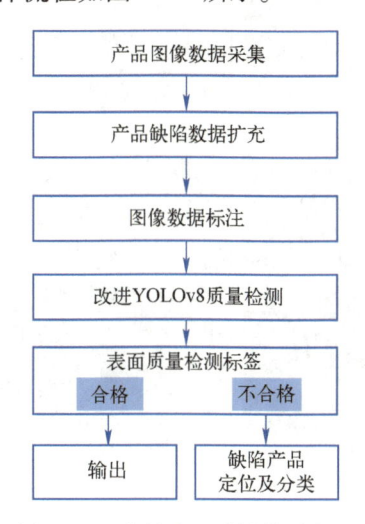

图 4-14 产品表面质量检测流程

产品表面质量检测的最终结果会以两种颜色的标签形式呈现，当检测的产品没有质量缺陷为合格品时，输出标签为绿色，反之则为红色。当检测结果为红色时，表示当前生产的产品表面存在缺陷，可能存在产品质量问题，企业需要进行及时检查与调整。

（1）数据增强效果

采集的图像数据量会极大地影响模型的训练效果，而企业在生产过程中产生的有表面质量缺陷的产品数量有限。为了避免改进模型在训练过程中出现过拟合问题，使用 DCGAN 对产品表面质量缺陷图像数据进行扩充，扩充效果如表 4-3 所示。由表分析可知，产品表面质量缺陷数据扩充后，擦伤检测的准确率提升最为明显，达到了 4.9%，其他各项检测指标结果都获得了一定幅度的提升。因此，利用 DCGAN 生成的产品表面质量缺陷图像数据有效，可以解决因数据不足导致模型过拟合的问题。

表 4-3 数据扩充后的模型效果

数据集	F1 值	召回率	精确	凹槽	划痕	擦伤	mAP@0.5
扩充前	0.871	0.927	0.931	0.917	0.865	0.896	0.893
扩充后	0.910	0.941	0.975	0.957	0.899	0.945	0.934

（2）特征图可视化

为验证改进特征提取模块、改进特征融合模块和改进检测头对轴承目标缺陷的识别效果，使用类激活图对特征图进行可视化，结果如图 4-15 所示。选取两张具有代表性的轴承表面质量缺陷图像，通过对比可以看出改进后的模型对轴承表面缺陷目标的全局关注度更显著，对一些复杂目标的表达能力更强。

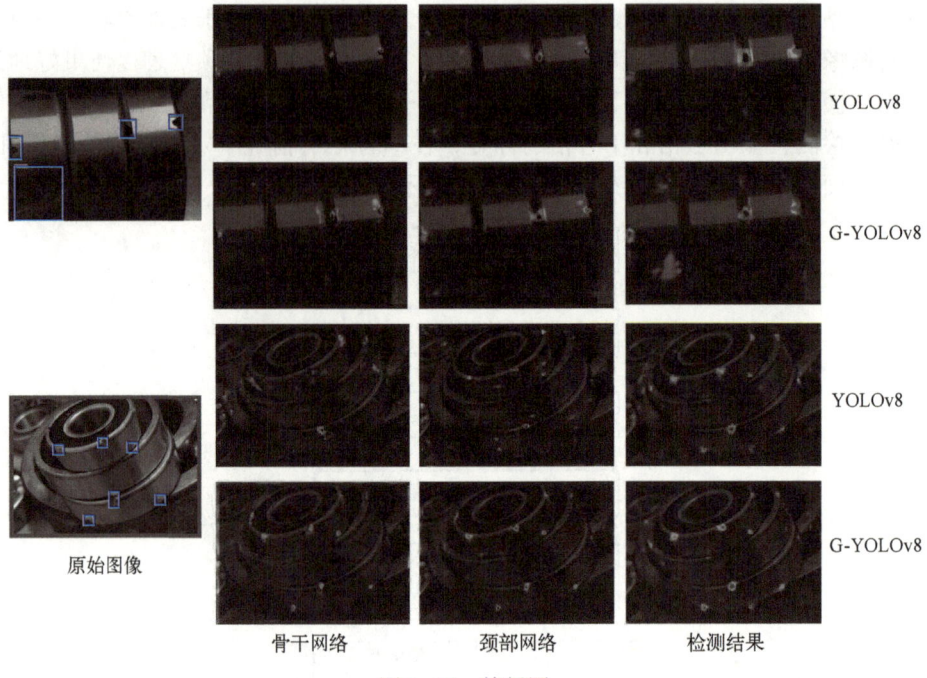

图 4-15 特征图

（3）对比结果分析

将改进模型分别与 SSD、Faster R-CNN、YOLOv3-Tiny、YOLOv5n、YOLOv7-Tiny、YOLOv8、G-YOLOv8 模型进行对比实验，对比结果如表 4-4 所示。

表 4-4 不同模型的对比结果

模 型	尺 寸	推理速度	mAP@0.5	精 确
SSD	128.4	27.6	0.867	0.903
Faster R-CNN	165.8	24.3	0.871	0.897
YOLOv3-Tiny	63.6	44.8	0.874	0.909
YOLOv5n	42.3	57.4	0.881	0.913
YOLOv7-Tiny	47.6	71.9	0.887	0.921
YOLOv8	22.7	81.3	0.902	0.933
G-YOLOv8	18.8	91.6	0.934	0.975

为了更加直观地显示出不同模型的产品表面质量检测结果，绘制柱状图如图 4-16 所示。

根据表 4-4 和图 4-16 可得，相比于 SSD、Faster R-CNN、YOLOv3-Tiny、YOLOv5n、YOLOv7-Tiny 以及 YOLOv8 模型，G-YOLOv8 模型以更少的参数数量获得了最佳的检测精度和推理速度，为后续部署时轻量化的要求提供了基础。

（4）检测结果可视化分析

将部分算法训练所得到的最佳模型用于预测，预测结果如图 4-17 所示。轴承的三种缺陷凹槽、划痕和擦伤在图像中分别用 "aocao" "huahen" 和 "cashang" 进行标注。图中左侧均为基础 YOLOv8 模型的检测效果，右侧则为 G-YOLOv8 模型的检测结果。对检测结果分了三种情况进行讨论，即重叠目标场景、浅显目标场景和隐藏目标场景。从图中可以看出，G-YOLOv8 模型的检测结果要明显优于基础模型，尤其是在检测全面性和检测错误性方面（检测错误在图片中用箭头进行标注）。在重叠目标检测场景中，可以看到 G-YOLOv8 模型的查全率和查准率都有明显提升，所有质量缺陷均已检测出来；在浅显目标检测场景中，基础模型和改进模型受光照、表面光滑度、曲度等因素影响，均出现错检问题（图中箭头标注），但是相比于 YOLOv8 模型，G-YOLOv8 模型检测出了更多的质量缺陷目标，效果更明显；在隐藏目标检测场景中，YOLOv8 模型出现了漏检和错检问题，而 G-YOLOv8 模型能把轴承表面质量缺陷全都检测出来，且没出现错检。

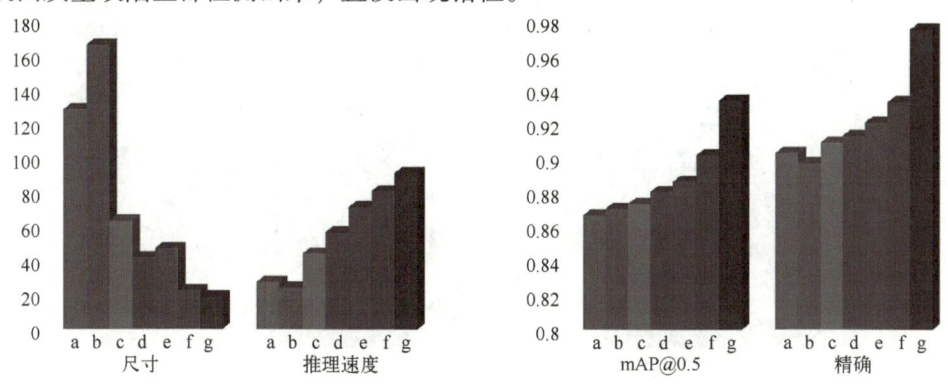

图 4-16 模型检测结果
a—SSD b—Faster R-CNN c—YOLOv3-Tiny d—YOLOv5n
e—YOLOv7-Tiny f—YOLOv8 g—G-YOLOv8

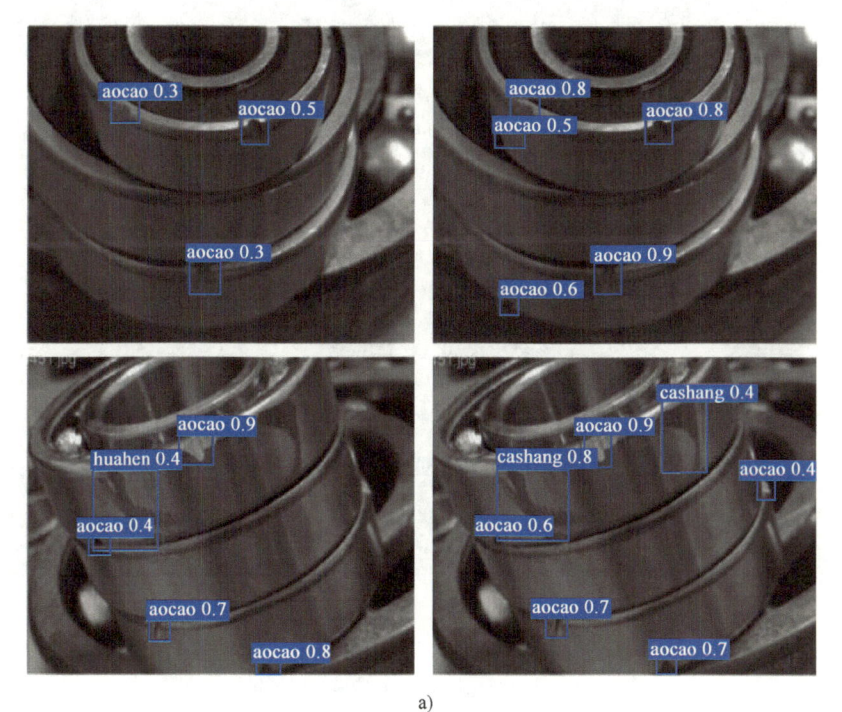

a)

图 4-17 检测结果可视化分析
a）重叠目标场景

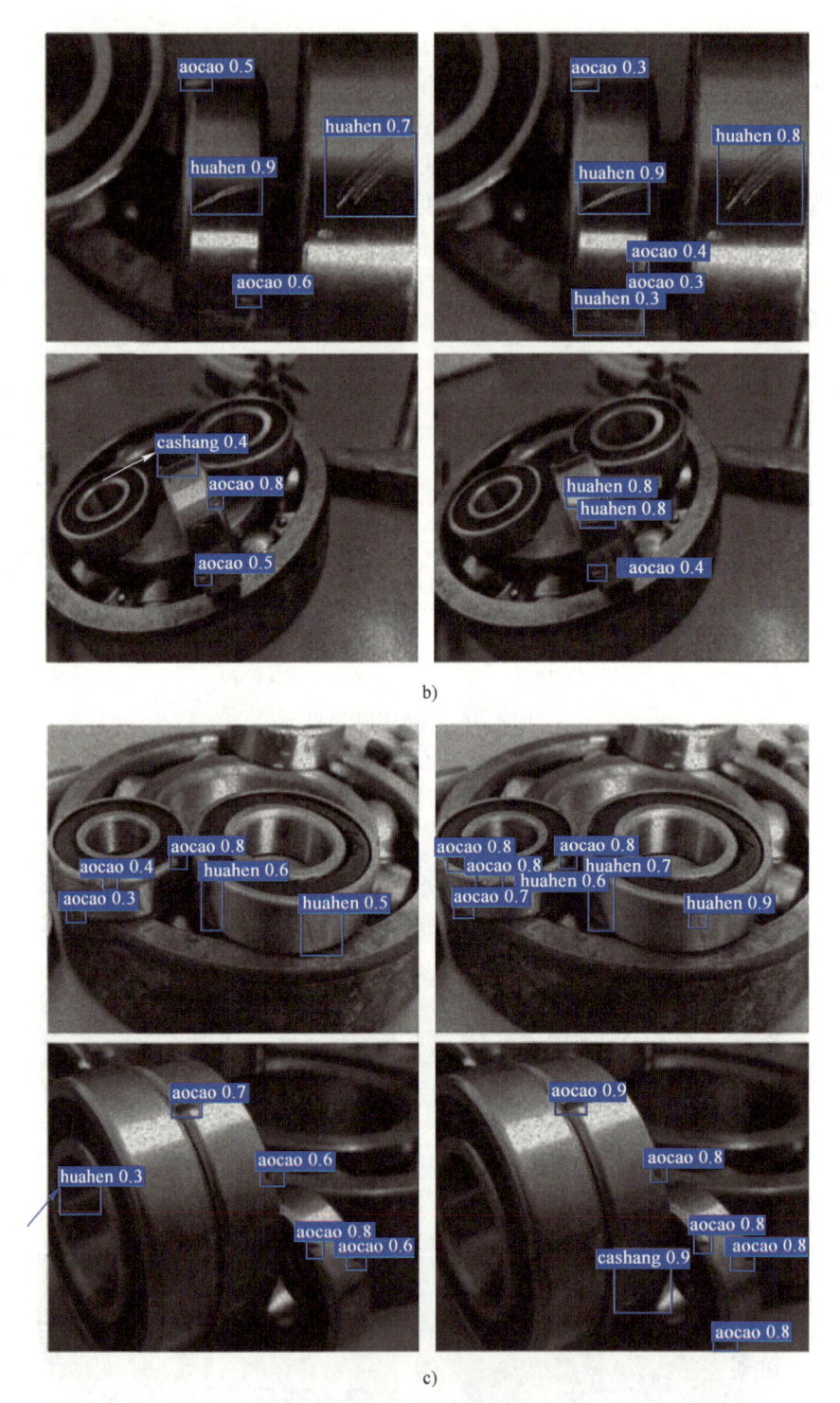

图 4-17 检测结果可视化分析（续）
b）浅显目标场景 c）隐藏目标场景

4.3.2 多特征融合的注塑件尺寸预测

1. 注塑产品尺寸预测

注射成型是一个复杂的非线性生产过程,注塑件质量易受到工艺参数、设备和模具状态等诸多因素的影响。目前,注塑件质量检验采用首末巡检的方式,多数依靠人工检测,检验成本高且效率低下。巡检对缺陷产品处理具有一定的滞后性,导致出现产品质量问题无法及时停止生产,造成生产浪费现象频频发生,如何在线监测和判断注塑件质量尤为重要。

注射过程传感器高频数据的统计特征无法准确表征聚合物熔体在模具型腔中的流动状态,可以利用深度学习模型能进行复杂特征自动提取、适应性好等优点,设计一种基于双层双向门控循环单元(DL-BiGRU)的多特征融合深度学习模型,对注塑件尺寸进行预测。

注塑成型是指将粒状或粉状的原材料加入注射料斗中,原材料经加热熔化呈流动状态,在螺杆或活塞的推动下,经喷嘴和模具的浇注系统进入模具型腔,在模具型腔内冷却硬化定型的加工过程。在注塑件成型过程中,影响注塑件质量的因素除了注塑机状态特征外,注射成型过程中通过各类高频传感器感知的瞬时物理量变动也是需要重点考虑的因素。如图 4-18 所示为注塑加工过程数据采集的主要传感器位置分布图。

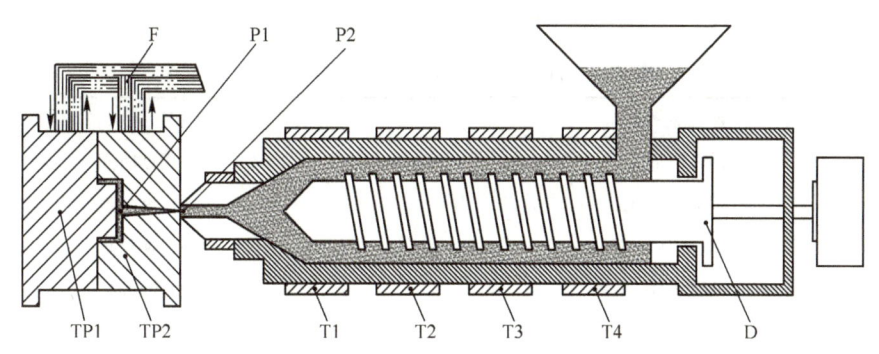

图 4-18 注塑加工过程数据采集的主要传感器位置分布图
F—模温机供给水实际流量 P1—模具内压力 P2—喷嘴头的射出压力 TP1—公模温度、压力
TP2—母模温度、压力 T1~T4—料筒温度 D—螺杆位置

实验数据选用第四届工业大数据创新竞赛中的注射成型尺寸预测数据集,该数据集来源于富士康工业互联网股份有限公司发布的加工数据,共 16600 个数据样本,记录了每模次对应产品的 3 个尺寸参数、注塑机状态数据和传感器高频数据,数据具有维度高、数据多等特点。

注塑产品尺寸数据记录每模次注塑件的 3 个尺寸数据(size1、size2、size3),具体尺寸范围及公差见表 4-5。

表 4-5 尺寸范围及公差

尺 寸	尺寸上限/mm	尺寸下限/mm	公差/mm
size1	300.15	299.85	0.3
size2	200.075	199.925	0.15
size3	200.075	199.925	0.15

注塑过程传感器高频数据主要来自模温机和模具传感器。单件注塑产品加工周期约为 40~43 s，采样频率为 20 Hz 和 50 Hz 两种，共 24 个传感器采集数据，所采集的数据为高频次时间序列数据，主要包括模具内压力、模具内温度、喷嘴头的射出压力等。注塑机的传感器高频采样数据的部分特征字段名及对应的特征名见表 4-6。

表 4-6　传感器高频字段名对应的特征名

字　段　名	特　征　名
Sensor1	模具内压力
Sensor5	模具内温度
Sensor8	模温机水流流量计实际流量
MouldTemp9	公模温度
MouldTemp12	母模温度
SP	实际螺杆位置

注塑机状态数据来自注塑机机台。直接采集注塑机上的状态数据，数据维度为 86 维，主要包括保压时间、后冷却时间、切换位置等。注塑机状态数据的部分特征字段名及对应的特征名见表 4-7。

表 4-7　注塑机状态字段名对应的特征名

字　段　名	特　征　名
EL_CYC_TIME	周期时间
EL_NZL_MEAN	温度均值
EL_IV_END_STR	切换位置
EL_LAST_COOL_TIME	后冷却时间
EL_CLAMP_PRESS	锁模压力
EL_MAX_INJ_PRESS	最大注塑压力

注塑件在加工过程中，模具内部压力、温度等曲线记录着其从原材料到成品的变化状态，过程曲线反映熔体从喷嘴头进入浇口、流道，最后注入型腔后的情况。在某产品生产过程中，对注塑件的传感器高频数据进行可视化分析，随机抽取 3 个模次的关键传感器参数绘制出高频序列数据曲线图，具体如图 4-19 所示。以模具内的近浇口压力值和实际螺杆位置为例，根据加工阶段划分（每个数值为一个加工阶段，如注射、保压、冷却等），对注塑件成型过程中的高频序列数据做进一步分析。

图中，点 A 到点 B 为初始化准备阶段，此时螺杆位置和模具内压力不变；点 B 到点 C 为注射填充阶段，螺杆按照给定速度开始移动，熔体由喷嘴头快速进入浇口，因浇口处于封闭状态，熔体进入模腔后开始充满模腔，模腔内压力传感器数值开始变动；点 C 到点 D 为保压阶段，螺杆以给定速度和压力慢速移动，因塑料受模壁冷却固化导致模腔内阻力较大，材料密度持续增大，产品逐渐成型，模内压力在前半段呈现出曲线上升的趋势；当保压压力到达最大设定压力后，螺杆停止移动直至保压结束，模内压力开始呈现下降趋势；点 D 到点 E 为冷却阶段，随着保压阶段结束，浇口附近的熔体逐渐冷却固化，直到浇口全部封闭，注塑件冷却成型，模腔压力也下降至大气压，螺杆也退回至初始位置，为下一个循环加工做好准备。

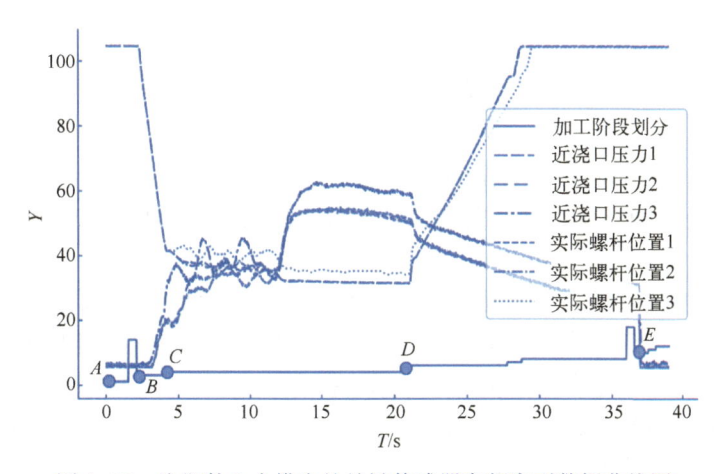

图 4-19 注塑件 3 个模次的关键传感器高频序列数据曲线图

图中 3 个模次的尺寸分别为 299.975 mm、299.981 mm 和 300.370 mm。分析 3 个模次的近浇口压力值的变化趋势,其数值仅在保压的前半段波动较大,其余部分的趋势变化基本相同。模次 2 比模次 1 的尺寸大 0.006 mm,因尺寸相差较小,两模次的压力曲线仅在保压的前半段有较小的差异,其余部分的压力曲线基本重合。模次 3 比模次 1 的尺寸大 0.395 mm,相较于模次 1 和模次 2 的尺寸相差较大,从填充到冷却阶段,模次 3 在保压的前半段有数值波动,其余部分从尺寸差异的变化趋势来看,模次 3 在模次 1 的基础上产生一定数值的偏置,但制造过程的压力曲线趋势基本相同。分析同一时刻不同模次的传感器数值,即传感器高频瞬时数据,如 3 个模次在 20 s 时,尺寸差较小的模次数值相差小,尺寸差较大的模次数值相差大。同理,3 个模次的实际螺杆位置差异如图 4-19 所示,其数值差异也和注塑件尺寸密切相关。

从上述分析可以看出,关键传感器高频数据曲线的变化直观反映出注塑件在注塑过程中熔体的变化状态,传感器高频瞬时数据的数值会影响到注塑件尺寸。注塑件成型过程数据与注塑件尺寸直接相关,利用成型过程中的传感器高频数据和瞬时数据获取特征,有利于评估注塑件尺寸的变化和波动趋势。

2. 多特征融合的注塑件尺寸深度神经网络预测模型

注塑件在模腔成型是从液体到固体的转变过程,会有体积收缩变化,注塑件成型过程高度耦合在一起,影响注塑件尺寸。从注塑模腔内采集到的高频时间序列数据也是耦合的,需要从双向来提取注塑过程特征。

随着长短期记忆神经网络(LSTM)在时间序列中的广泛应用,LSTM 训练时间长、内部参数多的缺点亟待解决。有学者提出 LSTM 的变体,即 GRU 模型,仅由更新门和重置门组成。GRU 模型结合了 LSTM 的优点,结构更简单、参数更少、收敛性更好。双向 GRU (BiGRU)能够同时考虑过去和未来的信息,可以更加准确地捕捉序列数据中的特征信息。通过选取 BiGRU 网络来处理成型过程传感器高频序列数据,将相同的输入序列分别连接前向和后向两个 GRU 网络,然后将两个网络的隐含层连接到输出层进行预测。两个隐含层在每个时刻接收相同的输入,但在方向上是相反的,这加强了时间序列前向和后向的特征提取。BiGRU 网络的原理可以用以下等式来解释。

$$h_t^+ = \mathrm{GRU}(x_t, h_{t-1}^+)$$
$$h_t^- = \mathrm{GRU}(x_t, h_{t-1}^-)$$
$$h_t = w_t h_t^+ + v_t h_t^- + b_t$$

式中，GRU 函数为输入时间序列数据的非线性变换；x_t 为 t 时刻的输入；w_t 表示 t 时刻前向隐藏状态对应的权重；v_t 为 t 时刻反向隐藏状态对应的权重；b_t 为 t 时刻 BiGRU 两个隐藏状态对应的偏置。

多层网络结构对输入信息具有更强的特征提取能力，隐含层用来处理层与层之间的关系，但隐含层过多会导致网络计算量增大、训练时间长等问题，还可能导致过拟合和预测能力降低等现象。虽然单一隐含层的神经网络结构拟合能力强，但对主要信息的特征提取能力较差，使用双层 GRU 模型对输入的时序信息进行特征提取的效果更好，说明双层 GRU 模型的特征提取能力优于单层 GRU 结构。

为了提高模型对注塑过程传感器高频特征的提取能力和预测精度，综合 BiGRU 和双层网络的特性，提出 DL-BiGRU 网络结构，如图 4-20 所示。图中，x_t 为 t 时刻的输入，将传感器高频时序特征作为输入，经过第一层 BiGRU 网络对时序数据进行初步特征提取。因注塑过程中前后数据耦合较强，选择 BiGRU 网络加强传感器序列数据前后特征的提取能力。为弥补单一隐含层对主要特征提取能力差的问题，采用了双隐含层结构，在第一层 BiGRU 网络的基础上再堆叠第二层 BiGRU 网络，对第一层输出的特征进行进一步的提取。

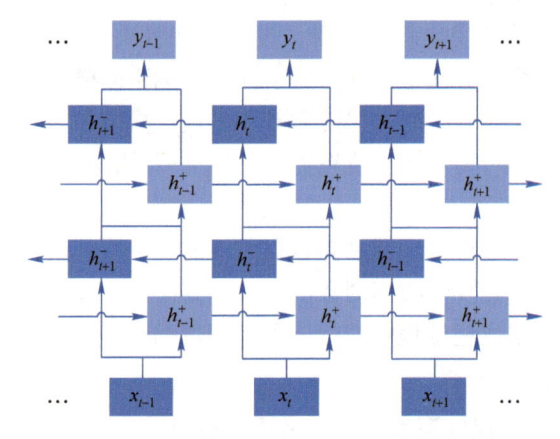

图 4-20 DL-BiGRU 结构

为充分利用注塑件成型过程中的所有特征参数，可以采用 DL-BiGRU 多特征融合尺寸预测模型，从传感器感知数据中提炼注塑机成型过程的模腔高频时序特征、瞬时特征和注塑机状态特征，构建多特征融合模型来预测注塑件尺寸。注塑件成型过程中，高频数据记录熔体的成型过程，提炼出成型过程高频时序特征作为注塑件尺寸预测的重要特征。传感器高频瞬时特征是指把一个周期内采集的传感器数值转化为非序列特征。注塑机状态特征是指直接读取每个模次的注塑机上各传感器的数据。

如图 4-21 所示为一个基于 DL-BiGRU 多特征融合的注塑件尺寸预测模型，模型主要包含了 6 个部分。

1）输入层：包括传感器高频时序特征数据（x）、瞬时特征数据（y）和注塑机状态特征数据（z）。高频时序特征数据通过对模腔采样数据直接获取，表征成型过程的变化特征。

瞬时特征数据可以通过平均所有时序特征数据获取，也可以通过采样不同时刻数据展成平铺获取。注塑机状态特征数据通过每个模次采样一次直接获取。注塑过程中高频数据量大，为减少模型训练的超参数，对传感器高频时序特征数据和瞬时特征数据进行间隔采样的操作以减少数据量。

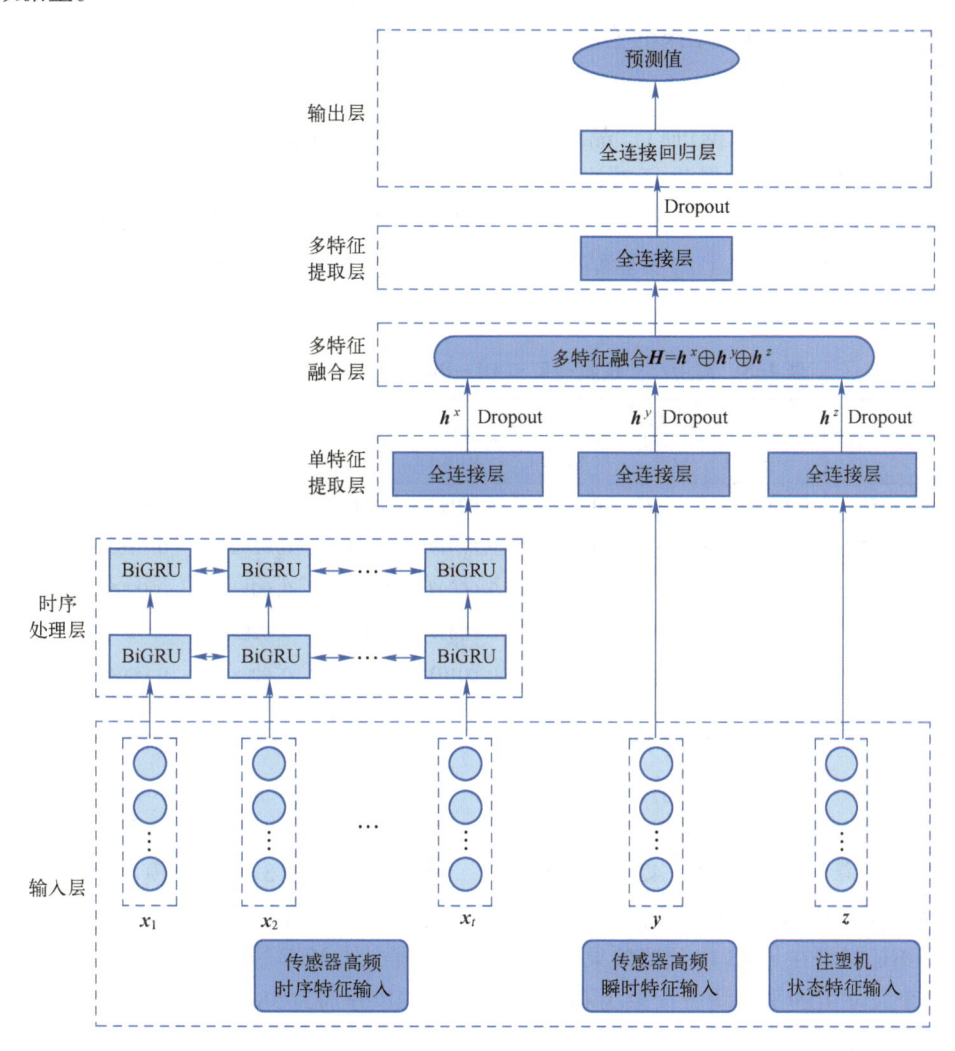

图 4-21　基于 DL-BiGRU 多特征融合的注塑件尺寸预测模型

2）时序处理层：将传感器高频时序特征数据按时间序列的顺序输入到第一层 BiGRU 网络中进行时序特征学习，然后将学习到的序列特征作为第二层 BiGRU 网络的输入，以便充分学习传感器高频数据的内在时序特征。

3）单特征提取层：将传感器高频时序特征数据在第二层 BiGRU 网络输出的最后一个序列特征，通过全连接层训练，充分提取 DL-BiGRU 网络中更抽象的特征（h^x）。将传感器的瞬时特征和注塑机状态特征分别连接到各自的全连接层中，以充分挖掘特征内部的抽象特征（h^y、h^z）。三种输入数据经各自网络提取特征，得到影响注塑件尺寸的表征特征。

4）多特征融合层：采用一个多特征融合层把三种类型的特征经过各自网络处理后输出的表征特征拼接起来，组成一个多特征融合的表征特征（H），H 的具体计算如下：

$$H = h^x \oplus h^y \oplus h^z$$

5）多特征提取层：将多特征融合层中的所有特征连接一个全连接层，对融合的表征特征进行深度特征提取，挖掘不同特征的关联关系。

6）输出层：多特征提取层的输出经过全连接回归层将融合特征经特征提取后的维度降为1，完成注塑件尺寸预测结果的输出。

3. 预测结果分析

基于产品加工过程数据进行产品尺寸预测有各种不同的机器学习模型，在数据集基础上对注塑件尺寸预测的效果进行对比分析，主要是和常用的一些尺寸预测方法如浅层学习（SVR、LGB、XGB）、深度学习（MLP、LSTM、GRU）进行对比。如表4-8所示为以上方法在注塑成型数据集上的实验结果，其中IMP为融合模型相对于次优模型的相对提升效果。

表4-8 常用尺寸预测模型和DL-BiGRU模型的预测误差对比

尺寸	评价	浅层学习			深度学习			融合模型	指标
		SVR	LGB	XGB	MLP	LSTM	GRU	DL-BiGRU	IMP
size1	MSE	0.00193	0.00175	0.00134	0.00112	0.00174	0.00131	0.00047	58.0%
	MAE	0.03335	0.03335	0.03106	0.02419	0.03146	0.02929	0.01657	31.5%
size2	MSE	0.00135	0.00291	0.00089	0.00093	0.00128	0.00133	0.00051	42.7%
	MAE	0.02979	0.03999	0.02407	0.02417	0.02899	0.02851	0.01778	26.1%
size3	MSE	0.00170	0.00124	0.00078	0.00103	0.00123	0.00085	0.00043	44.9%
	MAE	0.03371	0.02602	0.02267	0.02478	0.02616	0.02245	0.01611	28.2%

以均方误差（MSE）为评估标准对融合模型和对比模型在3个尺寸上的预测结果进行分析。在浅层学习的3个预测模型中，XGB模型的预测效果均为最优，而融合模型比XGB模型的MSE分别降低了64.9%、42.7%、44.9%。在深度学习的3个预测模型中，MLP模型在size1和size2中预测效果最优，而融合模型比上述模型的MSE分别降低了58.0%、45.2%；GRU模型在size3中预测效果最优，而融合模型的MSE进一步降低了49.4%。融合模型在3个尺寸上的平均均方误差为0.00047mm，IMP分别为58.0%、42.7%、44.9%，预测效果提升明显。

以上实例情况的仿真结果显示，采用DL-BiGRU网络学习传感器高频特征，并结合传感器瞬时特征和注塑机状态特征，构建多特征融合的深度学习模型，模型的预测精度优于上述对比模型。针对注塑生产过程中注塑产品质量无法根据加工过程数据判断的问题，采用双层BiGRU学习多特征融合注塑件加工过程传感器高频时序特征、瞬时特征和注塑机状态特征，能够准确进行注塑件尺寸预测。

4.3.3 基于深度迁移学习的小样本注塑件尺寸预测

大批量定制和多品种小批量生产模式增加了工业生产环境下生产过程的多样性和不确定性，直接导致了数据样本不足，阻碍了以数据为核心的AI技术和机器学习工具的使用。同时，在产品质量在线监测过程中，一个急需解决的问题是机器学习模型需要足够数量的训练数据，使用小样本数据训练模型易出现模型预测精度不高和欠拟合的情况。针对上述问题，可以应用深度迁移学习研究在新工艺和小样本数据条件下，利用不同的过程数据和有限的数据样本，研究在线监测和判断不同产品不同质量的方法，依托已有的海量历史数据对产品质量进行预测，实现已有产品加工过程数据的重用，提升小样本数据下深度学习模型的预测精度。

1. 深度迁移学习原理与方法分类

传统机器学习、深度学习高性能预测建立在大量标签数据的基础上，然而随着时间的推移，越来越多的客户要求生产趋向小批量定制化，想要获得大批量的数据是极其困难的。在深度学习中，从头开始训练一个深度学习架构非常耗时且计算成本高，因为深度神经网络含有大量的权重值。在训练开始前，这些权重通常通过随机分配进行初始化，依据标注数据和损失函数通过迭代过程进行更新。迭代更新所有权值非常耗时，在训练数据有限的情况下，使用深度学习架构有可能会产生过拟合或欠拟合的现象。

迁移学习利用现有知识解决不同但领域相似的问题，通过识别并应用已获得的知识，促进新任务的学习过程，在训练数据不足、计算资源受限等情况下特别适用。深度迁移学习结合深度学习和迁移学习，利用从另一个任务和数据集（即使是与源任务或数据集不强相关的任务或数据集）获得的知识来降低学习成本。深度迁移学习分为以下四类：基于实例的深度迁移学习、基于特征映射的深度迁移学习、基于对抗的深度迁移学习和基于模型的深度迁移学习。

（1）基于实例的深度迁移学习

基于实例的深度迁移学习方法通过采取特定的权重调整策略，从源域中选取一部分实例并为其分配恰当的权重，作为目标域训练集的补充。将源域与目标域中含义不一致的实例排除在训练数据集外，而将含义相近的实例加入目标域训练集中。

（2）基于特征映射的深度迁移学习

基于特征映射的深度迁移学习方法将源域和目标域的实例映射到一个新的数据空间。深度神经网络学习将源域和目标域的数据映射到一个共同的特征空间内，使源域和目标域的数据分布尽可能地相近，从而使得在源域上学到的知识可以被有效地应用到目标域上。源域和目标域的特征映射到具有更多相似性的新数据空间，将新数据空间中的所有实例作为训练集。

（3）基于对抗的深度迁移学习

基于对抗的深度迁移学习方法引入了生成对抗网络（GAN）技术，可以找到既适用于源域又适用于目标域的可迁移表征。在两个网络之间设置对抗性任务来训练模型，使模型在目标域中表现得更好。在源域大规模数据集的训练过程中，网络的前层充当特征提取器的角色，负责从两个不同域内提取并转发特征至对抗层。对抗层试图区分特征的起源，若对抗网络表现不佳，说明两种特征间的区别较小，表明它们具有较高的迁移潜力，反之则迁移性较低。在随后的训练阶段，依据对抗层的表现调整迁移网络，以识别和提炼出可迁移性更强的通用特征。

（4）基于模型的深度迁移学习

基于模型的深度迁移学习方法将在源域基础模型中预训练好的部分网络，包括其网络结构和连接参数，迁移到目标域模型中进行知识重用。网络的前层作为一个特征提取器，在源域数据中提取出来的特征是通用的；后层作为个性特征提取器，提取出目标域数据中的个性特征。在大规模源域训练数据集中，对源域基础模型进行预训练，获取最佳网络参数，表征关联的共性特征。根据目标域数据特点，对目标域迁移模型进行网络微调，将预训练好的通用网络参数转移至目标域迁移模型中，并固定迁移层或以此为初始化参数进行迁移模型训练。

2. 注塑制品不同质量特性可迁移性分析

迁移学习的一个关键假设是源域和目标域之间的领域相似性，如果源域和目标域在一定程度上相似，那么迁移学习可能更有效。迁移学习中的领域相似性描述了源域与目标域之间在特征空间、数据分布、任务类型等方面的相似程度。

（1）领域相似性分类

① 特征空间相似性

源域和目标域的特征空间相似或者可以通过某种映射关系互相转换，说明这两个领域在特征空间上是相似的，如两个领域都涉及图像数据，且图像的基本视觉特征（如边缘、纹理等）具有可比性。

② 数据分布相似性

领域相似性也可以从数据分布的角度来评估。源域和目标域中的数据分布相近，即使它们的绝对值或标签不同，统计测试、分布距离度量（如 Wasserstein 距离）等方法可用来评估它们的数据分布。

③ 任务相关性

源域和目标域的任务类型和目标是评估领域相似性的重要方面。两个领域的任务（如分类、回归、聚类等）相似或者可以相互映射时，其任务相关性通常需要根据具体的任务目标和输出进行定性分析。

④ 语义相似性

在一些情况下，特征空间和数据分布在表面上看起来不同，但源域和目标域之间也可能存在语义上的相似性。这种相似性通常涉及对数据的深层次理解，如不同类型的文本数据可能在字面特征上差异很大，但从主题或情感分析的角度看，它们可能存在相似的语义结构。

⑤ 应用场景相似性

从应用场景的角度来考虑领域相似性，源域和目标域应用于相似的实际场景或问题时，它们在实践中可能被认为是相似的。这种相似性有助于迁移学习的实际应用，尤其是在解决特定领域问题时。

对领域相似性进行分析评估，是迁移学习研究和应用中的关键步骤，决定了迁移策略的选择和迁移效果的优化，直接影响到迁移学习的最终成效。通过研究源域和目标域之间的共性和差异，有助于更加精确地应用迁移学习策略，更有效地利用现有的知识和数据资源来解决目标域的特定任务。

（2）注塑尺寸与重量数据的可迁移性分析

通过获取不同的数据集发现，注塑尺寸和重量数据由不同的注塑机进行采集，注塑机的型号、注塑制品的型号、加工过程数据类型均不相同，并且数据的类型相差较大，但均包含了传感器高频时序特征、注塑机状态特征、制品质量参数。处理后的数据维度差异见表 4-9。

表 4-9 注塑尺寸和重量数据维度差异

数 据 集	总样本数	传感器高频时序特征维度	注塑机状态特征维度	制品质量参数
尺寸数据集	16600	8	45	尺寸
重量数据集	1332	2	17	重量

通过传感器高频时序特征表征聚合物熔体的流动状态，以传感器高频时序特征为主要特征，传感器高频瞬时特征、注塑机状态特征为补充特征，建立注塑制品质量预测模型。在尺寸和重量数据集中随机抽取 3 个注塑成型周期的传感器高频时序数据，定义"第 1 个随机抽取的注塑成型周期"为"模次 1"，依此类推。重量数据集中的高频时序特征仅包含注射压力、注射流量。在尺寸数据集中选择相同的特征进行可迁移性分析，并绘制关键传感器高频时序特征数据曲线图，如图 4-22 所示。图中，Y 为传感器数值（因注射压力、注射流量单位不统一，Y 值仅表示传感器的数值大小且无单位），T 为 1 个成型周期内的成型时间。

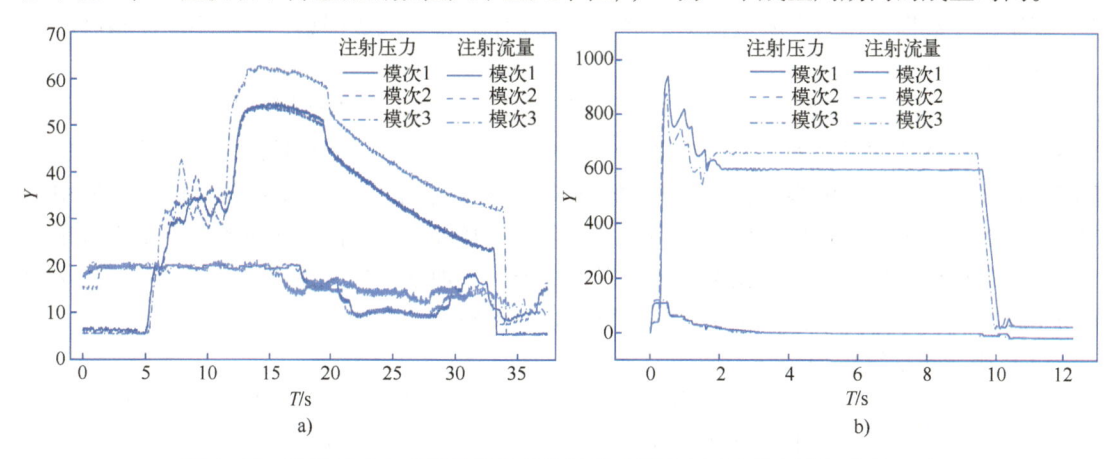

图 4-22 注塑尺寸和重量数据集的关键传感器高频时序特征数据曲线差异
a) 尺寸数据集 b) 重量数据集

在尺寸数据集中抽取的 3 个成型周期的尺寸分别为 199.951 mm、199.955 mm、200.177 mm；在重量数据集中抽取的 3 个成型周期的重量分别为 112.986 g、113.023 g、114.218 g。结合注塑质量参数和图 4-22 分析可得，尺寸和重量数据集中 3 个周期的注射压力、注射流量曲线总体走势相似，仅在部分成型时刻呈现出较小变化。在图 4-22a 中，模次 1 与模次 2 的制品尺寸差 0.004 mm，尺寸差很小，可以观察到它们的注射压力、注射流量曲线基本重合，仅在部分时刻出现了上下浮动，如注射压力在 5~15 s 出现了波动，此时模腔正处于注射填充阶段，聚合物熔体持续进入填充模腔，受填充体积影响导致压力出现浮动；模次 1、模次 2 与模次 3 的制品尺寸分别差 0.226 mm、0.222 mm，远高于前者的 0.004 mm，能直观地看到模次 3 的注射压力、注射流量曲线在模次 1、模次 2 的曲线上出现了一定程度的偏置，但整体曲线走势相似。在图 4-22b 中，模次 1 与模次 2 的制品重量差 0.037 g，重量差很小，可以观察到它们的注射压力、注射流量曲线基本重合；模次 1、模次 2 与模次 3 的制品重量分别差 1.232 g、1.195 g，远高于前者的 0.037 g，能直观地看到模次 3 的注射压力、注射流量曲线在模次 1、模次 2 的基础上出现了较大程度的偏置变化，但整体曲线走势相似。

通过分析发现，两种类型的数据在数据分布、任务相关性、应用场景均存在相似性。高频时序特征数据曲线的变化与注塑质量有密切关联，并且两种数据集的高频时序特征曲线与质量变化相似，由于尺寸和重量数据集均属于注塑加工领域，其注塑机理和数据特性相似，具有更好的可迁移性。传感器高频时序特征数据的变化趋势与注塑制品尺寸和重量密切相关。通过深度学习的方法对传感器高频时序特征、瞬时特征和注塑机状态特征进行深度知识挖掘，得到注塑成型共性表征特征，便于后续注塑知识的迁移。

3. 基于深度迁移学习的注塑制品质量预测模型

首先，引入基于模型的深度迁移学习方法，在源域基础模型上对大量的数据进行充分的模型预训练，以挖掘注塑成型过程中具有表征注塑制品质量的共性知识及模型参数。其次，对源域基础模型进行微调，添加维度统一层，形成目标域迁移模型，并选择保留注塑共性知识的迁移层，将源域基础模型的参数迁移至目标域迁移模型。最后，利用注塑共性知识的迁移，实现不同注塑制品不同质量的知识重用。考虑到尺寸数据集的样本数远多于重量数据集，使用尺寸数据集作为源域数据集，重量数据集作为目标域数据集，实现不同注塑制品从尺寸到重量的知识迁移。

图 4-23 所示的基于深度迁移学习的注塑制品质量预测框架也适用于其他回归类型的质量参数知识迁移，如尺寸到尺寸、重量到尺寸等，但迁移精度受源域基础模型预训练精度的影响。该框架包括两个内容：①可以对 DL-BiGRU 多特征融合的注塑制品质量预测模型进行改进，使模型更具迁移性，作为迁移学习框架中的基础模型，便于在源域数据中进行预训练，获取最佳模型参数，表征注塑通用知识；②采用一种基于深度迁移学习的小样本注塑制品质量预测方法，实现不同注塑制品不同质量间的预测。

（1）源域预训练模型构建

在迁移学习中，源域基础模型构建是一个重要环节，其目标是通过大规模数据集的训练，在源域上学习到具有丰富语义信息的高级特征表示。这些模型通常基于深度学习架构，通过在源域上进行预训练，学习到普适的、通用的个性特征。在构建源域基础模型时，需考虑源域数据的丰富性和多样性，以及模型架构的选择和调优。此外，还需采用适当的损失函数和优化算法，以最大化模型对源域数据的拟合程度，确保学习的特征具有良好的泛化能力。源域基础模型的预训练质量将直接影响到迁移学习目标域模型的最终性能。

为了更好地挖掘注塑成型过程知识及注塑知识的迁移，在注塑制品尺寸预测模型的基础上，可以对模型进行改进和优化，添加补充特征融合层、补充特征提取层，以充分挖掘补充特征的内在特征，便于后续注塑知识的迁移。改进的源域预训练模型主要包含9个部分：输入层、维度统一层、时序处理层、单特征提取层、补充特征融合层、补充特征提取层、多特征融合层、多特征提取层、输出层，如图 4-23 左图所示。

（2）目标域迁移模型构建

在注塑加工领域，不同厂家生产的注塑机型号是完全不同的，它们所提供的工艺参数、过程参数、数据维度、采集频率、采集定义等均有所不同，但影响注塑成型的关键过程参数会通过数据展示出来。关键过程参数可以通过深度学习网络进行学习，针对不同成型设备提供的源域和目标域输入数据维度不统一的问题，在基础模型上可以增加维度统一层，用于迁移模型输入数据的维度统一及后续迁移模型的训练。如图 4-23 右图所示为目标域迁移模型，主要包含9个部分，下文对迁移模型与预训练模型的不同之处进行描述，其余网络结构保持一致。

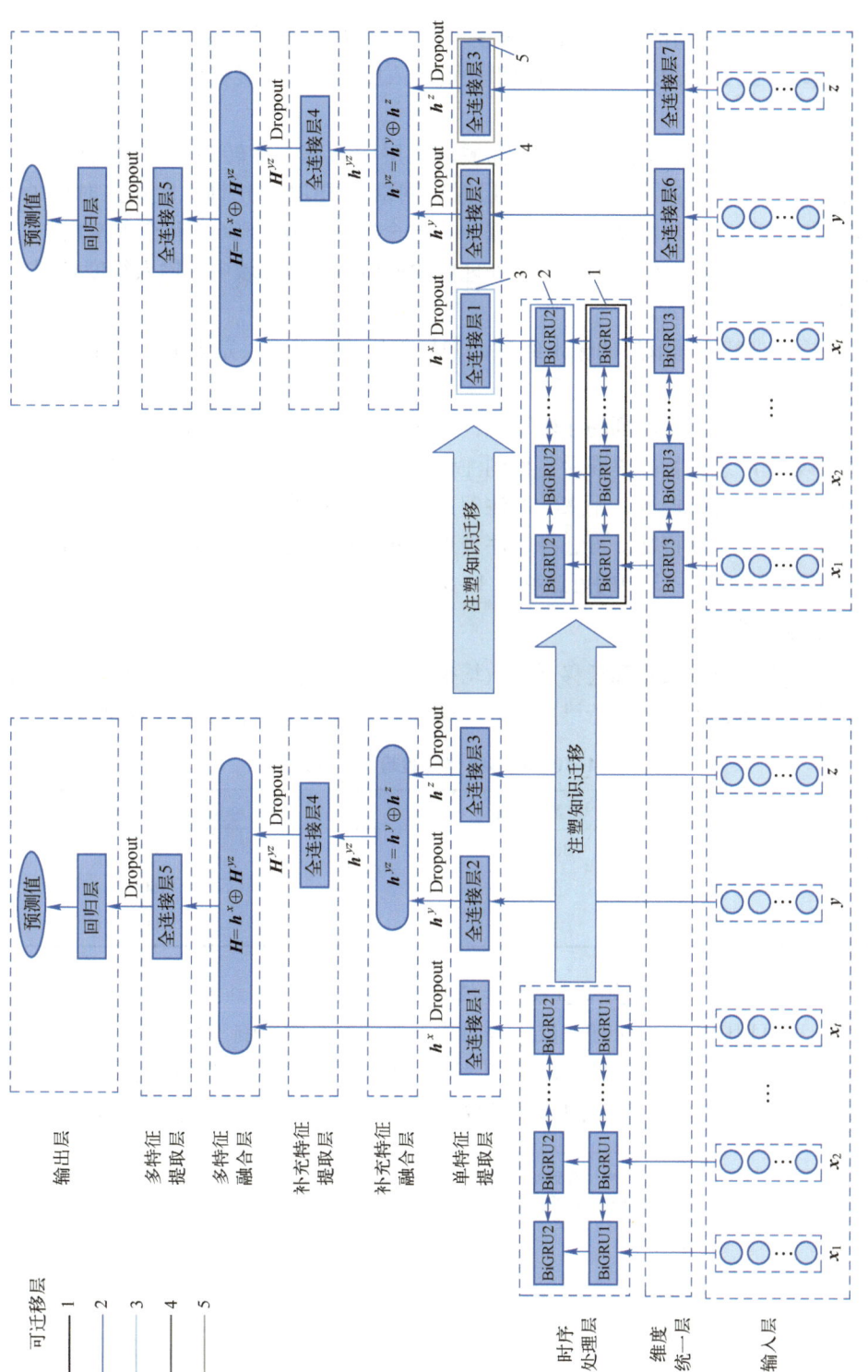

图 4-23 基于深度迁移学习的注塑制品质量预测框架

1）输入层：目标域的部分输入数据维度可能与源域的输入数据维度不同，需要在维度统一层进行处理。此处的输入与预训练模型中的输入层相同，直接将目标域的数据输入迁移模型中。

2）维度统一层：通过该层操作将目标域输入层的数据维度转为源域输入层的数据维度。传感器高频时序特征数据的输出经一层时序网络（BiGRU3）训练后输入时序处理层，传感器高频瞬时特征和注塑机状态特征数据分别经全连接层6（FC6）和全连接层7（FC7）将维度统一后输入下一层。经维度统一层处理后的输出维度与源域中的输入维度相同，以保证后续迁移模型的正常训练。

3）输出层：多特征提取层的输出经过回归层将维度降为1，完成小样本注塑制品质量预测结果的输出。

为了充分利用源域中学习到的注塑知识，并在目标域中实现领域适应，传感器高频时序特征通过时序处理层进行特征提取后，得到注塑成型过程的共性表征特征；单特征提取层对输入的特征进行深度特征提取，用来学习注塑工艺中的共性特征；多特征提取层和输出层用于学习注塑工艺中的个性特征。可选择时序处理层和单特征提取层作为迁移的参数层和注塑共性特征提取层，即图4-23中的可迁移层1~5。

4. 模型实验结果分析

由于迁移模型的部分权重和迁移层参数均来自源域基础模型的预训练，因此在超参数选择中仅需要对目标域输入参数进行维度统一。超参数的选择和结果如表4-10所示。

表4-10　迁移模型实验超参数设置

序号	模型超参数	维度统一值
1	BiGRU3	8
2	FC6	160
3	FC7	45

（1）不同可迁移层组合对模型预测性能的影响

为研究迁移模型中不同的可迁移层组合对模型预测精度的影响，对基础模型不同的可迁移层进行固定-迁移实验，迁移模型对预训练模型不同可迁移层组合的依赖程度如图4-24所示。其中，F为在目标域中训练的固定参数的可迁移层组合层号；基础模型表示没有从预

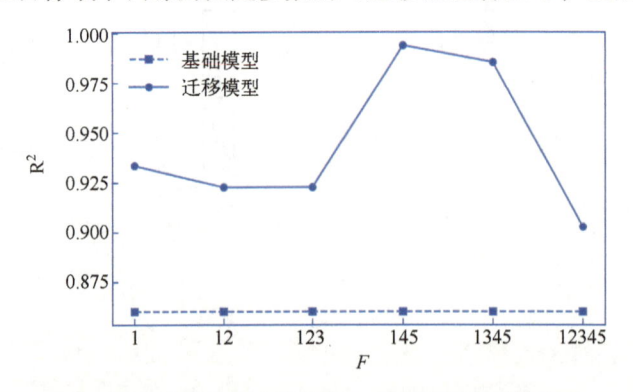

图4-24　不同的可迁移层组合对迁移模型 R^2 的影响

训练中复制层和权重，所有层都是从头开始初始化训练的，本质上是一个未初始化的迁移模型；迁移模型表示从源域预训练模型中迁移不同层权重进行训练的模型。

当取 $F=1$ 时，仅对时序处理层中的第一层（BiGRU1）训练权重进行迁移，迁移知识为注塑成型过程中聚合物熔体的共性表征特征，其决定系数 R^2 比基础模型提升了 0.07321，达到 0.93359；当取 $F=12$、123、12345 时，时序处理层中的第二层（BiGRU2）为注塑成型过程中聚合物熔体的个性表征特征，因源域和目标域的注塑工艺不同，迁移此层对迁移模型效果有较大的负影响，无法学习目标域中的个性知识，导致 R^2 略有下降；当取 $F=145$、1345 时，迁移知识保留了聚合物熔体的共性表征特征，重新学习其个性表征特征，可迁移层 4 和可迁移层 5 学习的是次要特征的共性表征特征，因此迁移上述层有助于目标域注塑工艺知识的获取，迁移模型质量比固定个性时序层有明显上升，R^2 分别达 0.99388、0.98543，后者通过可迁移层 3 对聚合物熔体的个性表征特征重新学习，精度略低于前者。具体不同的固定-迁移实验结果如表 4-11 所示。

表 4-11 不同可迁移层组合的 R^2

模　　型	可 迁 移 层	R^2
基础模型	1 2 3 4 5	0.86038
迁移模型	1	0.93359
	1 2	0.92275
	1 2 3	0.92283
	1 4 5	**0.99388**
	1 3 4 5	0.98543
	1 2 3 4 5	0.90295

（2）训练样本集大小对模型预测性能的影响

在深度学习模型中，训练样本的大小对最终模型质量的影响尤为重要。为验证迁移学习方法的有效性，从目标域数据集（1060 组）中随机选取 80% 的样本作为训练数据，其余样本作为测试数据，通过在原始训练数据集上增加和减少样本个数，构造出 10 个不同样本大小的训练数据集子集，对这 10 个训练子集进行实验，并使用相同的测试数据集来评估训练后的迁移学习模型的泛化能力。训练样本集大小对模型的影响如图 4-25 所示，其中 x 轴为目标域不同百分比大小的训练子集，y 轴为模型评估指标 R^2。

由图 4-25 可得，使用小样本数据集作为目标域数据时，迁移模型的 R^2 比基础模型有显著提升。仅使用 10% 的训练样本（106 组）进行训练时，迁移模型比基础模型的预测性能提升明显，R^2 值提升了近 0.10529。随着训练数据规模的增加，迁移模型的性能提升逐渐增加。使用 80% 的训练样本（848 组），迁移模型的最大 R^2 达 0.96027，提升明显。使用 100% 的训练样本（1060 组），迁移模型的最大 R^2 达 0.99388，R^2 的误差波动为 0.00903，模型具有更好的预测性能、更小的误差波动和更高的稳定性。

（3）不同模型和迁移模型预测结果对比分析

为了验证迁移模型比未迁移模型在不同的训练数据下具有更高的预测精度，在小样本重量数据集中对不同的未迁移模型和迁移模型进行预测结果分析。如图 4-26 所示为使用 100% 训练样本的未迁移模型和迁移模型的真实值和预测值对比图，其中 N 为模次数，W 为制品重量。由图 4-26 可见，未迁移模型的拟合效果较差，甚至出现了欠拟合的现象，这是由于模型缺少足够的训练样本导致的，该模型由于预测精度误差过大导致无法在工业领域中得到应用。迁移学习模型通过提取注塑工艺的共性特征，并进行注塑知识迁移，有效减少了模型对训练样本的依赖，避免了模型出现欠拟合现象。相比未迁移学习模型，迁移学习模型预测的趋势更接近真实值，其预测趋势提升的同时，预测精度也明显提高，模型预测性能最优。

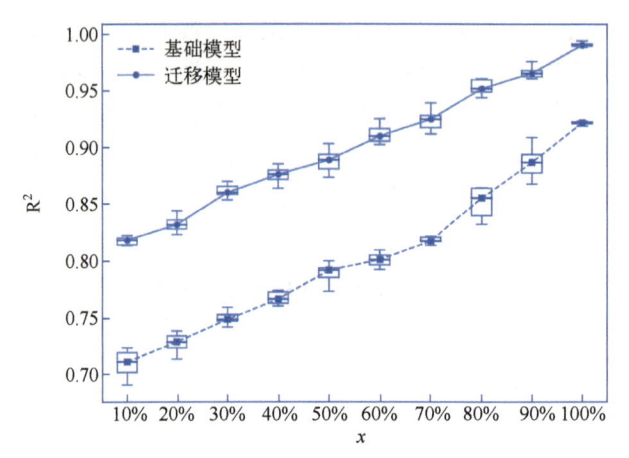

图 4-25 不同训练样本集大小对未迁移和迁移模型的影响

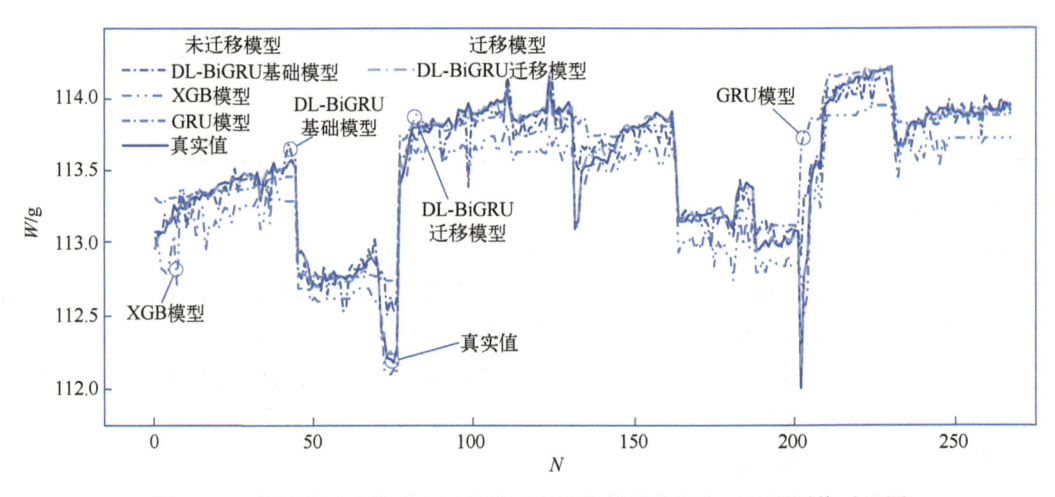

图 4-26 使用未迁移模型和迁移模型在注塑重量数据集下的预测值对比图

（4）不同噪声背景下模型预测效果分析

上述实验结果证明迁移学习模型在小样本数据下具有良好的预测效果，考虑到注塑制品在成型过程中受多种噪声的影响，进行抗噪实验有助于评估模型在真实复杂环境下的应用能力。为模拟实际运行时存在的各种噪声干扰，验证 DL-BiGRU 迁移模型的有效性，设置了 5 种由低到高的噪声等级。因传感器高频时序特征数据保留的注塑信息最多，故在原始传感器高频时序特征数据中添加均值（μ）为 0、方差（σ^2）不同的高斯噪声。在不同噪声背景下，对 DL-BiGRU 迁移模型和预测效果较好的未迁移的 DL-BiGRU 基础模型、GRU 模型进行实验。不同噪声背景下模型的预测效果如表 4-12 所示，其中 n 为噪声等级。

表 4-12　不同噪声背景下模型的预测效果

n	μ	σ^2	未迁移模型 GRU 模型	未迁移模型 DL-BiGRU 基础模型	迁移模型 DL-BiGRU 迁移模型
1	0	0.0	0.83616	0.92169	0.99009
2	0	0.1	0.73407	0.91870	0.97401
3	0	0.2	0.70312	0.90808	0.96639
4	0	0.3	0.68578	0.89694	0.96142
5	0	0.4	0.67212	0.89502	0.95031
6	0	0.5	0.65924	0.88733	0.93867

在不同的噪声背景下，模型 R^2 均有不同程度的下降，DL-BiGRU 迁移模型和基础模型的抗噪性明显优于 GRU 模型。在噪声等级为 6 的情况下，DL-BiGRU 迁移模型的 R^2 也能保持在 0.9 以上，表明模型更具竞争力。

使用不同大小的样本数据对注塑制品质量进行预测，在新注塑工艺下实现注塑知识的重用，应用跨工厂、跨型号真实生产下的注塑数据集，在注塑设备、注塑材料、注塑工艺和数据维度等方面有较大差异的情况下，通过基于模型的深度迁移学习方法对注塑共性特征进行知识迁移，模型在大样本和小样本数据下均实现了较高的预测精度。

4.3.4　制造业数字化质量管理典型场景和应用案例

1. 案例一：中联重科搅拌车智能工厂数字化质量管理平台

中联重科搅拌车智能工厂数字化质量管理平台，以"零缺陷"为思想，以"关重质量特性的识别和管控"为主线，重构适应于智能工厂的质量管理体系，对质量数据进行结构化设计，满足集成化管理需要，对检测设备进行数字化升级，实现检测质量特性数据的自动采集和传输，同时提升人员能力，满足智能化设备操控和数字化管理需要。

中联重科提出了"0157"建设思路，"0"即以零缺陷为思想，"1"即围绕"关重质量特性识别与管控"这一条主线。数字化质量管理平台打通了"5"个渠道：借助供应链质量管理（SQM）平台建设与应用、与仓库管理系统/制造执行系统（WMS/MES）集成实现来料检验和生产过程质量管理、利用自动化在线检测设备和工业互联网平台（IoT）解决质量检验过程数据采集瓶颈、利用统计分析工具（SPC）对产品和过程进行实施监控、打通"市场-工厂-供应商"的业务流和信息流实现"端到端"质量管理。平台构建了"7"大业务模块，包括质量体系管理、计量管理、来料质量管理、生产过程质量管理、供应商质量管理、市场质量管理和质量改进管理。

通过数字化质量管理平台建设实施，效果显著。借助 SQM 平台，通过技术标准的输出和质量控制前移，解决了供应商质量控制手段单一、三证打印信息采集困难及错误频出的痛点问题。通过搅拌筒、副车架外形尺寸在线检测工装，整机外廓尺寸自动化检测设备和 IoT 应用，完成 100% 自动检测及报告生成，确保了零件和整机参数的 100%一致性。应用 SPC，对铆焊、涂装、装配和整机一致性管控过程进行了稳态监控与实时预警。"市场-工厂-供应商"的业务流和信息流畅通，实现了"端对端"的管理。快速反应、快速改进和厂内预防控制的快速落地，使市场质量指标改善明显。质量报表的自动抓取和生成，大幅提高了对市场和内部质量状况的敏捷性。

2. 案例二：零基目标下海尔智能工厂的数字化质量管理

随着数字工业革命的到来，先进制造技术与模式不断创新和涌现。装备制造企业不断探索发展智能制造技术，促使制造企业数字化转型发展。市场从产品主导转移为用户需求主导，传统的大规模制造企业已经不能满足用户的需求，这迫使家电制造商需要快速对传统的制造流程、体系进行变革，对工厂质量、成本、效率的经营进行迭代升级，实现大规模与个性化定制相融合。

青岛海尔特种制冷电器有限公司（以下简称"海尔中德冰箱互联工厂"或"工厂"）从 2017 年至 2018 年全力推进数字化制造、数字化质量体系管理、数字化流程等的建设，锁定零基目标，即所有的问题都是不应该发生的，都是没有理由的，都应该是零：质量零缺陷、交货期零延误、销售零库存、与用户零距离、零营运资本以及零冗员。聚焦用户最佳体验，导入制程数字化控制系统、数字化检测系统、数字化智能抽样系统，实现工厂人、机、料、法、环、测等全要素上平台系统运营，构筑数字化质量智造能力，从而实现"做全球引领的超大型高端冰箱灯塔工厂"的目标。

海尔集团互联工厂在以定制、互联、柔性、智能、可视等特征的智能制造规划中，数字化的质量管理是其中非常重要的一项。通过全流程虚实互联打通、大数据分析及智能检测技术，实现技术工艺数字化、生产制造数字化、决策依据数字化"三位一体"的制造过程控制管理。这涵盖了从产品研发、供应商部件质量管理、工厂技术工艺、成品出货等整个生产制造过程，最终实现数字化质量管理零基目标。

通过数字化质量管理的实施，生产效率提高了 26.7%、产品研发周缩短期 31.6% 以及单位产值能耗降低 12.6% 以上。工厂有效控制生产过程中的不良品产生，降低不良品率 25.4% 以上，提高材料综合利用率，降低制造成本，企业综合运营成本降低 22.5% 以上。此外，项目实施后有效降低了库存资金占用和在制品物资资金占用，降低库存资金占用 10% 以上，有效节约了财务成本。

3. 案例三：隆基绿能 1+7+1 数字化管理－全生命周期质量控制

隆基绿能以卓越的品牌质量、极致的用户体验、行业第一的客户满意度为目标，制定"三步走"集团质量战略，通过质量共建向质量内生和质量共生转变，达成满意质量、品牌质量至卓越质量的提升。经过持续整合及改进，隆基绿能通过数字化不断完善体系建设及业务流程，夯实质量大数据底座，结合 AI 算法，产品直通率提升 4.9%，产品不良率降低 30%，人工提效 10%，零部件不良率降低 10%。该公司"智能在线检测""设备故障诊断与预测""质量精准追溯"等 3 项数字化应用实践，获评工信部 2022 年度智能制造优秀场景。

隆基绿能聚焦全生命周期数据驱动、数据分析的数字化质量管理，建立"1+7+1"数字化质量管理模式，构建端到端的基于质量大数据全生命周期的智能数字化质量平台。第一个

"1"代表数字化质量管理原点,即大质量管理体系;"7"代表7大质量管理业务模块,分别为质量体系管理、研发质量管理、可靠性管理、供应链质量管理、过程质量管理、客户满意度管理、持续改进管理;最后一个"1"代表质量大数据中心,实现端到端质量全流程数字化管理。

隆基绿能基于质量大数据,通过数据驱动,实现全生命周期质量追溯链。光伏产业涉及硅片、电池、组件及大量供应链,每个产品的研发、制造过程及其零部件都存在大量差异。对于质量大数据需要从业务场景出发,构建相应的大数据及质量数据仓库,统一规划数据架构,实现全生命周期数据贯通。在质量检测方面,该公司运用智能视觉检测,结合中央复判以及智能判定,可以同时快速复制并推广到各个基地、产线,降低人工误判,提升效率,为行业首创;结合质量大数据,运用知识图谱算法,拉通端到端数据进行建模、分析,从而找到根因,在行业内是一种创新。

4.4 数字化质量管理发展趋势

在智能制造背景下推进数字化质量管理是一项复杂的系统工程。在国家层面,需要各地工业和信息化主管部门注重完善政策保障和支撑环境,制定数字化质量管理标准,确保数字化质量管理转型的顺利推进。市场专业服务机构应以提升服务能力为核心,加速开发和应用质量管理的数字化技术和工具。企业作为主体应积极构建数字化思维,推动数字技术在制造业质量管理中的深度融合,创新质量管理活动。本节将从以下几个方面对数字化质量管理的发展方向进行探讨。

1. 聚焦数字化质量管理关键场景

针对不同企业现状,有选择地推进数字化质量管理。处于数字化起步阶段的企业应根据实际需求,重点关注研发、设计、采购、生产、检测、仓储、物流、销售和服务等关键业务环节,积极推动数字技术的应用。通过充分利用数字化工具,企业可以加强对各个业务环节的质量信息采集、分析与利用,实施数字化设计验证、质量控制、质量检验、质量分析与改进,从而提升质量过程控制的精细化和智能化水平,提高质量管理的效率和效益。

对于那些已经在数字化方面取得良好进展并实现业务集成的企业,应该推进基于数字化产品模型的研发、设计、生产和服务一体化,增强产品全生命周期内的质量信息追溯能力。企业可以提高产业链和供应链中各环节的质量数据共享与开发利用,推动数据模型驱动的产品全生命周期及全产业链的质量策划、控制与改进,强化产业链与供应链上下游的质量管理联动,促进多样化和高附加值产品及服务的创新。

对于具备平台化运行和社会化协作能力的企业,应推动质量管理相关资源、能力和业务的在线化、模块化与平台化,积极与生态圈的合作伙伴共同建设质量管理平台,加强质量生态数据的收集、整理、共享与利用。通过推动质量管理知识与经验的输出和迭代优化,这些企业可以构建以客户为中心、数据驱动和生态共赢的质量管理体系与商业模式,逐步形成一个新的质量共生共赢生态系统。

2. 推进并完善数字化质量管理机制

企业要制定明确的数字化质量管理目标和规划以及提升路径。明确数字化质量管理部门的职责与权限，创新质量部门与业务部门协同工作的组织模式，选择关键的数字化质量管理场景，并分步实施。企业应以需求为导向，梳理关键场景的质量管理要求，推进包括业务流程优化、关键设备升级、信息系统集成、数据资源利用等在内的数字化质量管理活动。运用数字技术消除流程中的断点，增强业务流程环节质量状态跟踪、在线监控和动态优化，确保质量目标与质量活动的闭环管理。

此外，企业应依托工业互联网平台和数据集成平台，建设统一的质量管理平台，实现质量管理知识、方法和经验的模型化与平台化。加强数字设计工具的开发与应用，通过数字分析建模、数字孪生、可靠性设计与仿真以及质量波动分析等技术，提高产品的用户体验和质量设计水平。鼓励龙头企业建立产业链质量协同平台，推动企业间的质量信息共享与知识共创，探索产业链质量管理的联动新模式，以提升产业链的质量协同发展水平。

3. 增强企业数字化质量管理运行能力

企业根据数字化质量管理核心能力的建设需求，积极改进生产制造设备，提升工艺控制的自动化、智能化和精准化水平，以确保工艺过程的稳定性，减少质量波动。同时，在装备数字化改造的过程中，设计并开发相应的质量管理系统平台，构建一个数据驱动的在线质量控制和自主决策模型，推进产品工艺改进与产品创新。企业还应建立与数字化制造相适应的仓储和物流系统，在采购、生产、仓储、物流、交付及售后服务的全过程中，提升物料的数字化追溯管理水平。

通过构建与供应商协同的数字化管理系统，共享采购产品的质量、批次和交期等信息。有条件的企业应对关键物料实施一物一码管理，实现全流程的质量追溯。根据质量管理的数字化要求，进一步完善检验和测试的方法及程序。推动在线检测和计量仪器的升级，促进制造设备与检验测试设备的互联互通，从而提高质量检验的效率，提升测量的精密度和动态感知能力。借助机器视觉、人工智能等技术，增强生产质量检测的全面性、精准性以及预判和预警能力。

4. 加强产品全生命周期质量数据开发利用

企业应将质量数据纳入数据资产管理的范围，提升质量数据的标准化管理水平，着手加强数据管理能力的建设。应当强化质量数据在采集、管理、处理、分析和应用等各个环节的全面管理，明确每个环节的职责和权限，推动跨部门及部门内部的数据管理机制建设。

企业需要优化数据架构设计，以促进质量数据在各项业务活动之间的高效流通和共享。同时，基于质量知识库建立的质量管控模型，将实施基于大数据的全生命周期、全过程及全价值链的质量分析、控制与改进，推动数据模型驱动的产业链和供应链质量协同，深入挖掘质量数据的潜在价值，及时识别质量风险与机会。

此外，企业还需开发和部署基于数据的质量控制与决策模型，以提升对质量问题的响应速度和处理效率，降低质量决策的风险，实施更加有效的质量预防和改进措施，从而增强用户体验，提升对不确定性的灵活应对能力和水平。

5. 完善政策保障和支撑环境

各地的工业和信息化主管部门应结合本地区的实际情况，强化与市场监管等相关部门的协调与合作，特别是在数字化质量管理发展中的重要问题、政策和工程方面。建议建立并健全一个包括政府、行业、企业、科研机构和专业组织在内的协同推进机制。

应充分利用现有的财政资金和产业投资基金，加大对制造业在数字化质量管理薄弱环节及公共服务平台的支持力度。同时，鼓励各地工业和信息化主管部门增强对数字化质量管理的推动，积极进行政策宣传和解读，普及数字化质量管理相关知识，提升企业在这方面的意识和实践能力，扩大数字化质量管理在企业中的影响力。

此外，支持行业协会和产业联盟与企业共同推广与数字化质量管理相关的产品、技术、标准和服务，推动系统解决方案的对外输出。应当促进产业联盟、行业协会与高校、科研机构之间的深入合作，共同建立数字化质量管理创新联合实验室，并开展数字化质量先进方法体系的培训。鼓励高校与企业联合建设数字技能实训基地，以培养具备知识、技能和创新能力的质量管理人才。

4.5 本章小结

数字化质量管理不仅提高了质量管理的效率和精度，还加强了企业的竞争力。它通过技术手段优化了质量数据的采集、分析、报告与决策过程，使企业能够在动态变化的市场环境中快速响应、持续改进，并确保产品和服务的高标准。随着技术的不断发展，数字化质量管理将继续为企业提供更强大的支持，推动各行业向智能化、数字化的方向发展。

本章从数字化质量管理的概念、关键技术、应用示例、发展趋势等几个方面进行了阐述，可以看出，随着云计算、物联网、大数据和 AI 技术的发展，数字化质量管理系统得到越来越多的应用。尤其是 AI 技术可以为数字化质量管理提供强大的支持，通过自动化、智能化的手段提升质量控制的精度、效率和灵活性。无论是在生产过程中对质量的实时监控与预测，还是在产品检测、质量追溯、供应链管理等方面，AI 的应用都将极大地提高质量管理水平，帮助企业在激烈的市场竞争中保持质量优势。

复习思考题

1. 请简述制造业数字化质量管理的主要应用场景有哪些。
2. 在制造业数字化质量管理过程中，数据孤岛问题如何解决？
3. 数字化技术如何帮助制造业企业实现预测性维护？
4. 简述制造业企业在推进质量管理数字化过程中可能面临的挑战及应对策略。
5. 数字化如何助力制造业企业实现质量追溯体系的建立？
6. 描述物料全过程数字化管理应用在哪些方面并简述其作用。
7. 某机械加工车间生产了大量零件，为了保证这些零件的表面质量，需要对它们的表面粗糙度进行分类。已知每个零件的表面粗糙度数据包括以下三个参数：平均粗糙度（Ra）、最大峰谷高度（Rz）、均方根粗糙度（Rq）。现有 50 个不同的零件粗糙度数据，要求使用聚类分析方法对这些零件进行分类，并回答以下问题：选择适当的聚类算法（如 K 均值聚类、层次聚类等），然后根据选择的聚类算法，将 50 个零件分为三类，并描述每一类的特征。如何根据这些分类信息优化加工工艺或改进质量控制？

8. 简述数据可视化在质量管理中的应用。
9. 简述质量闭环追溯系统的重要性与实现方式。
10. 简述质量标准数字化的主要优点，并分析其对企业质量管理的作用。
11. 简述数字化质量标准的五个关键方面。
12. 基于视觉的表面质量检测技术如何帮助提高产品的可靠性和使用寿命？
13. 基于视觉的表面质量检测技术的基本步骤有哪些？

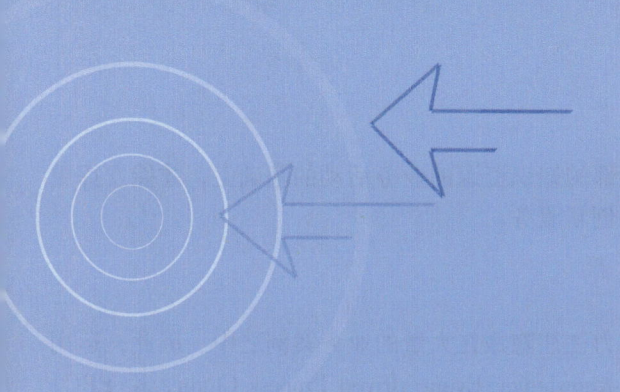

第 5 章 知识管理

随着知识经济的到来，知识资源作为企业获取长久核心竞争力的重要战略资源日益受到企业的重视。很显然，企业的经营运作，包括各类业务问题的解决都是基于知识及知识资源开展的，业务求解的执行绩效与知识资源的利用情况直接相关，尤其随着智能制造的快速发展，大数据资产大量累积，知识管理将成为智能制造的重要业务环节。在当前的企业运作中，业务执行与知识管理脱节的情形非常严重，大部分企业连基本的知识管理业务都是缺失的，业务执行的效果有很大的提升空间。然而，也可以很欣慰地看到，一些有远见的企业已经成立了知识管理部门，设立首席知识官（Chief Knowledge Officer，CKO），开始将知识经营与企业运作紧密结合，试图基于知识创新保持企业的长久核心竞争力。在这些企业的知识管理实践中，知识的应用往往发生在事前或事后，在业务问题解决的过程中，更多的企业是按事先既定的知识模式执行业务，业务绩效及知识价值均未得到有效发挥。从科研角度来看，知识管理领域越来越受到企业家及研究学者的关注，尤其大数据技术与应用的快速发展，使数据分析技术成为知识管理的重要使能技术。企业自身就是大量数据的制造者和持有者，加上互联网中的数据资源，基于大数据的知识管理技术在各类业务求解中可以提供更适合和更科学的知识服务。

5.1 面向业务问题的知识资源配置

随着市场竞争的加剧，企业在追求利益最大化的同时，也迫切渴望提高自身的创新能力与可持续发展能力，但中小企业的创新能力低下，无法适应市场的迅速变化。当前企业的发展从制造型向综合创新型转变，用户产品个性化、专业化正在增强，知识资源市场也正在兴起。为了提高制造的创新能力、对外环境的适应能力、工作效能和素质，企业需要动态地对自身做出相应的调整，这就需要企业管理者能够随时把握企业当前的业务过程及其知识结构体系，并能适时地对它们进行调整、改善甚至更新。知识已被确认为是企业竞争优势和创造价值的重要来源。实现知识在所有项目团队成员之间的有效共享、及时传递，并使项目人员能快速获取和运用相关知识，是实现企业业务活动高效运行的重要保证。因此，如何将最合适的知识在合适的时间从大量的信息中配置到最合适的人（即知识资源配置服务），对于企业业务活动具有重要意义，这也是业务过程建模的目标。在知识配置过程中，知识资源被转化为生产力，从而使企业获得竞争优势。由此可见，知识资源配置服务在企业知识资源和业务活动中起到了至关重要的桥梁作用，为企业的创新提供了内在动力和技术支持。同时，知识资源配置服务也只有在几乎涉及了企业全部的知识资源的业务活动的基础上,才能发挥更大的功能,使知识资源利用最大化,为企业创新服务。

5.1.1 业务过程建模方法

企业的一些宝贵的知识、经验和创新能力往往隐藏在大量的业务案例之中。因此,运用面向知识资源配置服务的事件驱动过程链(Knowledge-Event-driven Process Chain,K-EPC)模型对案例库中的业务过程进行解析,抽取每个业务活动在特定情境中所涉及的知识,继而获得知识对应的知识资源信息。在这个过程中,建立了业务活动与知识,以及知识与知识资源的映射关系,实现了将"业务活动"通过"特定情境中的知识"映射到"正确的知识资源"中的过程。在比对多个业务过程和知识的基础上,归纳筛选出具有通用性的过程模板和知识需求,为知识资源配置服务。

1. 业务过程建模框架

面向知识资源配置服务的业务过程建模体系框架如图 5-1 所示。

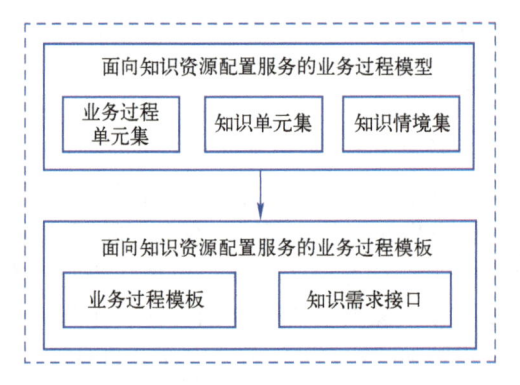

图 5-1　面向知识资源配置服务的业务过程建模体系框架

首先,使用 K-EPC 技术对业务案例进行解析,得到知识资源配置服务体系中的"业务过程单元集"。这里的"业务过程单元集"包括各种业务过程及其相互间的逻辑关系。

然后,使用基于知识情境的知识表达方法,获得在业务活动运行时使用的"知识单元集"和"知识单元集"所处的"知识情境集"。"知识单元集"包括知识和知识资源两部分;"知识情境集"包括知识在业务活动中运用的背景条件,在"知识单元集"和"业务过程单元集"间起连接纽带作用。在前两步中,业务过程和知识被准确和规范地表达;业务过程和知识的映射关系,以及知识和知识资源的映射关系被清晰地描述。

最后,在比对多个业务过程和知识的基础上,提炼出具有通用性的业务过程模板和知识需求接口,得到模板库和知识库的映射关系,同时,建立模板的管理方法与优化机制。

2. 基于 K-EPC 的业务过程解析

通常采用 K-EPC 模型来描述业务过程。原始的 EPC 模型只包括事件、功能及其相互间的逻辑关系,缺乏对业务过程知识的描述。而 K-EPC 模型是对 EPC 模型的扩展,以业务过程视图为中心,创新地将事件、功能、数据、知识单元、知识资源集成起来,并引入了知识情境,在一定的逻辑关系下对业务过程进行描述,如图 5-2 所示。K-EPC 模型体现了知识和业务过程的集成关系,不仅清楚地显示了业务过程运行的情况,还获得了业务过程知识信息。因此，在模型中，业务过程和知识既相互关联，又相互独立。K-EPC 模型的基本元素图形表达如图 5-3 所示。

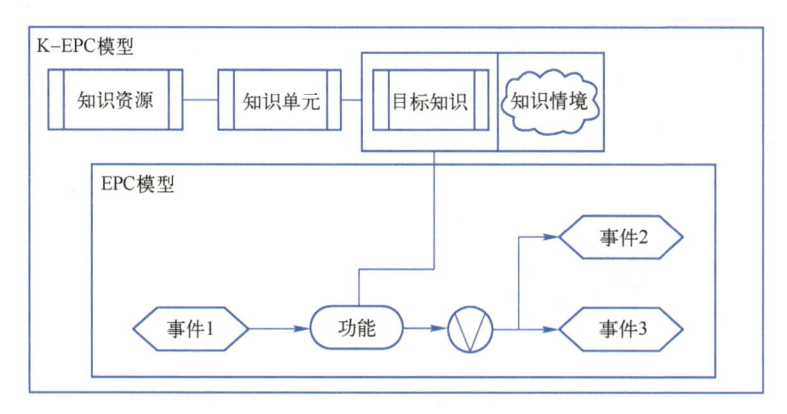

图 5-2　K-EPC 模型

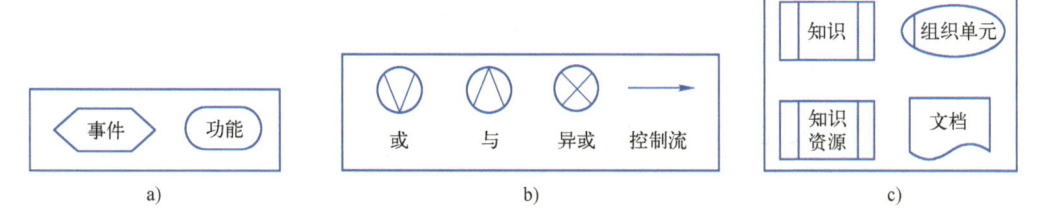

图 5-3　K-EPC 模型的基本元素图形表达

K-EPC 中的事件是业务活动的一种状态，事件的触发表示的是业务活动状态的改变；功能则有具体含义，表示事件触发后的操作。K-EPC 模型中将功能与事件的逻辑关系分为三种：与、或、异或。三种关系所代表的含义如表 5-1 所示。知识情境描述的是知识在业务过程中的应用背景；目标知识是指某功能用到的主要知识；知识单元是与目标知识有协作关系的知识集合；知识单元映射到对应的知识资源。

表 5-1　K-EPC 模型逻辑关系

逻辑关系	在功能之前（单输入多输出）	在功能之后（多输入单输出）
与	流程被分成两个或多个并行的分支	所有的事件要同时满足
或	在一个决策之后有一个或多个可能的结果路径	功能有一个或多个触发事件
异或	在某一时刻有且只有一个可能的路径	在某一时刻有且只有一个可能的触发事件

以零件到货的业务过程为例，可依据 K-EPC 模型，分解为图 5-4 所示的结构。

业务过程由多个业务活动组成，每个业务活动又可根据需要分解为多个子活动，直到该活动被分解到可操作的最基本层面，如图 5-5 所示。为了应对上述情形，从两个方面来理解业务活动的分解终止条件：条件一，业务活动之间有较明显差异；条件二，该业务活动由单个知识载体完成（人员、工具、软件等）。只要符合两种条件中的一种，业务过程分解即可终止。这种分解方法有效解决了业务过程管理中出现的庞大、抽象和复杂等问题。

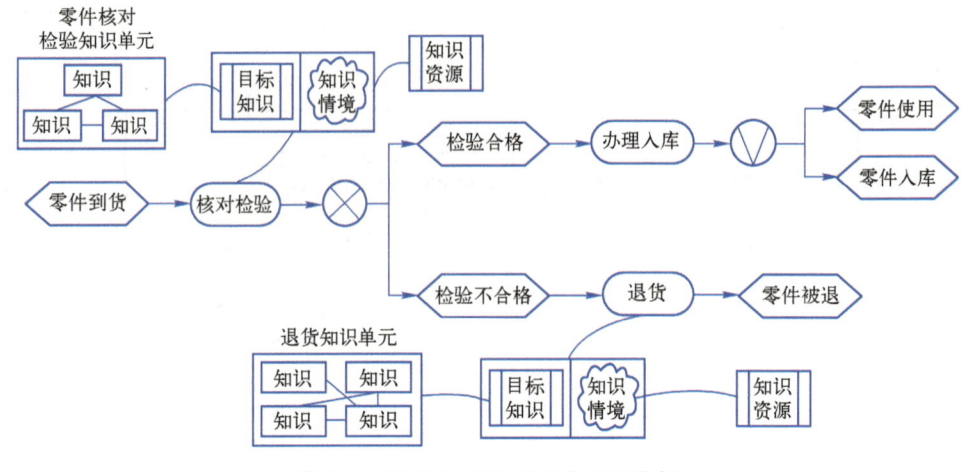

图 5-4 基于 K-EPC 的业务过程实例

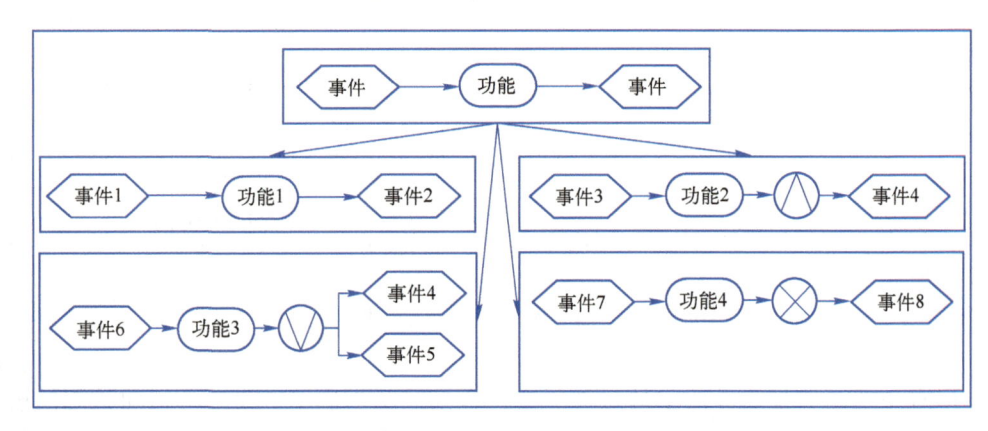

图 5-5 业务过程的细化

5.1.2 业务活动的知识表达方法

由于知识的应用和产生是在一定的背景与环境下发生的，知识所包含的意义和价值只有在对应的背景和环境下才能体现出来。因此，用户所从事的业务过程是决定知识需求的重要因素。业务过程是为实现一定的目的而执行的一系列逻辑相关活动的集合，显现了人从事活动的环境，又体现了人与过程、知识的融合。对于不同的业务过程来说，对知识的需求是不同的，随着时间的推移，同个业务过程对于知识的需求也在不断变更。这些变化都是业务过程所处知识情境的体现。因此，本节从业务活动中的知识情境描述入手，进而探讨基于情境的知识表达方法。

1. 业务活动的知识情境描述

知识情境是连接业务过程单元和知识单元的枢纽，是知识应用到业务活动中的具体背景和环境。当知识情境确定以后，业务中所涉及的知识就确定了，所以知识情境在业务和知识之间扮演桥梁的角色。由业务提出知识需求，知识情境确定需求内容和对内容的精确描述，从知识单元集中找到合适的知识单元，用于匹配某一项业务活动，保证业务的顺利开展。如同提出问题和解决问题一样，不同情境下的同一个问题可以有很多种可能。而业务过程和知识在特定情境下的结合就是为了解决问题，两者的关系如图 5-6 所示。知识情境记录了显性知识和隐性知识一致的部分；知识资源记录了显性知识与隐性知识不一致的部分。这种分离方法实现了显性知识和隐性知识的统一建模。然而，对于一个业务过程中的知识来说，其所处的情境复杂性较强且信息量较大，所以必须制定严格的描述标准，界定需要描述的维度，才能有效地记录相应的情境建模信息。为准确建立知识情境模型，对其建模过程的描述制定以下标准：①知识情境中的知识维度应当具有通用性，可以描述知识在业务过程运行时的主要特征；②知识情境能在业务过程和知识中起到桥接作用，即当业务过程运行时，能找到对应的知识与之关联；③对于不同层次的业务过程，允许用维度的增删，或通过维度、精度、粒度划分来进行针对性描述；④情境内容必须简洁易懂，方便用户描述。

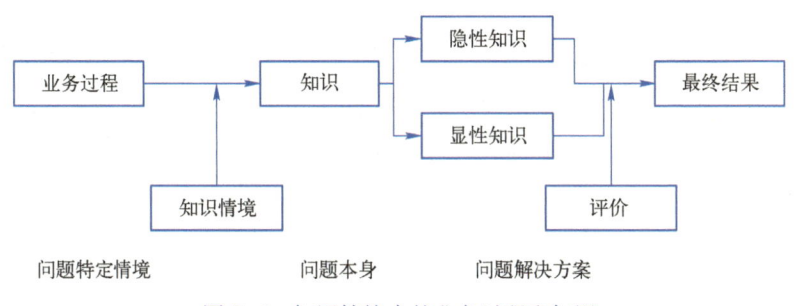

图 5-6 知识情境中的业务过程和知识

知识维度是对知识情境的构成因素的描述，从更具体的角度描述了知识的内在特性。根据每个业务活动在不同阶段的特点，本节从活动、人力资源、时间、费用、标准规范、物料资源等方面进行解析，如表 5-2 所示。

表 5-2 知识情境中的维度信息

含 义	说 明
活动	知识所处的业务活动描述
人力资源	知识过程中牵扯到的人员岗位、职能和所用技能等信息
时间	知识过程涉及的时间信息，可以对时间的持续性、起始、终止等特性进行描述
费用	知识过程中产生的相应花费和收益
标准规范	知识过程执行中所涉及的操作流程、制作工艺和质量要求等相关规范
物料资源	知识过程使用、消耗和制作等操作涉及的工具、物料和机械等资源

1) 活动是对知识所处的业务活动的任务、所解决的问题等的描述，同时也是在一定时间内，对知识执行某种操作（如使用、创造等）时的逻辑单元。知识活动与其他维度相互影响，导致知识的改变，包括知识外在形式的变化（如知识数字化活动），或知识内在的变化（如知识创造活动）。知识活动通过一定的逻辑关系所形成的集合就是知识过程。

2) 人力资源指的是执行各个业务活动时对应的部门、团队、人员等。

3) 时间是从定量的角度来分析业务活动，可分解为工作排序、工作持续时间、项目进度等部分。通过对时间数据的分析处理，可以得到该业务活动的工作效率；通过对工作持续时间等的记录，可以为资源的分配提供参考依据。

4）费用是组成业务成本和收益的各部分要素。在其他因素相同的情况下，成本支出越少，获得的利润就越大。以费用为衡量标准，能更好地制订生产计划和资源调配。

5）标准规范指该业务活动所依据的质量体系、操作规范、行业标准等要素。所选的标准不同，也会间接影响其他维度的指标。

6）物料资源指在业务活动中所使用的材料和工件，也包括在操作该项业务活动时所依托的软硬件，如设施、工具、软件等。物料资源的使用情况也间接反映了业务过程对其的依赖程度和利用率的高低。

业务单元所对应的功能与各逻辑分类相互交错构成交点，对应桥接关系集所承载的知识单元集，交点间的联结边也承载了相应的协作知识，该部分的属性如图 5-7 所示。

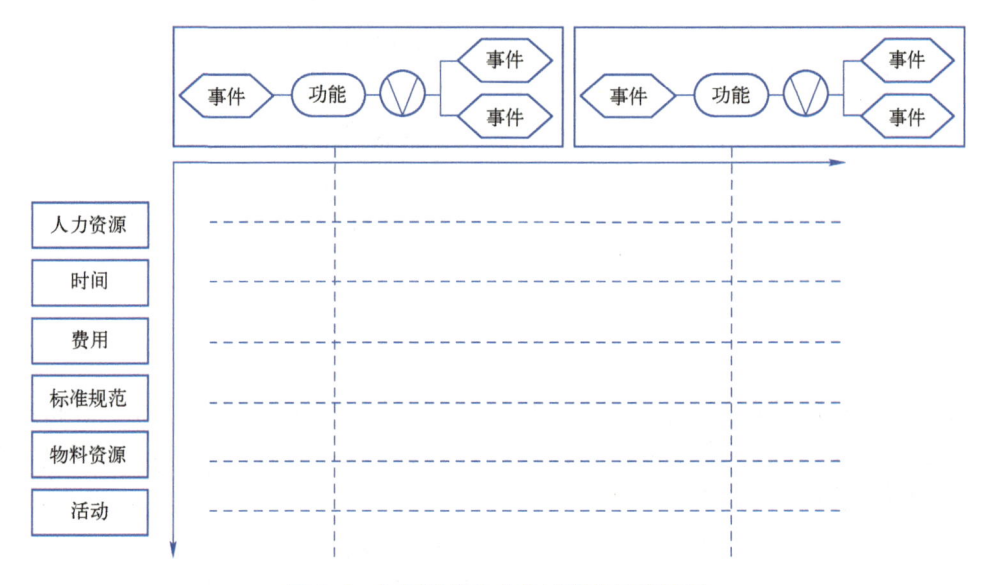

图 5-7 知识维度和业务过程的桥接关系

2. 基于情境的知识表达方法

知识、数据和信息之间存在着从上到下的层次关系。数据是信息的载体，只有通过数据处理过程才能上升到信息层面。知识源于对信息内容的再加工，是人们通过实践活动，总结得出的自然界具有规律性的存在。在知识情境中记录的是知识应用时的数据和信息，目的是为了营造知识使用的氛围。知识只有通过知识情境的桥接才能在相应的业务活动中体现其价值。因此，三者关系密不可分。

基于情境的知识包含知识内容和知识资源。知识内容记录了知识的具体信息，以便对其进行划分和识别。知识资源是知识所依赖的客观存在，如人、文档、图纸等。这两者统称为知识节点属性。基于情境的知识自上而下分别由知识应用层、知识描述层、知识映射层及知识资源层组成，如图 5-8 所示。①知识应用层记录了知识和业务活动的对应关系。②知识描述层反映了业务活动的知识需求，每个业务活动对应一个知识描述文件，知识信息和知识协作关系都被记录在知识库中。③在知识映射层中，依据业务过程中的知识关系，借助映射规则，在各知识节点间建立连接；通过知识节点的逻辑位置与物理位置的映射关系，在知识描述层和知识资源层之间建立连接。一组被连接的知识节点可表示一个业务活动的知识流。

④知识资源层记录了业务过程中涉及的各类知识的载体等知识资源。在业务过程中,各种知识相互协作,存在着错综复杂的关系,构成了知识协作网络。知识协作网络的构成有利于挖掘知识在业务过程中的潜在规律,并为知识模块化提供了参考。

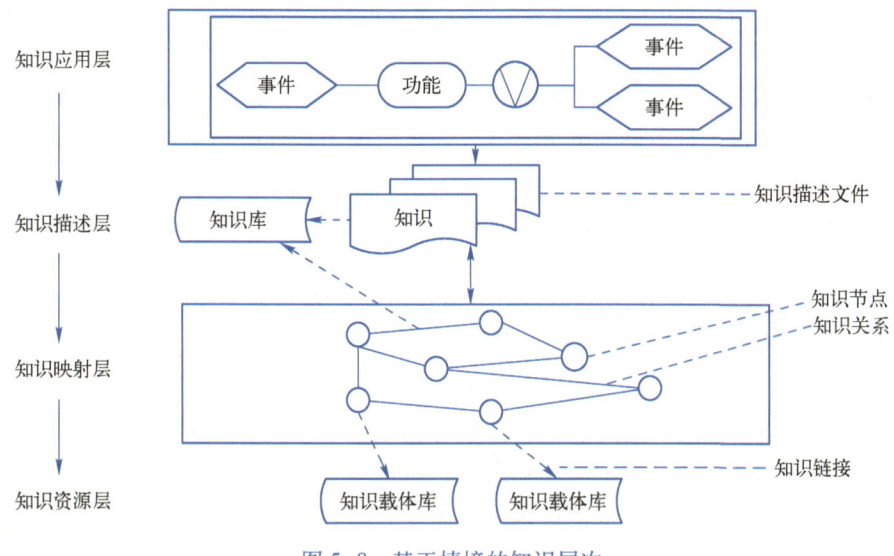

图 5-8 基于情境的知识层次

5.1.3 业务过程模板框架

模板不是单一的存储文件或者独立的对象,而是集成了多种业务过程和知识信息,体现了相似业务过程经归纳筛选后的特性集合。模板分布在业务案例运行的各个阶段,在不同的阶段或同一阶段不同的业务过程中具有不同的表现形式。模板库是知识、知识情境和业务过程高度抽象的体现。值得注意的是,此时三者不同于业务过程解析时建立的对应原型。从业务过程模型中抽取的模板库具有高度的抽象性,它既保持了原型的特性,又不仅仅局限于原型已有的具体信息。下文对模板的框架进行了初步的设计,为今后进一步的研究奠定基础。

模板应体现建立知识需求的要求。例如,在某个业务活动中,某员工 Tom 使用了大量英语方面的知识和少量机械制图方面的知识,使活动取得了良好的效果。在业务过程解析中,"Tom"作为知识资源被记录,"英语"和"机械制图"作为知识被记录。在比对和评价多个相似业务过程和知识的基础上,发现"英语"知识在业务活动中占有重要地位,而"机械制图"不具有普遍性,故"英语"作为必要的知识需求被记录在模板中。上述过程即是模板从业务活动中抽取知识的过程。模板对知识情境的描述大多以约束形式,将知识的使用范围进行划分,与知识抽取相类似。

模板应体现业务过程通用性的要求。在运行多个相似业务过程后,容易发现重复使用的活动、关键活动和特例活动等信息。这些信息被处理后,可以得出适用于所有业务过程的通用性模板。通过对这些模板的删减,可以得到适用于新案例的业务过程方案。依据上述模板建立的要求,总结了模板应具有的如下特性。

1)抽象性:模板是具有相似特性事物的抽象描述,不能涉及具体的对象。
2)规范性:业务过程、知识情境和知识在模板中的表述都必须具有一致的模式,增加模板的可扩展性。

3）可操作性：系统允许通过修改、增加、删减等行为，对已有模板进行操作，以便保持模板的实时更新。

4）层次性：按照自顶向下的包含关系，从业务过程模板到业务活动模板依次分层。

根据模板通用性的特点，将其划分为以下三个等级。

1）一级模板：该业务过程模板和知识需求从以往大量成功运行的业务过程中归纳筛选而来，其知识需求一致，是最佳的解决方案，在全范围内具有通用性。

2）二级模板：该业务过程模板和知识需求从以往成功业务过程中归纳筛选而来，但成功运行的业务过程模型所需的知识内容和知识情境有较大差异，导致业务过程模板一致，但知识需求不一致的现象。该类模板在一定范围内具有通用性。

3）三级模板：该业务过程模板和知识需求从以往只有在特定情形下才能成功运行的业务过程中归纳筛选而来，一般该模板只适用于有特殊要求的单个业务过程，不具有通用性。

模板框架应包含有模板名称、问题、知识、多属性评价 5 个部分，如图 5-9 所示。模板名称包括模板名、概要描述、所处层次和级别等基本属性。问题是对模板所要达到的目的、解决的任务、所处的知识情境的记录。知识包括对若干个相似业务过程处理或评价后得到的最佳知识内容和知识资源。多属性评价包括将业务过程和知识抽取为模板时，所用到的评价体系和评价人。

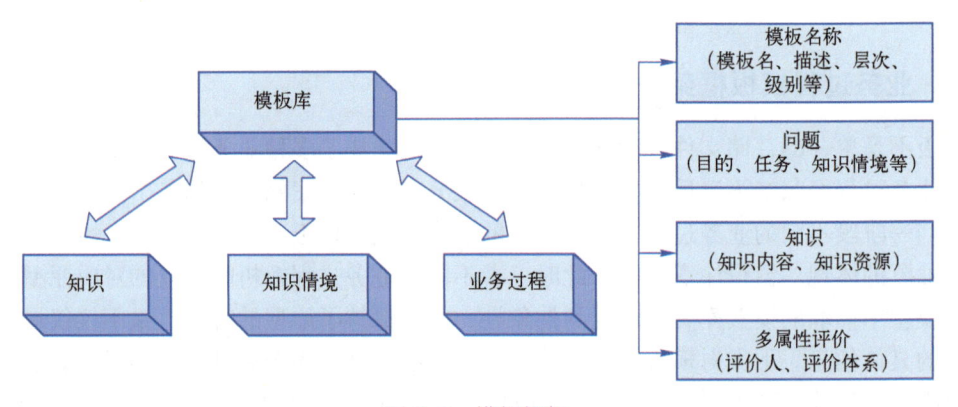

图 5-9　模板框架

5.2　面向知识服务的网络知识市场

在市场经济环境下，知识所处的地位和所发生的作用已非常显著。越来越多的企业也已经认识到，知识资源正在逐渐成为他们的主要财富之一。然而，仅仅依靠企业内部知识资源的配置与转化，越来越不能满足现代企业的创新需求。因此，如何突破企业的局限，对社会化的知识资源进行有效配置，拓宽企业发展的渠道，已成为企业关心的重要问题。虽然网上技术市场的运行在优化科技资源配置中发挥了重要作用，但是网络信息技术的快速发展使网上技术市场的发展明显滞后。另外，网络知识市场萌生的基本条件已经成熟。故本节在网上技术市场的基础上，提出基于社会化资源的网络知识市场，试图在市场机制的推动下，促进社会知识资源在企业创新过程中得到优化配置，发挥企业的创新主体作用。

5.2.1 基于网络知识市场的知识服务模式

由已有研究整理可得，知识服务模式主要有专家服务模式、参考咨询服务模式、团队服务模式、自助服务模式等。本节在此基础上提出基于网络知识市场的知识服务模式。通过构建知识市场网络平台，并对知识资源进行搜寻与获取，平台将其获取的知识资源进行分类，形成不同类型的知识产品。通过知识市场网络平台，知识服务需求者可以寻找问题解决的方案，并与知识提供者进行知识资源的共享，从而达到知识共享和知识管理的目的。知识提供者与知识服务需求者通过知识市场网络平台取得联系，知识服务贯穿于知识提供者为知识需求者解决问题的全过程。通过网络知识市场，利用市场机制，能够提高知识提供者为知识需求者提供服务的积极性，从而有效达到知识服务的目的，实现创新功能。

1. 基于网络知识市场的知识服务概念

本节从"网络知识市场"与"知识服务"两个方面来理解基于网络知识市场的知识服务。网络知识市场将知识作为商品在知识市场网络平台上进行交易，从而利用市场机制，使知识在知识提供者与知识服务需求者之间流动。而知识服务则是以为用户提供知识以及基于知识的解决方案为最终目标，将不同的知识资源转化为相应的服务，通过知识服务平台，为不同用户提供知识服务。结合"网络知识市场"与"知识服务"的概念，下面给出本节基于网络知识市场的知识服务的定义。

在网络知识市场的环境下，知识提供者根据知识服务需求者的知识需求，针对性地组织自身已有的知识，或者应用网络爬虫等技术来挖掘、获取相应的知识资源，以为知识服务需求者提供知识以及基于知识的解决方案为目标，将其知识资源转化为相应的知识产品，在知识市场网络平台中展示与出售，并利用市场机制，将知识产品出售给知识服务需求者，为他们提供所需的知识，从而实现知识在知识提供者与知识服务需求者之间的共享。

2. 基于网络知识市场的知识服务特征

本节根据基于网络知识市场的知识服务概念，将知识服务的特征归结为以下几点。

① 面向用户（知识服务需求者）。基于网络知识市场的知识服务是以用户为中心开展的服务活动，所有的服务都要围绕用户进行，并以用户的知识需求作为其出发点。知识提供者或者知识中介根据用户的实际需要挖掘与选择各种知识资源，为用户提供满足其创新需求的知识产品，进而提高了知识服务的有效性，同时为用户获取和利用知识解决当前问题创造了条件。不同的用户需要对知识的需求以及所要解决的问题是不同的，而相同类型问题的用户也会因解决问题过程中的外在条件的变化和不同特点而有不同的知识需求，需要得到满足其特殊需求的服务方案。基于网络知识市场的知识服务能够根据不同用户及其所面临的不同问题，提供不同类型的知识产品。

② 面向知识产品。基于网络知识市场的知识服务核心就是知识产品的交易，而知识产品是交易的前提。知识提供方可以将自身已有的知识资源转化为相应的知识产品，同时平台系统或中介机构也可以根据用户问题进行需求分析，通过网络爬虫等技术来获取知识资源，并通过知识市场网络平台对其知识资源建模，从而转化为相应的知识产品，进而将知识产品出售给知识服务需求者。

③ 面向交易过程。基于网络知识市场的知识服务通过知识提供者与知识服务需求者的

知识产品交易来实现其知识服务功能。知识产品从知识提供者到知识服务需求者的转移，需要进行交易过程，知识服务贯穿于知识产品交易的全过程。

④ 面向创新服务。创新服务是指通过搜集知识服务过程中多种不同类型的知识资源，然后运用先进的技术手段对这些知识资源进行处理，进而形成新的知识或者知识产品，从而帮助用户解决其难题。同时，企业处于市场前沿，能够提出适合其产业化的创新需要，而企业期望的是能够在企业内部或从企业外部有效地筛选、聚集适合的知识资源辅助其完成创新任务，提高其成果创新与成果转化的效率。通过此手段，可充分调动企业的积极性，更好地实现企业的创新发展。

3. 基于网络知识市场的知识服务框架

在对基于网络知识市场的知识服务概念及特征的理解基础上，本节构建了基于网络知识市场的知识服务框架。该框架在知识市场的网络平台上，首先对知识资源进行分类，构建不同的知识产品类型，完成知识产品的预处理过程，然后知识提供者与知识服务需求者在知识市场网络平台进行知识产品的交易，利用市场机制，知识提供者为知识服务需求者配置相应的创新知识资源，并为其解决相应的问题与难题。因此，基于网络知识市场的知识服务框架包括五个部分（如图 5-10 所示）：知识市场网络平台层、知识产品处理层、知识市场交易层、知识市场管理方、知识服务层。

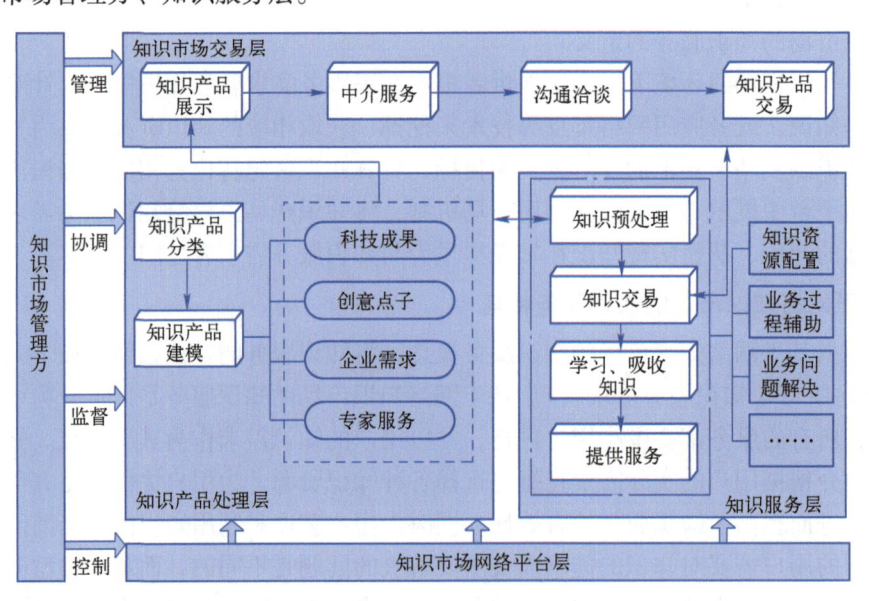

图 5-10 基于网络知识市场的知识服务框架

① 知识市场网络平台层：是知识用来展示与交易的场所。不仅知识提供者与知识服务需求者可以在此平台上进行沟通、交易，而且中介机构也可以通过此平台实现其各类中介服务功能，共同确保知识产品在知识提供者与知识服务需求者之间有效流动，从而最终实现知识服务的功能。

② 知识产品处理层：当知识服务需求者无法凭自身的知识解决问题时，就会转向网络知识市场寻求帮助。此时，知识提供者便可将其拥有的知识资源封装成知识产品提交到知识市场网络平台。同时，平台系统也将其从外部挖掘的知识资源包装成知识产品在网络平台进

行展示与出售。因此,知识产品处理层主要是实现对知识资源的处理,并对知识产品进行分类、建模等。

③ 知识市场交易层:主要是知识产品交易的实现。各类知识产品通过建模层的信息模型构建后在知识市场交易层中进行展示与出售;中介公司通过知识市场交易层实现其中介服务功能,挖掘、匹配市场买卖双方,建立知识提供者与知识服务需求者之间的联系;市场交易双方也可在知识市场交易层进行沟通谈判,达到对知识产品的认识;实现知识产品的交易,使知识服务需求者获得所需的知识,达到知识服务的目的。

④ 知识市场管理方:主要在知识买卖双方进行交易时,对知识交易过程中的各种行为进行管理、协调、监督与控制。知识产品不同于一般的产品,在交易过程中双方可能会出现一些争议,当他们无法解决时,就可以由知识市场管理方提供相应的仲裁服务,进而为交易的持续进行提供必要的支持。

⑤ 知识服务层:通过知识市场的整体运作,最终实现知识服务的目的。知识服务层将知识服务流程分为四部分:首先由知识提供者向知识平台提交其知识资源,通过知识产品处理层对知识进行预处理,获得不同类型的知识产品;其次通过知识市场交易层来实现知识的交易,使知识服务需求者获得其需要的知识,满足其创新需求;接着知识服务需求者对知识进行学习、吸收;最终知识服务需求者利用知识为自身创新提供服务。

知识市场通过不同类型的知识产品的交易以及不同模式的交易过程,来满足不同的服务需求,包括知识资源配置、业务过程辅助、业务问题解决等。例如,不同类型的知识产品在知识市场中进行交易,实现了不同知识资源的配置过程:科技成果的交易使企业可以从知识市场选择适合的、已存在的技术与成果,实现市场创新配置,建立产学研创新体系;将企业的需求封装成产品进行出售,即需求类产品的提出,使企业有机会最大限度地调动、合理使用创新资源,同时有效控制、选择创新的质量和成本,真正实现企业作为创新决策者的主体作用;人力资源是企业最重要的资源,在企业自身人力资源增进企业成长的同时,企业通过在知识市场购买专家服务类产品,可以从企业外部引进新的人力资源,通过内外部的人力资源共同实现其成长和发展;创意点子的交易是企业利用员工、客户、社会人员完成其产品及服务的创新,从而提高企业的竞争力。

5.2.2 网络知识市场的结构框架

本节以基于网络知识市场的知识服务框架为基础,从知识服务角度出发,分别从网络知识市场结构框架、知识产品建模与交易模型两方面研究网络知识市场。

网上技术市场的运作是网络知识市场研究的基础。网上技术市场可以被看作是知识市场的前身,两者所面对的问题与出发点有部分的相似,故网上技术市场也是本章提出的基于社会知识资源的网络知识市场结构框架的基础性来源。

本章以网上技术市场为基础,并以企业内及企业间知识市场组成要素的理论为指导,构建网络知识市场的结构框架,指出网络知识市场主要由五大要素组成,分别为:知识市场网络平台、知识市场主体、知识市场客体、知识市场运营与服务机构、知识市场制度及市场规范。

1. 网络知识市场结构框架

网上技术市场为网络知识市场的产生构造了一个基本的框架,也为网络知识市场的研究奠定了一定的基础。通过对网上技术市场及其网站的分析，网上技术市场的构成要素包括技术市场平台系统、技术交易的主体和客体、为市场主体提供各种服务的服务商、技术交易配套设施以及外部环境因素，如图 5-11 所示。

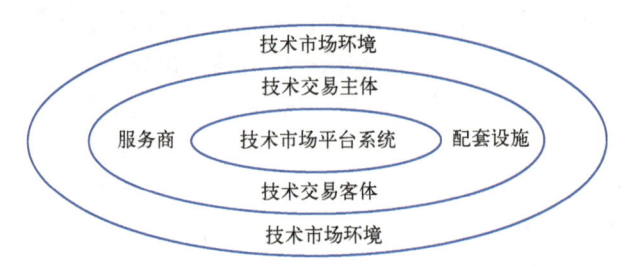

图 5-11　网上技术市场的构成要素

本章提出基于社会知识资源的网络知识市场，即在已有的网上技术市场平台上，在原有的技术交易模式及交易机制的基础上，吸纳知识人群、加入面向知识交易与知识产品的专业机构，将网上技术市场拓展到知识资源及问题求解能力层面的交易上来。在此网络知识市场中，企业可以完全不以拥有知识资源为目的，而是以问题的求解为目标，在网络平台环境中买卖适合的知识资源，使得企业创新能力的获取基于更大规模的外在资源。

在此网络知识市场中，仍保留以大型项目为主导的科技成果类知识产品的交易活动，同时也交织数量更多的问题求解、专家服务、创意点子等知识产品的交易活动，从而带动市场的进一步繁荣。知识市场将充分发挥企业作为创新主体的作用。

在此网络知识市场中，仍保持网上技术市场的政府主导作用及已有的市场资源与制度规范。另外，在市场逐利机制与市场杠杆作用的基础上，对技术市场的制度规范进行扩展，进而在网络知识市场中形成其特色的知识市场制度、文化与规范。

基于社会知识资源的网络知识市场的结构框架如图 5-12 所示，包括五个部分：知识市场网络平台、知识市场主体、知识市场客体、知识市场运营与服务机构、市场制度及市场规范。其中，网络平台是机构或个人参与知识产品交易的虚拟空间；在网络平台上，知识市场主体进行知识产品（市场客体）的交易，市场运营与服务机构为知识产品交易过程提供服务；而市场制度与规范是知识市场顺利运行的环境保障。

2. 网络知识市场构成要素分析

（1）知识市场网络平台

知识市场网络平台承载与管理着各类知识产品，同时提供知识交易的环境与服务。传统的网上技术市场的运作方式受到了 Web2.0 技术的严重冲击，服务器的拥有方似乎已经不能控制服务器中的内容，而仅仅是网络的平台或媒介，用户成为网站内容的创新者、传播者与共享者。当今的 Web2.0 系统应用的特点是，平台系统只是起提供信息载体与功能服务的作用。知识市场网络平台也拥有如此的特性，它的知识资源一方面来自于用户、企事业单位的主动添加，即通过市场的利益机制，引导分布于各个角落的知识资源载体主动向知识市场网络平台注册其知识资源；另一方面由系统的后台应用程序通过对外部资源的定向检索、挖掘提取后形成。平台系统将汇聚的知识信息及用户提交的信息包装成知识产品，并对其分类、归并，然后进行销售。知识市场网络平台的实现采用了最新的计算机技术，如云计算技术、知识资源的动态挖掘技术等。

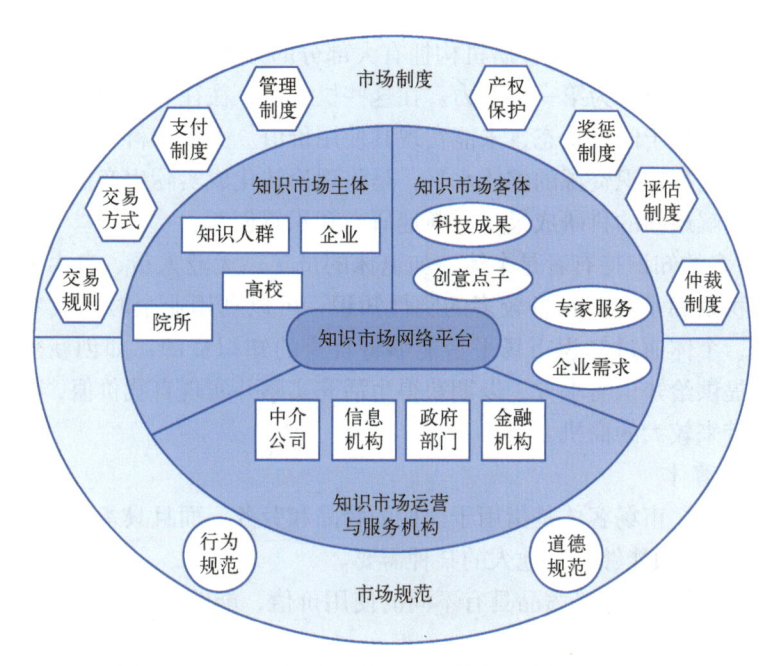

图 5-12　基于社会知识资源的网络知识市场结构框架

（2）知识市场主体

知识市场主体即参与知识产品交易的买卖双方。当组织或个人遇到自己无法解决的问题时，便会转向外部寻找相应的知识，从而成为知识的需求方。因此，这些为了解决问题或进行知识创新而寻找知识的个人或组织便成为网络知识市场的买方，他们通过市场交易获得对他们有价值的知识，从而提高他们的技能与技巧，帮助他们解决生产或生活中的问题与难题，实现他们的创新目标。在本章所提出的知识市场中，知识买方也可以是具有一定知识资源的个人或组织，他们通过知识市场以交易的方式获得企业或个人的需求信息，之后利用自身的知识资源进行相应产品的设计开发。当组织或个人在自己擅长的领域拥有一定的知识资源时，便可向网络知识市场提交其知识资源，通过知识市场的交易获取相应的报酬，从而成为知识的供给方。因此，这些在自己擅长的领域有所发现且能提供相应知识产品的组织或个人便成为网络知识市场的卖方，他们用所拥有的知识通过知识市场的交易来换取相应的经济报酬。在本章所提出的知识市场中，知识卖方也可以是那些提出问题的企业或者个人，他们可将其在创新中遇到的问题或难题包装成知识产品在知识市场中进行出售。

网络知识市场的主体主要包括三大类，分别为：企业、大学和科研机构、个体。

1）企业：企业在知识市场平台中既可以是知识的提供方，也可以是知识的需求方。根据企业所处时间和环境的变化，企业在不同时间段的角色也不尽相同。在市场经济条件下，企业能更好地了解市场的变化和需求，在第一时间得到市场信息的反馈，相比于其他，更容易将产品进行革新陈旧，创新出适应市场顾客需求的产品和服务，以获得较好的市场地位。同时，企业处于市场的前沿，能够提出最适合其产业化的创新需求，其提出的创新需求对大学或科研机构来说是重要的来源。此外，创新对知识资源的长期积累需求较高，而且存在着风险。为了避免这样的情况，企业通过其他途径获得创新的知识，将其转换成为企业可以用的经济成果，最终推向市场转化为经济价值和效益，获得商业成效和利润。

2) 大学和科研机构：大学和科研机构拥有大部分的知识资源。大学和科研机构主要从事社会创新和研究，科技作为第一生产力。在这些机构中，往往有着紧跟时代需求的科研成果存在，但是很多都处于闲置状态，未能实现其使用价值。大学和科研机构参与进入网络知识市场，能够大大提高知识资源的整体水平，是将理论转化成实际生产价值的纽带。它们走在时代的前沿，了解最新的科研成果，不断地研究和积累创新。

3) 个体：很多的知识持有者是个体，如退休的员工、无业人员、自由职业人等。他们通过自身的经验积累和学习，具备较多的隐性知识，可以利用业余时间或专职从事知识活动。在工作之余，个体通过知识市场平台能够将自身的知识资源，如创新想法、特长、专利、创新成果，提供给知识需求方，以期获得生活充实感并实现自我价值，具有较强的实践力，能够为企业带来较大的商机。

(3) 知识市场客体

在一般的市场中，市场客体是指用于交换的物品和劳务，而且具备以下几点特性。

1) 交易的客体必须能够满足他人的某种需要。

2) 相交换的物品或劳务必需品具有不同的使用价值，能够使交换双方各自的需求得到满足。

3) 能够用于交换的前提是此物品或劳务是属于稀缺的经济物品。

4) 在市场主体之间进行相互交换的物品和劳务不仅要有不同的使用效果，且它们的价值量也要有所差别。

在知识市场中，其市场客体不同于一般市场的产品，而是指用于交易的各类知识产品，但其仍满足市场客体的特性。由调研可知，目前网上技术市场中交易的主要是专利成果，知识产品类型比较单一。在本章所提出的基于社会化资源的知识市场中，将提供不同类型的知识产品交易。

1) 科技成果产品：科技成果是网上技术市场中主要的知识产品，包括一些大型的项目、专利成果等。它也是网络知识市场中的一类知识产品。

2) 需求类产品：企业将其在创新中遇到的科技问题封装为商品在知识市场中进行出售，企业可提供有偿的问题求解的基础试验与研究条件。

3) 专家服务产品：指专家利用自己的专业为知识需求者提供的咨询服务。

4) 创意点子产品：主要是指个人或组织对某件事或某个产品及服务的想法，可以为某个问题的解决提供相应的思路。

知识市场为不同类型的知识产品提供了方便的交易平台，能够充分调动知识市场主体创新的积极性。对知识产品的建模及交易模型将在5.2.3节做具体介绍。

(4) 知识市场运营与服务机构

知识市场的运营与服务机构包括中介公司、信息机构、金融机构、政府部门及市场运行主体等。

1) 中介公司是知识产品交易的重要参与者，它能在网络平台搜索、挖掘和配置相应的问题及解决问题的知识资源，建立供应与需求之间的联系，并从中获取相应的佣金。

2) 信息机构可以是在云计算服务、软件及信息服务、网络服务领域有优势的专业公司，其承担网络知识市场建设、运行、管理和技术性服务等职能，对知识市场的网络环境、信息化硬件设施、软件及其工具、安全系统定期进行改造提升。

3）金融机构有网上银行、支付宝等，网络化的知识市场是基于互联网的市场，需要有提供资金支持的金融系统机构，知识交易才能够产生，引导知识交易的完成。随着电子商务的不断发展，网上银行、支付宝已成为大势所趋，在知识市场的交易平台中能够确保交易双方的利益，预防失信、诈骗等行为所带来的损失。随着社会经济的发展，为促进网络化知识市场的发展和完善，需要积极完善网上银行等服务，保证知识交易过程的资金流通安全和顺畅。否则，因资金而产生的信赖问题、交易失败、流通阻塞等都将阻碍网络知识市场的发展，阻碍企业的创新。

4）政府部门对知识交易双方、中介服务机构及其在网络平台的交易过程实施诚信监督等功能。知识市场的整体运作需要依靠政府的指引，规范操作和运作机制，以保证网络知识市场安全有效的运行。政府在知识市场中起到支撑和维护作用，使得知识交易的供需双方能够产生安全感和信赖感，能够放心地在知识市场中进行交易。政府需要为知识市场提供良好的知识政策，明确知识产权问题，通过法律或行政手段，企业或知识员工的知识成果可以获得政府的保护。从根本上支持企业的知识创新，实现有关知识的有效使用，并形成知识的传播和共享，为企业未来发展提供更好的制度环境。我国的知识产权保护机制还不完善，权、责、利分工不明确的现象长期存在，这会对知识创新产生不利的影响，尽快完善知识资源的相关政策是很必要和必需的，从而促进企业这个自主创新的主体在市场环境中开展各类知识活动。在实际生产活动中，首先，应健全各类知识具体的法律法规体系，法律法规会给知识的任何活动提供有效地保证和运行安全机制，企业能够在政府提供的制度下，在遵守相应法规的基础之上，大胆发展自身的优势知识资源，主动自觉地去创新和发展，追求更高效的产品制造方式，积极改善，最终形成知识创新的团队，这也可以促进国民经济健康快速发展。其次，建立具有中国特色的知识工作保护体系和协调机制平台，从而加强相关政策的可实施性和可视性。以政府为主导的网络化知识市场可以成为政府实际基地，政府也可以从知识市场这个平台中，了解当前社会工作环境下的知识交易的情况，并进行数据收集和分析，对制定相关就业政策也起着重要作用。最后，知识产权的政策应该将知识的保护期限尽量与该知识的市场寿命相协调，尽量避免因受时间保护问题而产生消极的影响。

5）市场运行主体可通过政策的扶持、资金的辅助及市场氛围与舆论的营造，吸引在电子商务领域有实力的商业公司或有远见的创业者承担市场运作的主体。当然在网上技术市场中介服务联盟中有针对性地培养市场运行主体也是一种可靠的方案。

（5）知识市场制度及市场规范

对网络知识市场进行制度建设，能够保证知识市场的交易顺利进行，同时为知识市场行为规范的形成起到重要的推动作用。在网上技术市场环境下，已经形成了一系列的制度与规章。在知识市场环境中，这些制度仍有其合理性，但需要针对网络知识市场更为复杂的情境特点进行补充和完善。故在网络知识市场中，应在交易规则、交易方式、支付制度、管理制度、产权保护、奖惩制度、评估制度、仲裁制度等多个方面进行制度建设。而在制度的制定过程中，政府部门将起到重要作用。

与制度层不同，规范层更强调的是知识市场参与者的共识与行为准则，其与知识市场的文化息息相关。在政府部门的倡导下，在网络技术的推动下，在企业创新紧迫需求的拉动下，知识市场的兴起与繁荣将是必然。因此，规范、文化的建设相当重要，需要在道德规范、行为规范、信誉规范等多个层面，构造市场交易的文明、安全、高效、有序。当前的网上技术市场在这方面已经取得了良好的基础,尤其一些大中企业、高等院校的介入,带动了良好市场规范的形成。在这方面,政府的职责、法制及仲裁部门的支持比较关键。

5.2.3 知识产品建模及交易模型

作为知识市场客体的知识产品,是人们在科学、技术、文化等精神领域中所创造的产品,具有科学技术、发明创造以及文学艺术创作等多种表现形式。知识产品的划分方法研究是知识产品研究的基础,通过对知识产品进行划分,能够清晰地描述出各类不同知识产品的特征,为知识产品的信息模型及交易模型的构建提供依据。

本节首先提出知识产品的划分方法,将网络知识市场中的知识产品分主要分为四类:科技成果类知识产品、需求类知识产品、专家服务类知识产品、创意点子类知识产品。在此基础上,采用面向对象的层次框架式描述模型对不同类型的知识产品构建信息模型,并分析不同知识产品的交易过程以及中介机构在知识产品交易过程中所提供的各种服务。

1. 知识产品的划分方法研究

关于知识产品的定义,大多引用南振兴与周俊强的观点。他们认为,知识产品是指人类通过脑力劳动而产生的,能够满足社会的需要并且具有一定价值的成果。本节在他们研究的基础上,将知识产品定义为人们通过脑力生产出来的、有具体表现形式的、受到知识产权保护的、可以在知识市场上进行交易的一类商品。

(1) 科技成果类知识产品

科技成果是网上技术市场原有的一类知识产品,具有一定的学术与经济价值,且是科技工作者在科学技术活动中利用自身的智力所产生的。

科技成果在知识市场中的交易,有力促进了产学研结合,不仅加快了引进各大院校共建创新载体的步伐,同时加快了科技成果产业化的进程。科技成果作为知识产品在网络知识市场中进行交易具有以下三个方面的意义。

1) 我国的科技部门有个特殊的现象,即它与企业是相互独立的,并且与经济部门也相互分离。这就决定了要使科技成果服务于经济建设,就要在科研院所和企业之间建立起良好的交换渠道和秩序,建立一个相对稳定和集中的科技成果交易市场,促进和规范科技成果的交换。

2) 将科技成果作为一类知识产品在网络知识市场出售,科技人员能得到丰厚的回报,进而能够调动科技工作者创造发明的积极性,从而形成一个良性的互动,推动科技的进步与发展。

3) 从科技远行机制方面来看,科技体系条块分割、机构重叠、力量分散、低水平重复研究的现象造成了科研资源的浪费。然而,通过网络知识市场的构建,在知识市场上进行科技成果的交易,利用平台系统收集交易信息,可减少不必要的重复。

(2) 需求类知识产品

仅仅通过科技成果类知识产品的交易,企业作为创新决策者的主体作用并没有得到有效发挥。如何让企业有机会最大限度地调动、合理使用创新资源,如何能够有效控制、选择创新的质量与成本,这才是企业创新主体的更高层次体现。在传统的创新模式下,通常更类似于计划经济,高校院所有什么样的技术、有什么样的成果,企业就只能选择什么样的技术与成果。很多的技术与成果在企业参与之前就已经存在,企业的主导地位并没有体现出来。企业对创新的控制就是由企业提出他们需要什么，而创新资源（创新团队）能够根据企业的需求开展定制研究，并获得成果，从而服务于企业。虽有许多技术市场网站展示企业需求，但并未充分调动企业的积极性。

为解决这一问题，本节将企业需求作为一类知识产品在知识市场中进行交易（如图5-13所示）。即企业将其在创新中遇到的科技问题封装为知识产品，企业负责题目的出售与解释，并可选择性地提供有偿的问题求解的基础实验与研究条件，由企业来主导并关注创新全过程。购买科技问题的主体一般为科研院所或社会团体，研究获得的成果则属于购买了该科技问题的各个研发团队，企业可以优先选择是否购买成果产品。各个研发团队也可将其成果产品出售给其他企业。需求类产品的提出可以同时调动买方与卖方的积极性，同时体现了企业在创新中的主导地位。由企业提出他们需要什么，而创新资源能够根据企业的需求开展定制研究，并获得成果，从而服务于企业。通过知识市场可建立企业与高校院所的新型产学研合作模式。

（3）专家服务类知识产品

专家服务类知识产品是指在某领域内具有专业技能与知识的人才，可以主动将自身拥有

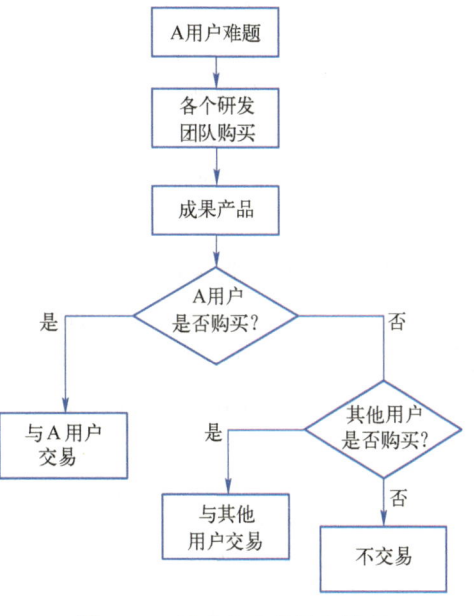

图5-13 需求类产品概念模型

的知识资源及案例提交于知识市场网络平台。有问题的企业或个人可在平台上搜寻相应的专家，对其在线咨询，而专家人才可以通过平台，运用专业理论知识和丰富的经验，结合不同企业和个人的情况，为企业或个人达到一定目标而提出相应的解决方案或解决思路。

人力资源是企业最重要的资源，在企业自身人力资源增进企业成长的同时，从网络化知识市场吸取具有能力和经验的知识资源，在企业中得到积累和改进之后得到合理应用，最后转化成为现实的生产力，可实现企业的发展创新。在网络知识市场中进行专家服务类知识产品的交易，使企业可以利用外部人力资源完成其某个创新任务，节约了企业人力的雇佣成本。

（4）创意点子类知识产品

随着知识交易的日益发展，激发了大众的创造热情。然而，在创新过程中，并不是每个创新主体都有能力单独完成创新的全过程而获得最终的创新成果。例如，有些创新主体，虽然拥有相应的设备来实现创新过程，却没有创新的想法；而有些创新主体虽然有创新的想法，却没有实现其创新想法的经济基础与技术基础。这种情况下，任何一个创新主体都没有独立完成创新任务，这便会造成人才或者资源的浪费。于是本节提出将创意点子作为知识产品在知识市场上交易，从而满足点子创作者与点子需求者之间的供求意愿。

1）创意点子的概念：创意点子也就是一个想法、主意等，可以是对某个产品在设计或者功能等方面的一个想法与思路，也可以是为解决某个问题而提出的方式与小窍门等。点子的创意除了来自企业的员工，也来自企业产品的使用者及服务的对象。而客户是对产品及服

务最了解的一方，将客户的创新想法与意见作为知识产品在知识市场中进行交易，能够提高客户参与的积极性。同时，企业作为创新想法与意见的买家，利用企业内部的资源与技术，能够有效地完成对产品的创新。

2）创意点子的特征。

① 在创新的整个过程中，都有点子的应用。

② 相对其他产品而言，点子只是一个简单的想法，没有很大的技术含量，较容易被他人知道，需要较高的保密性。

③ 点子的价值很难被精确评估。

3）创意点子的价值：点子具有一定的商业价值，点子提供者通过点子的交易获得一定的受益。同时，对点子的需求者来说，通过买卖适合自己的点子，能够解决自身的难题、节约成本、提高生产率、引导创业方向、指导发明创造等。

2. 知识产品信息模型构建

对知识产品信息的描述，采用面向对象的层次框架式描述模型，模型包括基本信息、交易信息和内容（配套）信息三个子框架（如图 5-14 所示），每个框架都由若干个属性，而每个属性又可以从不同的侧面进行描述。

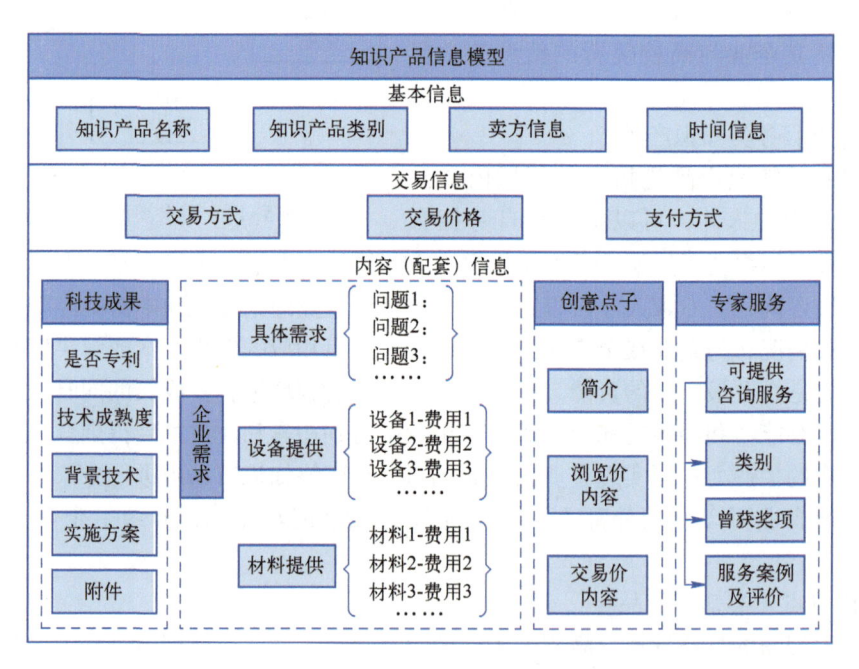

图 5-14　知识产品信息模型

（1）基本信息

本节所提出的四类知识产品，他们的基本信息都是有由知识产品名称、知识产品类别、卖方信息和时间信息组成。①知识产品名称：知识产品提供者对其提交的知识产品的概括。②知识产品类别：指知识产品所属分类，可根据国家标准规定的类别代码来表示。③卖方信息：即知识产品提供者的信息，可以由卖方名称、地址、联系方式等方面来描述。④时间信息：包括此类知识产品的提交时间、完成时间、有效时间等。

（2）交易信息

交易信息是知识产品交易时使用的信息，主要由三部分进行描述，包括交易方式、交易价格和支付方式。①交易方式：在科技成果交易时，交易方式可以是许可转让，也可以是完全转让。②交易价格：是由知识提供方或者有中介机构对知识产品评估后给出的价格。③支付方式：是交易中用以完成交易金额转换的方式，通常采用在线的支付方式，可以是现金支付、银行转账、第三方支付等。

（3）内容（配套）信息

内容（配套）信息是对科技成果和创意点子的具体内容及企业需求的配套信息的描述。对不同类型的知识产品，其本质的区别就是其内容（配套）信息的不同。科技成果产品主要从是否专利、技术成熟度、背景技术、实施方案及附件等方面来描述其内容信息；企业需求中的配套信息包括企业的具体需求、企业拟提供的设备和材料及相应的费用；创意点子则由简介、浏览价的内容和交易价的内容来描述；专家服务产品的内容信息由专家可提供的咨询服务及此服务所属类别、曾获奖项、以往服务案例和评价等信息组成。

3. 知识产品交易

知识产品的交易是实现知识服务的核心环节，通过知识产品的交易，知识才能在知识的提供者与需求者之间流动，得到知识的共享，实现知识产品的使用价值。针对本节提出的四类知识产品，提出不同的交易模型。

① 科技成果的交易模型如图 5-15 所示。首先，卖方向中介公司披露科技成果产品的相关信息，中介公司进而寻找具有转化能力和相关资源并有兴趣对该技术或成果进行商业化的买方，匹配买卖双方。其次，中介公司对此产品在质量和潜在商业价值方面进行技术评估并指导产品价格，价格评估的方法主要有两种，一种是预期收益法评估，另一种是重置成本法评估。买卖双方也从自身角度出发，给出相应的定价，如卖方从生产成本及预期收益等方面进行定价，买方从购买成本及预期收益等方面进行定价。最后，买卖双方在中介公司的价格指导下进行协商，确定交易价格，进而确定交易方式、转移方式等，从而签订交易协议。在协议的指导及中介的辅助下，最终进行科技成果产品及购买资金的转移。

② 由需求类产品的概念模型可知，其包括两种类型的产品形式：企业需求和成果产品。成果产品的交易可根据成果所属的不同知识产品类型采用不同的交易模型。而企业需求的交易模型则如图 5-16 所示，包括三个阶段：第一阶段是买卖双方的匹配，卖方或中介公司向买方解释企业的具体需求，由买方决定是否购买；第二阶段是企业需求的交易及成果产品的研发阶段，卖方为买方提供材料和设备，而买方支付相应的使用费用；第三阶段则由买方和中介公司对成果产品进行评估并决定是否购买此成果产品。

③ 专家服务类产品交易模型（如图 5-17 所示）主要是由咨询者通过知识市场网络平台搜寻到合适的专家，双方通过专家收费标准及沟通交流商定最后咨询的价格，之后进行相应的咨询服务，最后咨询者选择支付咨询费用的方式，从而完成交易。

④ 创意点子类产品的交易模型如图 5-18 所示，将点子分成三部分：第一部分为公开展示的简介，买方在阅读了点子简介后，可选择是否购买点子的阅览价内容；在第二部分中，买方只需支付阅览价就可以通过此部分了解到该点子更详细但不完整的内容或点子中的一部分，看出点子的实际方向或方法；之后买方再决定是否完全购买该点子，也就是点子的第三

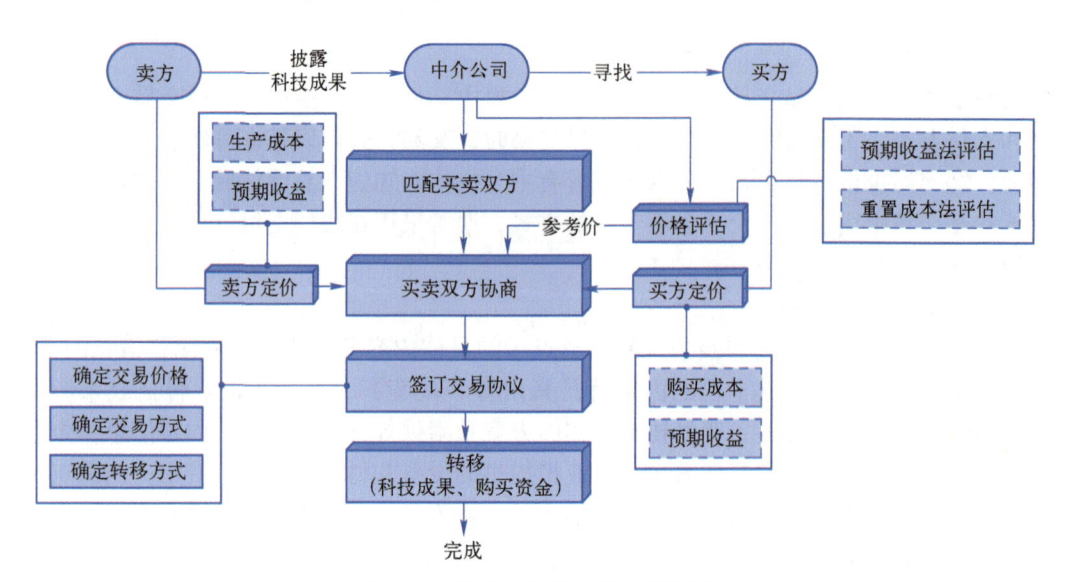

图 5-15 科技成果类产品交易模型

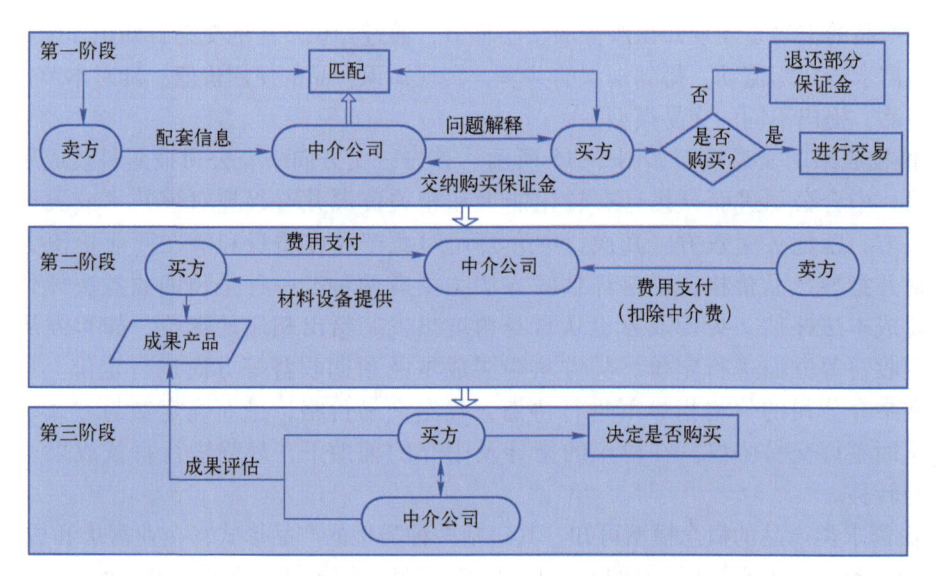

图 5-16 企业需求类产品交易模型

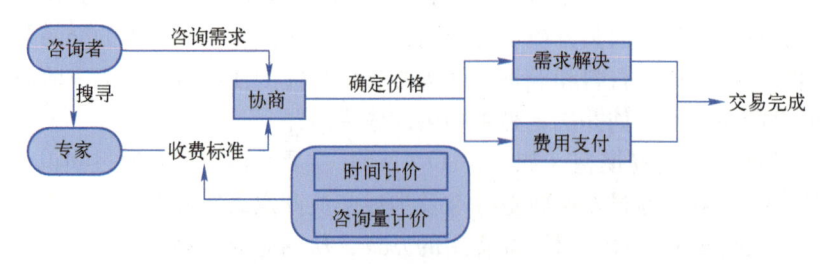

图 5-17 专家服务类产品交易模型

部分（交易价部分），此部分介绍了点子完整、详细的内容。

另外，创意点子类知识产品的交易，也可由创意点子的拥有者在知识市场网络平台寻找合适的企业（如图 5-19 所示），并与企业协商，决定创意点子的价格。创意点子的价格可以从预期创造价值、可行性、操作难度、风险系数几个方面进行定价。之后双方签订交易协议，完成交易。

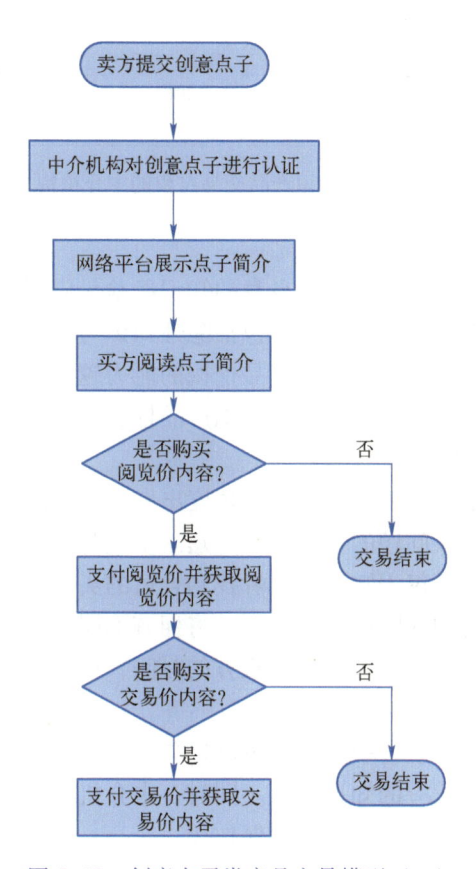

图 5-18 创意点子类产品交易模型（一）

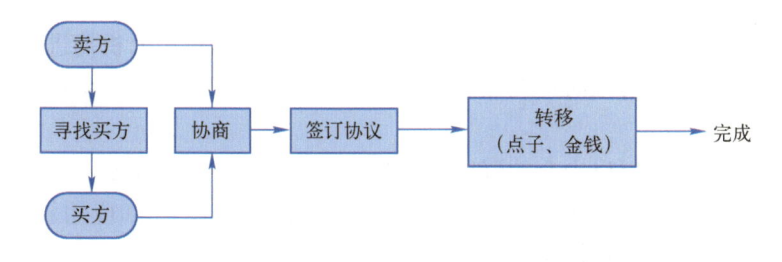

图 5-19 创意点子类产品交易模型（二）

4. 知识产品交易过程中介机构研究

由于知识产品具有保密性要求高、价值的不确定性强以及转移难度大的特点，其交易过程相对于一般物质产品的交易要复杂得多。为了能够支持知识产品在交易双方中的有效进行，中介机构应运而生。在面向知识产品交易的过程中，中介机构的作用包括知识产品挖掘、匹配、桥梁、转移、支付等功能（如图 5-20 所示）。

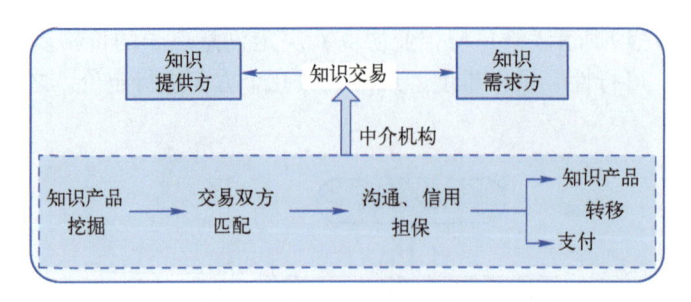

图 5-20　面向知识产品交易过程的中介机构功能

(1) 知识产品挖掘功能

知识产品挖掘功能是指中介机构根据自身的知识经验，应用不同的技术手段，从网络资源及知识资源主体中挖掘有用的知识资源，包括隐性知识与显性知识，进而将知识资源封装成不同类型的知识产品。知识中介对知识产品挖掘的能力越强，越有利于其为知识交易提供知识服务。因此，中介机构需要具备较高的知识产品挖掘能力。

(2) 交易双方匹配功能

中介机构的匹配功能主要是从知识产品的角度出发，关注网上的求解问题，并主动在知识空间中可寻找、配置解决该问题的知识资源，建立供应与需求之间的连接，匹配相应的知识提供者与需求者。该功能不仅为知识提供者找到合适的买方，也为知识需求者寻找满足需求的知识产品。通过中介机构的匹配功能，也可将拥有不同知识资源的主体联系到一起，共同解决同一个需求方的知识需求，节约交易双方的时间，提高知识产品交易的效率。

(3) 沟通、信用担保功能

在知识交易双方得到匹配后，中介机构可辅助知识提供方与知识需求方之间进行沟通，使他们更好地了解对方以及相应的知识产品。同时，中介机构的出现可以以第三方身份介入知识提供者与知识需求者之中，起到信用担保作用。

(4) 知识产品转移功能

知识产品交易能否成功的前提条件是知识产品是否能够顺利转移到知识需求方，所以中介机构的知识产品转移功能是其知识服务的核心功能之一。通过中介机构进行知识转移可消除交易双方的不信任感，但同时也要保证知识产品能够完全让知识需求者接收、理解。

(5) 支付功能

一些科技金融机构可以以中介的资质进入知识市场，实现知识交易双方的支付功能。这些机构可以具有一定的政府背景，也可由商业金融公司来担任，比如应用较多的支付宝等。通过中介机构进行支付，可保证支付过程的可靠性。

5.3　集成情境的业务求解知识模块化建模方法与技术

知识经济时代，业务的知识化、知识的市场化趋势越来越明显。同时，企业的业务执行（文中称其为业务问题求解）的复杂性日益凸显，基于知识的合作与联盟将成为企业业务问题求解的重要范式。另外，调研中发现，企业业务求解过程中不同领域的知识资源出现高密度、小范围的集聚效应，本节将这种现象称为知识模块化。论文研究中还发现，在企业实际运行环境中，将业务问题类似而业务执行绩效迥异的现象归结为"知识模块"求解能力的差异性,因而开展面向业务问题求解的知识模块化相关理论、技术与方法的研究具有广泛的现实需求及重要的理论价值,有益于揭示知识资源的协作模式,有助于提高知识资源的创新价值,有利于提升企业的核心竞争力。

5.3.1 面向业务求解的知识模块化的概念

在企业业务问题的求解过程中,小范围内高密度聚集和协作的知识资源(包括知识员工、管理信息系统、图档资料等)组合被称为"知识模块"。知识模块不同于知识团队,知识模块面向某一类业务问题。在业务问题求解的过程中,相关的知识资源因业务的需要而结成虚拟结构,随着业务问题的解决,知识模块结构自然解体。它是直面企业的业务问题、知识资源并发挥作用的最直接的组织模式,是由求解问题的需求来驱动的,但知识模块化不是自发的,模块化的资源构成具备动态演化特性。然而,目前知识模块化现象缺乏理论的指导。因此,开展面向业务问题求解的知识模块化内在机理的研究有广泛的现实需求及重要的理论价值,有益于揭示知识资源的作用模式,解决如何使知识资源发挥创新价值、提升企业竞争优势的现实难题。

在企业实际运作环境中,业务相同而业务绩效迥异的现象应归结为知识模块求解能力的差异性问题,是由业务需求、知识协作、知识生态等情境要素在业务求解过程中综合作用的结果。

知识模块化变革了企业内部知识的供应模式,使得企业内部的知识管理体系更具业务适应性和资源聚合性,更有利于提高问题求解的效率,从而发挥知识资源更高的潜能,激发创新和能力协作。然而,综合文献调研,当前研究存在的一个明显的缺陷是缺乏对知识资源作用情境与业务求解过程集成性的科学研究。知识往往是由知识员工掌握的,不只业务求解本身需要场地、工具等的配合,知识员工由于物质与精神上的需求,也需要相适宜的情境的匹配,情境、知识员工、业务过程有机融合才有可能大幅提高业务求解的绩效。由于员工(或专家)不是机器,情境对其能力的发挥往往起着不可忽视的作用。因此,从知识资源集成利用和业务执行绩效提升的视角来看,需要对业务求解知识模块化与知识管理绩效的内在机理进行挖掘,尝试将情境要素集成到知识模块化模型的构建之中。将知识、业务、情境三者有机融合的集成化知识模块定义为集成情境要素的知识模块,将知识情境也一并纳入到知识模块体系之中。从业务绩效、知识管理绩效提升的角度,将集成情境要素的知识模块作为企业基本的知识管理单元。

5.3.2 面向业务求解的知识情境的概念

知识的价值是在企业的各类业务问题求解的过程中体现的。提高业务求解及知识管理绩效受到知识资源所处的物理环境、员工状态以及其他情境等因素的密切影响,本节将这些影响因素定义为面向业务求解的知识情境。

1. 面向业务求解的知识情境定义与分类

企业的经营运作就是不断地执行各类业务活动,完成各类业务任务,本节将这一过程称为业务问题求解(简称业务求解)。业务求解需要知识资源的协助,如何将知识资源在正确的时间、正确的地点、配置正确的业务执行者去求解业务,将直接影响业务求解的绩效。本节将时间、地点、人员等要素归纳提炼为知识情境特征要素,并进一步引出知识情境的定义，如下所示。

定义1：知识情境可理解为与知识主体及业务活动密切关联的特征要素的集合。知识情境指知识资源获取、匹配以及应用等业务过程发生的地理空间、过程、领域以及背景状态等，是对情境要素的客观描述。刻画业务过程发生的复杂情境状态，是知识资源匹配、知识导航以及应用的重要基础。

对业务问题求解工作流程中的情境要素进行有效的表达能够提高工作流程中活动信息的循环利用。通过企业信息系统感知工作流程中的情境信息将对业务执行带来极大的帮助，一方面，基于情境感知可以设计出企业知识推荐的科学方法，提升知识资源配置的绩效；另一方面，情境信息能够协助知识执行者及时发现业务流程的突发状况，以此完善业务故障处理机制。在前人的研究成果中发现，情境与知识资源之间存在双向互动机制，通过构建情境视图给知识执行者提供知识资源导航，可以提高知识执行者的知识检索效率及知识能力与业务问题的匹配度。

由定义1可知，本节论述的知识情境是与业务过程、知识资源以及知识主体密切相关的要素集合，包含外部物理要素，也包含知识主体（知识执行者）的心理认知、需求等内部要素。知识情境具有如下几大特征。

1）知识情境是客观存在的特征描述，能够被知识主体所感知与挖掘。

2）知识情境独立于知识载体而存在，但是基于知识管理绩效提升的视角去分析以及用集成的概念去理解，知识情境与知识主体、知识资源以及业务过程密切相关。

3）知识情境是对业务过程的特征要素的提炼描述，这些特征要素是区分不同业务活动、识别不同知识主体的检索依据，知识情境的配置直接影响着知识主体的心理认知及各层次的心理需求。

下面通过显隐性维度对知识情境进行层次划分。从知识情境的外部显性以及内部隐性进行划分，可以分为外显知识情境以及内隐知识情境（如图5-21所示）。

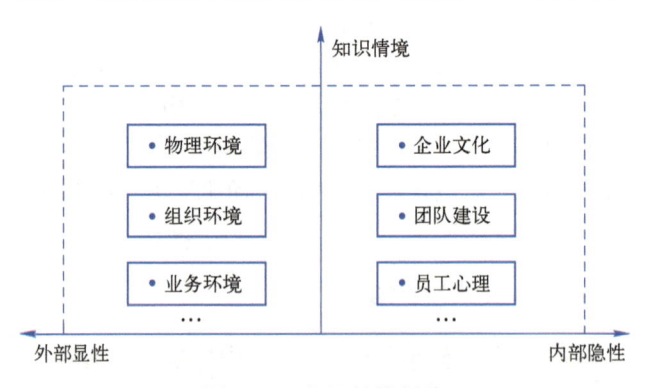

图5-21 知识情境划分

外显知识情境是指与知识、业务求解过程相关的物理环境要素集合，可以利用结构化形式表现，易于被知识主体识别并感知，即具备可表示性和动态可描述性。外显知识情境包括企业内部的办公环境设计、组织架构设计、业务执行环境的配置等方面。

内隐知识情境作为外显知识情境的补充，主要针对业务求解过程中的知识、知识活动以及知识执行者心理层次波动等方面的提炼与概括。相较于外显知识情境的可表示性和动态可描述性，内隐知识情境难以用结构化的形式体现，它更依赖于人们的经验、直觉、心理需求获取程度。企业的文化建设、团队氛围建设、员工心理状态等都是内隐知识情境。知识员工在不同环境之下会感受到不同的心理需求和满足感，如果心理需求获得较大的满足，那么其心理需求层次将得到提升，工作的精神面貌也变得乐观积极，执行同样的业务活动时，工作绩效也将得到较大的提升。

2. 知识情境与知识资源管理的关系

知识情境、知识资源以及业务过程三者组成业务求解的有机系统。虽然三者独立存在，但它们彼此密切相关且相辅相成。借助这种紧密的关联，我们在知识管理中利用集成的理念，将知识情境集成至知识管理的各流程当中，为提高知识管理绩效提供了解决途径和理论方法。知识情境与知识管理之间的关系主要体现在如下几个方面。

（1）知识情境是有效理解知识资源的关键要素

没有正确的知识情境，知识资源与其对应的应用情境将相互隔离，致使知识孤岛现象的产生，更可能产生知识资源的错误利用，这反而会降低业务执行过程中的知识管理绩效。

（2）知识情境是知识资源管理的重要组成部分

如何科学合理地构建知识情境也是一门专门的知识，是辅助提升知识管理绩效的知识，是关于如何提升知识资源业务求解绩效的知识，因此本节认为知识情境作为知识资源管理体系环节中的重要一环，具备重要的地位和研究探讨价值。

（3）知识情境影响知识主体对知识的评价

相同的知识资源之所以会产生不同的求解绩效，是因为其应用的业务求解情境不同。知识资源只有在特定的情境要素配置之下，才能发挥其最大的知识价值。

相同的业务问题之所以会体现出不同的求解绩效，最重要的原因在于情境要素的配置。例如，两名业务熟练程度不一样的知识员工去执行同一业务问题，绩效会出现较大的不同，主要原因在于操作熟练的知识员工具备更多的经验，并且这些经验作为内隐知识蕴藏在其大脑内部。这就给组织管理者在业务执行分配决策过程中提供了一定的决策依据和指导，有助于从源头来推动知识管理绩效的提升。进一步拓展为其他情境要素对绩效的影响，可以为组织内部的绩效管理提供新的理论指导和管理依据。

3. 知识情境对知识资源管理的作用

引入知识情境的定义及其分类之后，我们需要理解其对知识资源管理的作用。企业实施知识资源管理的核心目的就是要实现组织内部的知识价值最大化。根据前文所述的知识情境特点及其与知识资源管理的关系，知识情境在知识管理领域的作用有如下几点。

（1）知识情境有利于知识资源与业务之间的集成

知识资源、业务活动以及业务求解情境三者之间存在较为紧密的联系，业务求解情境是知识情境的子集。由此可见，将情境要素纳入知识管理范式，可以进一步实现业务求解过程中知识资源的有效利用与管理。

（2）知识情境有利于知识组织和整合

知识情境作为环境描述的属性要素集合是独立且客观存在于企业运作过程中的。知识员工可以依据业务求解的需求配置相应的情境要素集合，一方面可以实现情境要素与知识资源的有效整合，另一方面可以参照情境对属于不同业务领域的知识进行归类组合，实现知识资源的定向应用。

(3) 知识情境促进组织内部知识资源的共享

当知识员工在一定的业务情境下应用业务求解所需的知识时,参照情境要素的相似比率,检索知识管理系统中类似情境下所配置的知识资源,有助于削弱知识迷航现象,进而实现高效且有针对性地使用知识资源。情境要素刻画了知识主体在业务求解过程中的业务需求,根据这些需求属性可以判别知识资源与其对应的知识情境的可用价值和求解绩效,从而实现将合理的知识推送给执行业务活动的知识主体。

5.3.3 基于需求层次理论的知识情境解析

1. 知识情境的结构特征体系构建

知识情境的结构特征体系作为知识情境建模的理论依据,是知识情境建模的重要研究基础。以集成情境的知识管理为核心,提高业务求解过程中知识资源的使用绩效,是企业知识管理的重要目标。情境作为集成情境知识管理的重要纽带,扮演着管理流程中承上启下的重要角色,建立科学合理的知识情境体系能够发挥管理高效性的优势,并不断改进和提高知识管理的工作质量。对此,本节首先建立知识情境的结构特征体系。基于国内外学者的相关研究成果,通过文献调研,提出企业知识情境特征体系。由表 5-3 可见,知识情境(KC)特征体系包含以下四个方面:领导者胜任力(KC_1)、团队协作氛围(KC_2)、现场管理(KC_3)和绩效管理(KC_4)。

表 5-3 知识情境特征体系

知识情境维度	调 研 内 容	文 献 来 源
领导者胜任力(KC_1)	领导者工作态度、领导者能力	刘军等(2005);张东红等(2010)
团队协作氛围(KC_2)	团队氛围、合作关系、知识共享	朱少英等(2008);刘冰等(2011)
现场管理(KC_3)	5S 管理实施、工作环境设置、知识资源使用	姜明君等(2014)
绩效管理(KC_4)	绩效考核、绩效制度满意度	解学梅等(2013);廖建桥(2013);张少辉等(2009);张瑞红(2013)

(1) 领导者胜任力

领导者在组织内部环境中体现出重要的使能作用,能够直接影响组织的战略决策、日常管理绩效以及团队氛围。在特定情境因素的互动作用下,领导者进一步成为决定组织竞争力的关键要素,对知识员工的工作效率产生较为显著的影响。

领导者胜任力可以从知识、动机态度、管理能力以及价值这四个层面进行剖析探讨。拥有强大胜任力的领导者在以下四个维度有突出的表现:优秀的道德品质、积极的精神面貌和主动担当的工作素养;良好的组织关系沟通技巧、良好的环境适应性;高效的工作管理能力和业绩管理能力,包括日常决策、业务执行以及绩效管理;具有深厚的业务知识储备以及业务求解能力。

(2) 团队协作氛围

良好的团队协作氛围可以促进知识员工产生对组织的认同感和自豪感,能够在心理和意识形态上达到一致性要求,从而有效激发团队协作能效,促进组织内部的知识共享与传递,协同完成工作目标。

知识是组织创新的基石，知识价值的创新是知识传递、积累与应用的结果。KSveiby 等人研究得出，良好的团队协作氛围为知识员工提供了成员之间彼此相互信任的知识情境，帮助知识员工积极参与组织业务问题求解，对知识共享、传递、应用等知识活动起到积极的推动作用。朱少英等人通过调研发现，团队协作氛围与知识共享存在较为紧密的联系。刘冰等人研究发现，团队协作氛围对化解团队冲突具有积极的成效，并且良好的协作氛围能够推动成员相处融洽、相互协作，能够对组织知识管理绩效产生积极的作用。

（3）现场管理

现场管理追求企业内外部环境和谐统一，提倡人在组织管理中扮演重要的角色，把知识员工的智慧和创造力视为组织价值财富增长的助推器。因此，合理配置并优化业务求解环境要素、充分调动知识员工的工作积极性、最大限度地激发知识员工的知识潜能是工业心理学重要的研究内容。

5S 管理作为改善现场环境最直接且有效的改善理念，可以帮助组织降低管理成本。5S 管理的目标：努力搭建整洁规范的业务执行场景，促进现场的业务求解效率；通过整洁和谐的操作环境反作用于知识员工，影响其养成优秀的工作素养；改善组织内部的精神面貌，形成良好的企业文化底蕴。

5S 管理强调各种资源、工具、设备机器等的合理摆放。如果业务问题求解所需的各种知识资源、机器设备等能够在最短的时间获得并辅助业务执行，就能有效地提高业务执行绩效。一方面，整洁、安全的工作环境给予知识员工根本的安全保障，满足其对作业环境的安全心理需求，另一方面，良好的工作环境使知识员工得到心态放松、心理满足，从而心情愉快地高效工作。综上所述，作为优化工作环境的配置的有效途径，现场管理对提高企业的知识管理绩效有显著的积极作用。

（4）绩效管理

业务执行过程本质上蕴含知识活动，可将业务求解定义为完成业务求解目标所设定的一系列知识活动的逻辑顺序组合，进一步衍生为由知识活动构成的知识价值链。张瑞红认为，组织知识管理通过一系列业务执行互动创造价值，并构建动态的知识价值链，以知识价值链为视角剖析绩效测评方法。知识价值链以组织业务求解需求为导向，业务绩效价值是组织知识价值创造的驱动力；内部业务求解过程是企业创造知识价值和知识链构造的基础。由此可见，企业知识管理的核心就是对业务求解过程中的知识价值链的控制和管理。

绩效是对员工某一特定时间段的知识活动成果的客观说明评价。张少辉等人研究认为，知识员工是组织中重要的知识载体，对知识员工的有效管理正向影响组织的知识绩效管理。进入知识经济时代，知识员工在组织内部的地位不断提升，并且在组织创新以及业务绩效提升方面扮演着重要的角色。知识员工追求公正合理的物质福利，也希望其心理以及精神上得到满足。

参照需求层次理论，为知识员工建立一套完善的绩效评测体系，可以满足其各层次的心理需求，充分调动其工作主动性和知识创新能力。廖建桥认为，不公平心理会导致组织内知识员工业务执行效率的下降和反生产行为的增加。知识员工都具有强烈的职业自尊心，其创造的业绩成果需要得到组织的认可，包括承认其创造的知识价值，并认可其在组织知识价值链传递中起到的关键作用，使其产生组织工作的使命感，增强其自尊心。正是这种心理需求满足的驱动才促使知识员工在业务执行过程中投入更多精力，将其内隐知识外显应用到业务求解过程中，从而提高组织的业务求解绩效。此外，通过让知识员工了解组织绩效考核制度，可消除其心理抵触，进而提升知识员工对绩效管理的认可度。综上所述，实施人性化的绩效管理方法对组织进行知识管理有显著的影响作用。

2. 基于需求层次理论的知识情境体系

随着业务执行过程中知识情境的动态变化，知识员工会产生不同的心理需求波动。业务执行过程中所设定的知识情境在相关心理需求的调节作用下，可以促进知识管理绩效的提升。

需求层次理论将需求划分为五种：生理需求、安全需求、社交需求、尊重需求、自我实现需求，各层次从低到高逐级提升。需求层次理论可以概述为如下两个基本点：每一个人都存在需求，并且各需求按照划分层次依次出现；最迫切的需求得到满足，才能衍生出下一层次的需求，并且进一步呈现出与其相应的心理激励作用。

根据需求层次理论发现，知识员工积极的正向心理需求有利于优化和调节工作效率。组织通过相关绩效激励制度给予知识员工物质经济激励，使其生理和心理需求得以满足，促进知识员工不断认同组织，生成知识共享行为，推动各类业务求解知识在员工之间的传递。反观知识员工的心理契约，若组织未能给予适当的物质承诺，会导致其心理安全需求感失衡，极易生成工作抵触情绪，进而造成其业务执行效率低下。

组织成员、领导者等对知识员工的尊重、互助以及激励等，会对其产生显著的正向影响，有助于知识员工认同组织文化，产生组织归属感和满足感。从心理需求角度剖析，知识员工的高级别心理需求得以满足，进而推动其自我成长、自我超越。这一结果从另一方面体现出组织在业务求解过程中，知识创造、传递、共享等知识管理活动更加顺畅和高效，进一步从侧面反映出组织知识管理绩效得到显著的提升。

本节以马斯洛需求层次模型为参照依据，结合知识情境提出基于需求层次理论的知识情境结构体系（如图5-22所示）。模型最底层对应的是生理需求，通过建立完善公正的绩效管理制度，满足知识员工正常的生理需求（本节将其提炼为物质生理需求，如薪酬、物质奖励等）。作为社会角色的业务执行者，如果能满足其各项心理需求，就能满足知识员工的心理契约。如上所述，只有知识员工的心理契约得以满足，知识员工才能安心地工作，达到高效完成工作任务的目的。进一步分析，如果知识情境的设置满足其各项心理需求层次，知识员工将会以更加积极、乐观及愉悦的心情，去实现业务问题的高效求解。

组织业务执行总是在复杂多变的人-机-环境系统中进行，随着系统的交互过程，知识员工的心理将发生一系列的变化。因此，正确分析、引导这些心理变化，对提高知识员工的工作绩效具有重要意义。分析业务执行流程中的人机工程应用、物理环境设置、作业负荷设定等因素，挖掘业务执行过程中人的心理活动和行为等外显特点，通过5S现场管理技术和精益生产理论方法合理安排工作负荷、科学设定工作环境的物理要素，构建和营造整洁、高效、和谐的工作情境，保障人的生命以及生理安全，目的是实现知识员工的安全心理需求，借助安全的业务情境设置来提高业务执行的效率和知识管理绩效。

根据马斯洛需求层次模型的思想，在上一层级的需求等到满足之后，下一层级的需求才会显现。知识员工的生理需求和安全需求得到满足后，会不断加深其对业务求解环境的认同，根据所建模型，下一层级就会过渡到社会需求和尊重需求层次。组织中的知识员工获得

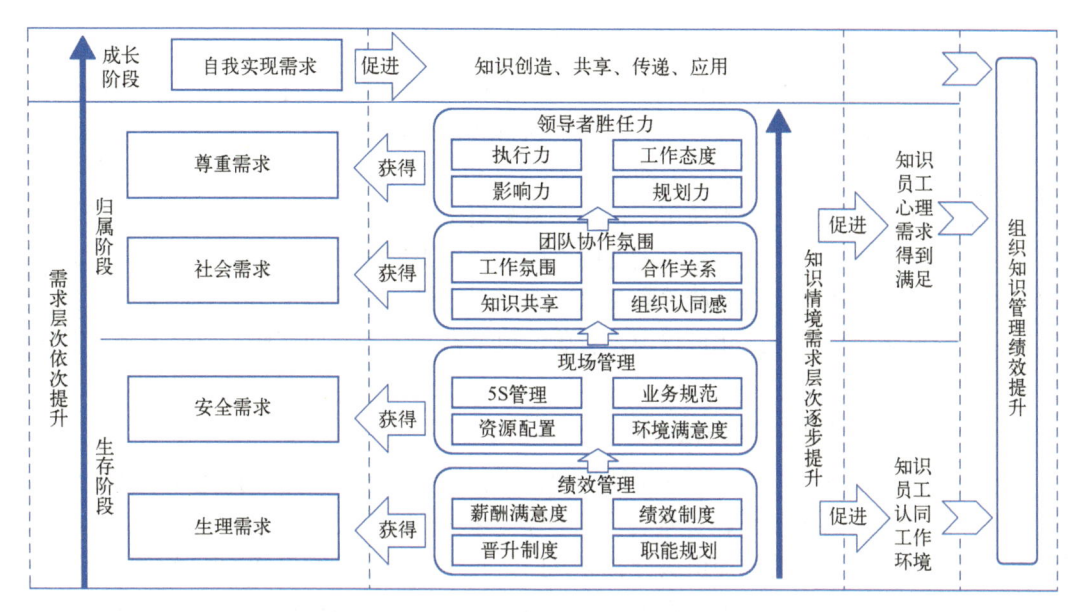

图 5-22 基于需求层次理论的知识情境结构体系

尊重以及更高层级的心理需求得到满足，对其组织的归属感和认同感会递增，知识员工的自我信心不断增强，对工作的热情也逐步提高，热情高昂、士气高涨的人员组织必将使业务执行效率得到显著的提升。此外，在知识管理绩效的领域进行深入挖掘，本节发现良好的业务情境设置不仅伴随着业务过程的求解，并且会促进内隐知识的外显作用能效，提升知识的流通性。

5.3.4 面向业务问题求解的知识情境建模方法研究

1. 知识情境分析及建模规则探讨

伴随业务执行过程的知识情境具有时间链驱动的动态演化特性。本节将知识情境分为三类：历史知识情境、实时知识情境、当前知识情境。

定义 2：历史知识情境。依据企业业务案例库提炼的业务案例情境集合被描述为历史知识情境。

定义 3：实时知识情境。业务执行过程遵从时间链节点的逻辑顺序，本节将对指定时间节点内业务执行单元的环境、状态以及情境等进行提炼与描述形成的情境称之为实时知识情境。

定义 4：当前知识情境。在执行某一业务过程中，知识情境会发生演化更新，其中一部分是对前一业务过程知识情境的继承，另一部分是结合当前时间节点派生的知识情境。因此，当前知识情境由历史知识情境和实时知识情境两部分构成。

情境建模是对情境进行科学化描述的复杂系统工程，建模要注意以下基本要求：情境维度的特征描述应该尽可能完善；业务过程执行时，体现情境与知识的动态关联；考虑动态演化特性，更新情境要素，提高知识资源导航效率。

知识情境涉及知识过程所发生的背景、环境、场景、领域、产品服务等复杂层次因素。对于知识情境进行科学合理建模要注意以下基本要求。

1) 知识情境模型多维度的特征描述应该尽可能完善。

2) 各种业务过程（活动）执行时，知识情境模型能与知识进行有效的动态关联。知识管理系统能够动态识别情境要素，同时给知识执行者便捷地提供知识资源。

3) 知识情境的使用过程是一个动态的过程，初始显性情境要素仅用几个要素进行描述，随着业务执行过程，知识被使用，情境要素会更丰富，隐性情境会被挖掘出来变成显性情境，但是描述知识情境的要素是不完备的。隐性情境不能完全被挖掘出来，但其可以表现为知识使用过程中，各要素之间的关联关系，通过对案例的挖掘得出上述关联关系，把隐性情境转化为显性情境。动态演化进程中，有些情境要素会增加，而有些情境要素随着动态环境改变会消失。

2. 多维度的知识情境建模方法

业务知识情境描述是一个复杂的系统工程，囊括的情境要素繁杂。描述知识情境应当考虑当前业务活动所处的业务问题背景、求解任务、执行地点、所包含的知识过程（活动）、相应的知识资源匹配以及委任知识执行者等方面。对于知识情境的提炼与概述应当在以下方面进行适当扩展与延伸：基于工业心理学改进作业环境提高知识执行者的工作认可度；基于人机工程学进行工作台布置以此提高作业效率；基于业务过程的情境筛选匹配提高组织的知识管理绩效。

定义 5：情境维度是若干情境要素在某一领域内描述和概括的集合。

本节通过对 150 余家企业的调研分析，设定多个维度对业务求解过程相关的知识情境进行提炼与描述。由定义 5 可知，每一个知识情境维度由若干知识情境要素构成，各个情境要素与其他要素进行关联匹配和引用。

情境认同感是工业心理学研究范畴中的一个重要概念。组织心理学研究发现，团队协作氛围（组织人员配置）、任务目标设定、对工作绩效满意度以及各层次心理需求获取都具有一定的正向影响。管理工效学强调，工效学意识对作业规范以及人力资源管理等领域具有积极的渗透作用，需要充分考虑如何通过工作环境的整顿清洁以及各类资源工具的布置来提高作业效率。本节综合情境认同感、组织心理学、管理工效学的研究，结合企业调研，通过设定多个维度对业务求解过程中所遇到的知识情境进行提炼与描述，每一个知识情境维度由若干知识情境要素构成，各个情境要素与其他要素进行关联匹配和引用（多维度模型如图 5-23 所示，维度含义及说明如表 5-4 所示）。

$$KC = \{C_i \mid i = 1, 2, \cdots, n\}$$
$$C_i = \{ce_k \mid k = 1, 2, \cdots, m\}$$

式中，C_i 表征第 i 个知识情境维度；ce_k 表征 C_i 维度中第 k 个知识情境要素。

表 5-4 知识情境维度含义及说明

维　度	说　明
问题	业务活动所要应对或者解决的问题
任务	业务过程所要完成的目标与任务
业务领域	业务过程所处的业务背景领域
业务执行者	可以通过知识执行者所处的岗位、拥有的技能进行描述
业务执行过程	业务过程所包含的知识过程或活动

(续)

维 度	说 明
知识资源	执行业务过程所需的各种知识资源
知识产品/服务	业务问题求解输出的产品或提供的服务
时间	业务活动所对应的时间状态表述
地点	利用多维度属性描述业务过程发生的地理空间位置

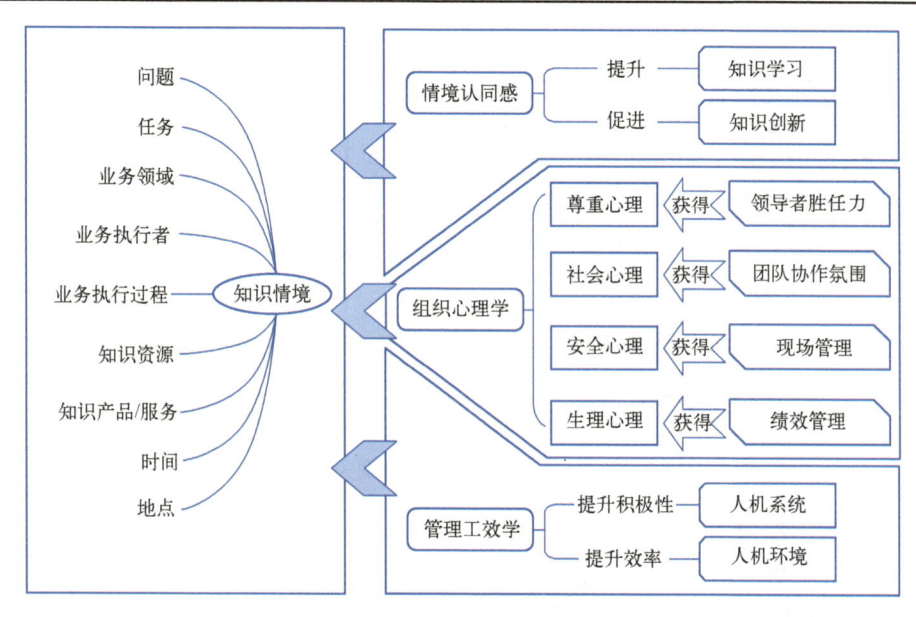

图 5-23 知识情境多维度模型

通过对业务问题求解知识情境的探讨分析发现,知识情境各个维度存在紧密的关联(如图 5-24 所示)。业务单元、业务过程、任务目标以及业务问题之间存在相互传递转换关系:业务问题分解成多个任务目标;业务过程执行结果依据逻辑关系汇总实现任务目标;业务事件驱动业务过程;业务过程中可分解为各个业务步骤执行的业务单元;时间和地点两个维度限制业务过程的执行;执行业务过程需要使用/消耗组织各类知识资源并且创造和提供相关知识产品(或服务);执行业务过程由组织中委任的业务执行者担任业务求解角色并全权负责;部门和知识员工构成组织架构,不同的业务部门又由对应的业务执行角色组成;知识员工隶属于组织中的各个业务部门,并且在组织中担任一定的业务执行角色,在特定业务领域具备一定的业务求解技能、相关知识储备、业务求解经验以及对应的业务执行职位。

5.3.5 集成情境的知识模块化模型

由前文所述,知识情境与知识模块化对业务求解具有重要的影响。对此,本节通过集成思想将知识情境集成至知识模块并将其应用到业务求解领域。通过对企业业务求解案例的分析研究,提出集成情境的知识模块化模型(Context Integrating Model of Knowledge,CIMK),其结构如图 5-25 所示。

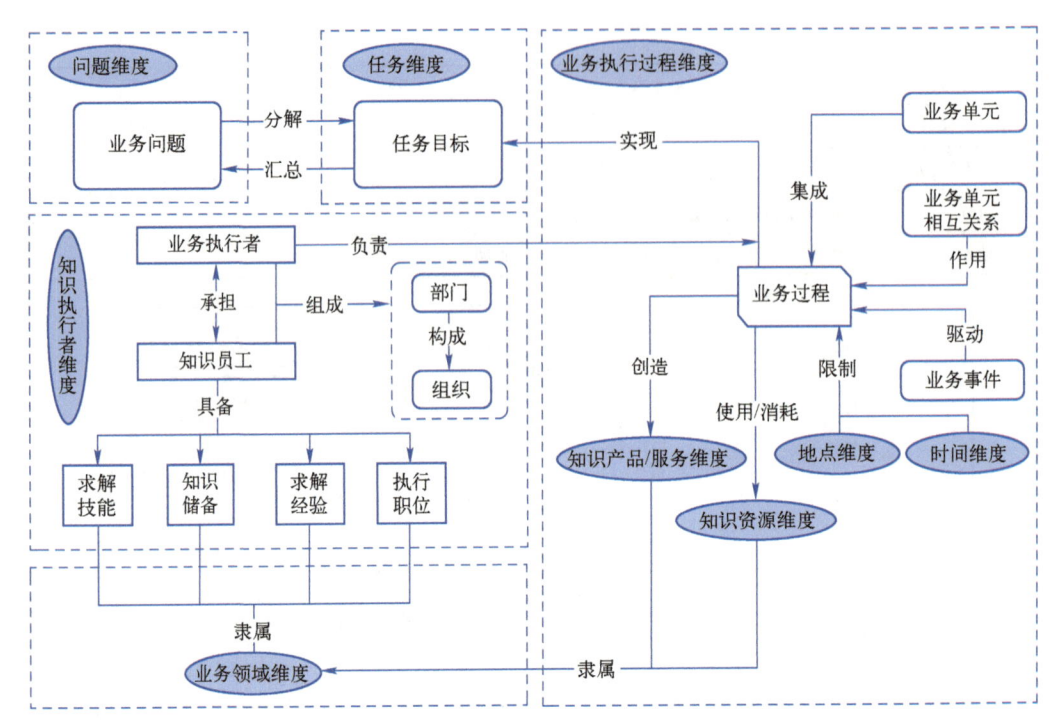

图 5-24 知识情境各维度关系

(1) 知识资源探讨

知识单元时序图、业务执行过程以及相应的业务单元集合构成了知识资源视图。知识情境特征要素视图对情境要素的分类及逻辑关联进行描述。CIMK 中的四个组成视图分别表达了知识情境的外显形式及内部组成要素特征，并且体现了它们之间的关联关系以及内在作用机理。通过对知识的情境化实现知识和情境的有效集成，通过配置业务知识情境给予业务执行者导航知识资源，从而进行业务问题求解知识的应用。

(2) 业务解析

本节参照甘特图的理念建立业务解析视图（如图 5-25 所示）。业务问题作为输入项，进一步分解为各任务层，并且具体的任务层又有相应的求解业务活动对应匹配和组成。具体的任务层由模块化模型中的连线所示，导航指向业务执行过程视图中的事件模型组件。

(3) 业务执行过程分解

业务执行过程视图是对业务问题的深入剖析，通过划分业务层次，制定相应的业务单元。本节依据 EPC 业务过程分解模型将组织实际业务问题进行求解流程分解，将业务问题细分为业务事件，设定业务单元的作用是执行业务事件，业务事件又与业务解析视图中的任务层相互映射。由此可知，本节所探讨并建立的业务解析视图和业务执行过程视图相辅相成，具有紧密的逻辑联系。

(4) 业务求解的知识情境时序性

业务求解的知识和情境都存在一定的时序性（如图 5-25 所示）。知识资源视图中的各个知识单元按照业务逻辑依次排列，顺序协助执行业务步骤。通过情境集成技术封装而成的知识模块，依据不同的业务步骤配置不同的知识资源及不同的知识情境，即集成情境的知识模块对应匹配指定的业务步骤（如业务执行过程视图所示）。

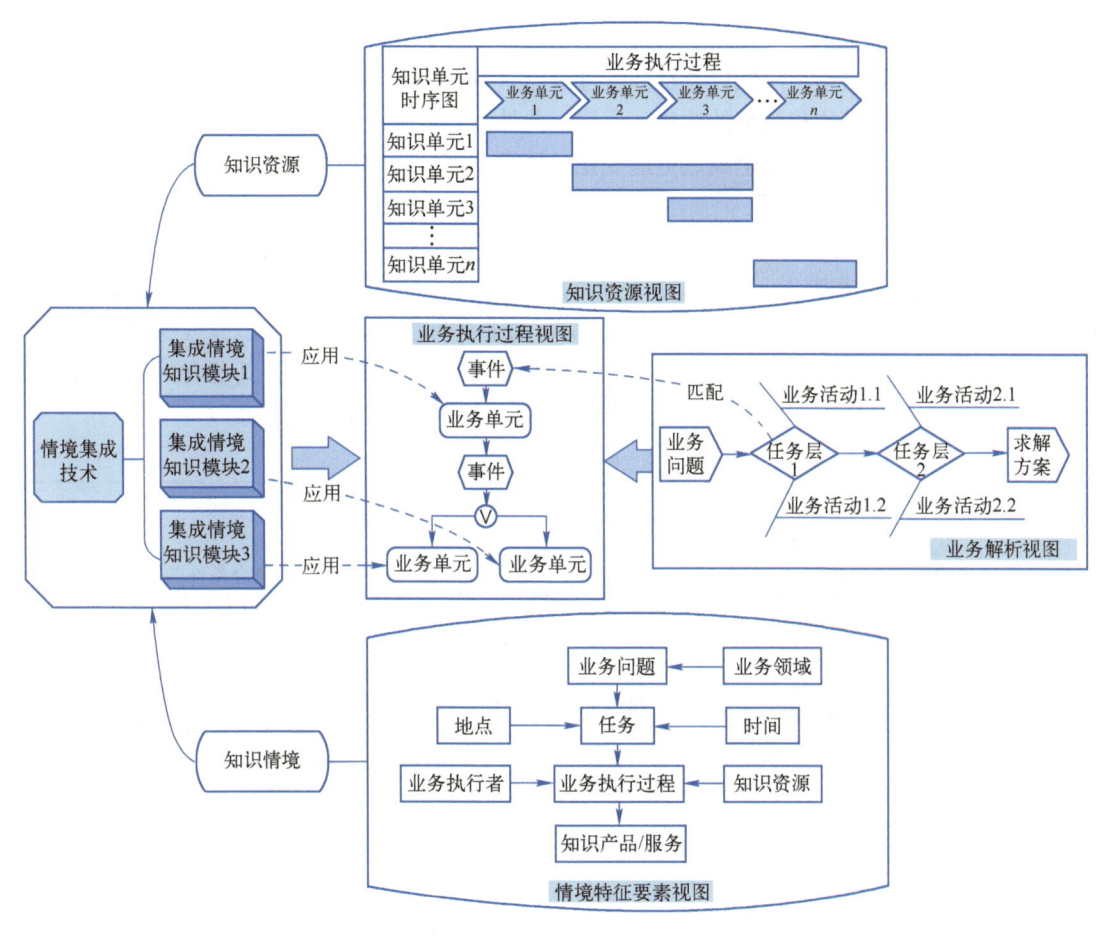

图 5-25　集成情境的知识模块化模型

集成情境的知识模块以面向业务求解为主旨，通过精确配置求解所需的知识资源，并为其配置关联的知识情境，实现知识资源和求解情境的有机高效融合，促进求解知识资源的使用效率，实现业务执行效率的不断优化，并提高业务求解过程中的知识管理绩效。

5.3.6　知识模块化建模及情境集成的关键技术

通过企业实地走访和问卷调研分析，本节发现情境要素对知识管理绩效具有显著的影响作用，并提出了集成情境的知识管理方法。沿着此研究思路，结合 5.3.1 节和 5.3.2 节的研究内容，本节将关注研究情境的多维度建模、知识模块化的建模流程，重点研究知识模块与情境的集成机理和动态演化表现形式。

1. 知识模块化建模方法

（1）集成情境知识模块化全生命周期理念

生命周期的管理以需求驱动为原动力，通过一系列运行流程实现全生命周期中知识、信息与业务问题的紧密结合，并且实现动态演化的全过程。作为一种管理理念，将其引入知识模块化理论体系，所体现的应用价值在于透过周期的视角，论述知识模块化动态演化理论，突出面向业务求解的知识模块化最少需要一个全周期过程,其中包括业务求解驱动阶段、知识模块化流程阶段、集成情境阶段以及目标管理阶段(具体参见图 5-26),通过执行全流程才能完成集成情境的知识模块化模型的构建和应用。此外,在业务求解过程中,随着业务的不断演变更新,情境要素和知识资源也随之更迭变化,从中体现知识模块化是一个循环往复的过程。

(2) 知识模块化建模流程

面向业务问题求解的知识模块化的构思给企业提供了面向企业实践的知识管理方法。知识模块的构建包括两大类,一类是基于已有的求解案例,面向已有业务问题的知识模块化建模,本节称之为派生式建模,另一类是对于全新的业务问题,经研究、试验或探索形成的新的知识模块,本节称之为创生式建模。不论哪种知识模块的建模方式,其蕴含的知识流程均如图 5-26 和表 5-5 所示,即知识筛选、知识创新、知识封装和知识控制。

表 5-5 知识模块化流程分析

流程类别	含 义	表 现 形 式	作 用
知识筛选	从组织内部存在的知识资源中寻找符合条件的知识,并以知识筛选条件加以控制。然后以统一的格式将筛选后的知识传递给下一流程	从企业已有的各类知识库中按条件筛选知识资源,或者选择业务求解案例库、业务数据库中的知识,并对其统一进行格式化标识	精炼符合条件的业务求解知识;将组织内部的隐性知识外显化并加以存储共享
知识创新	对筛选后的知识进行深加工,进一步提炼业务求解知识使用技巧、方法、使用条件等	指明知识的应用场景和求解效果,实施新的业务问题求解方案,满足业务求解需求,也可以对过往操作规程进行创造更新	通过知识发现以及内化、外化等相关创新步骤,提炼并创建新知识
知识封装	基于知识筛选、知识创新对业务求解知识资源进行整合。通过计算机可识别技术将知识资源封装到数据库,实现知识资源信息化循环过程,进一步实现知识资源的继承性和多态性	知识封装思想保证了特定知识领域内知识结构的完整性,并设定该知识模块只被允许应用,不能对其内部知识内容进行修改等直接操作,提高了知识模块的可维护性	将求解知识资源进行封装存储,方便业务执行过程中知识的查询、检索、修改与共享,为知识管理系统的开发提供技术支持
知识控制	通过设定一系列的操作处理标准,保证能有充足的知识资源和处理步骤以及求解案例协助知识执行者进行知识模块化建模	确保优质的知识资源,提高知识资源的利用效率	对知识操作流程进行全面质量管理

知识模块化建模的过程就是这几个知识流程不断循环流动、进化、寻优的过程。而且这个过程随着求解业务问题的变化也进行相应的再流动,根据业务求解情境对知识资源进行筛选封装,以形成适合新业务情境的知识模块,这一流动过程的驱动力在于业务执行流程以及对应的知识情境。知识模块化的建模以面向求解任务的知识集成为核心,以知识协作及知识创造为目的,旨在促进知识在业务求解过程中的整合,并在组织内部共享和重用。

知识筛选和知识创新都在知识控制环节的严密监控下进行,这有助于提升后续模块化的有效性和利用率。模块化作为知识创新流动的核心,封装了相关的知识资源,实现了一个特定的业务执行子功能。企业所有业务活动相对应的知识模块按照业务求解领域,又可组装成一个企业的知识模块库,知识模块库构成一个有机整体,为企业所要求的业务活动提供求解方案。另一方面,面向业务问题求解的知识模块化,根据业务求解的知识情境检索相应的知识模块,有利于节约离散知识查询的工作量和时间,减少知识重用错误以及碎片化知识库的臃肿特性,达到对知识有效组织管理的目的。

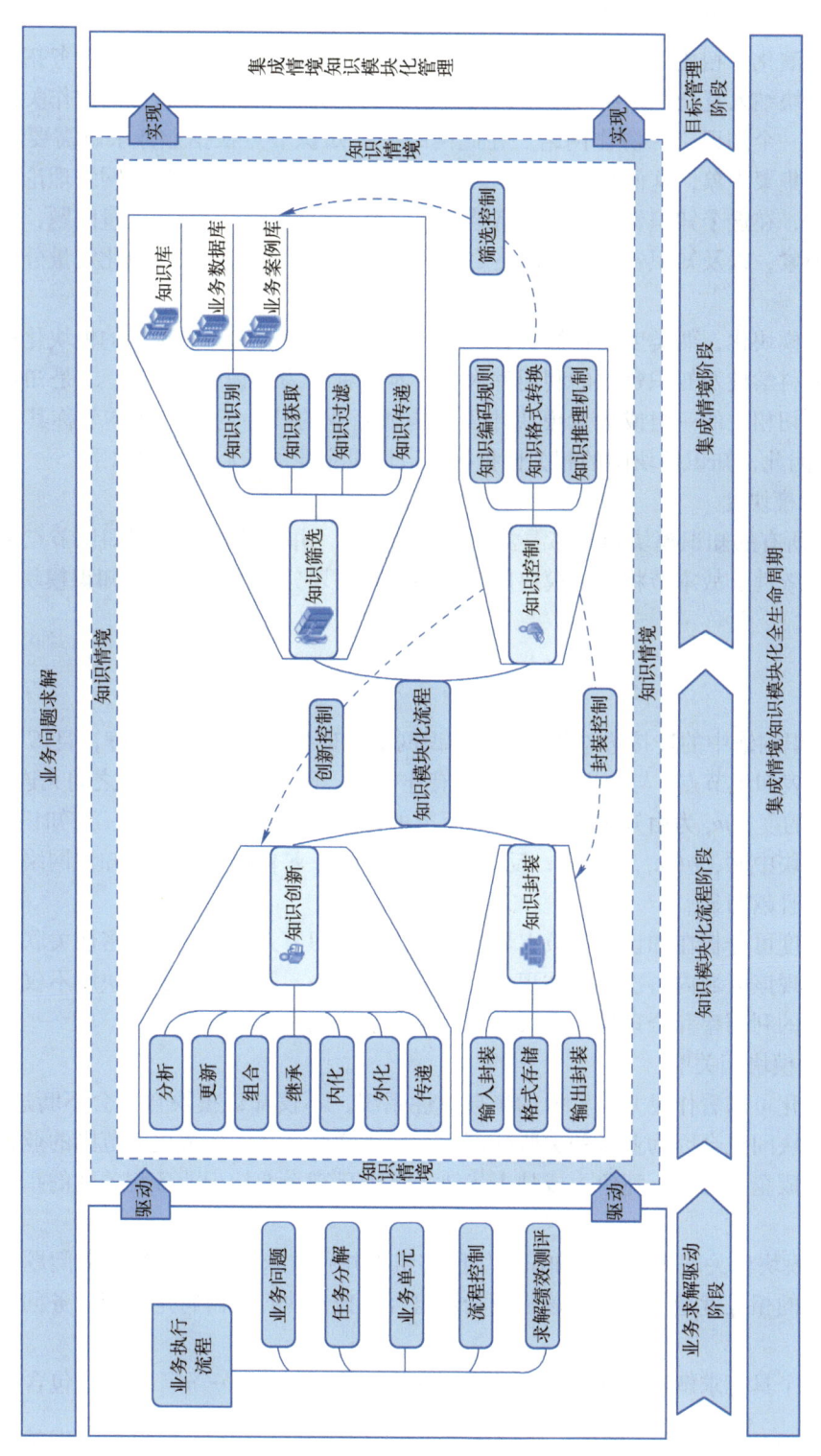

图 5-26 集成情境知识模块化全生命周期模型

2. 知识模块化的度量方法

实质上,知识的模块化现象在企业经营运作中一直都存在。随着企业的发展,情境及业务活动也随之演化,相关的知识模块也就随之进化。如果将随着时间推移及业务拓展而不断进化的知识模块纳入复杂的网络环境中,那么以知识资源为节点,以资源间协作关系为连接边,便可构造一个知识资源协作网络。在此网络中,知识节点根据业务求解需要出现小范围、高密度的集聚现象,这便是文中提到的知识模块化现象。本节将复杂网络理论引入知识模块的研究中,在这个知识资源协作网络结构中研究知识模块化的量化度量问题,梳理模块聚集的条件因素,以及知识资源协作网络之间的关联机制,奠定知识模块化定量分析的理论基础。

对于知识模块化,两类度量指标最有代表性,一是企业的知识资源间的模块化程度,代表业务求解的科学性及知识资源的利用率水平(本节称其为知识模块度);二是知识模块间的相关性,密切相关的一组或大量模块才可能构成企业的核心竞争力(本节称其为知识模块相关度)。因此,知识模块间的相关性指标可以度量企业的核心竞争力水平。

(1) 知识模块度

定义 6:所有的知识模块划分都需要一个评价标准,并以此标准评判知识节点聚集结构的合理性和有效性。故本节将知识模块度作为知识模块划分的参考标准。知识模块度 $E(m)$ 定义为

$$E(m) = \frac{1}{2n} \sum_{i,j} \left(C_{ij} - \frac{k_i k_j}{2n} \right) \rho(m_i, m_j)$$

式中,n 为知识网络中的连接边总数;C 为知识网络的连接边所构成的矩阵,且 $C \in \{0,1\}$,其中 $C_{ij}=1$ 代表知识节点 i 与知识节点 j 之间有连接边,而 $C_{ij}=0$ 代表节点之间无连接边;k_i 为知识节点 i 的度;m_i 为由知识节点 i 聚集而成的知识模块;当知识节点 i 与知识节点 j 在同一个知识模块中时,$\rho(m_i,m_j)=1$,反之 $\rho(m_i,m_j)=0$。E 值越大,说明知识网络模块化的聚集结构越多且越明显。

知识模块度可分析在知识资源节点聚集区域内的知识节点相互之间的密切关联程度,并从侧面分析体现该区域内再次构成知识模块的可能性大小。同时,知识模块度不仅可以呈现企业知识资源的利用率和合理性,也可以显示企业创新能力的潜在性。

(2) 知识模块相关度

知识模块化可以看作是知识资源的半自律性系统,不仅知识模块自身会不断进行演化,不同的知识模块间也会因为业务的关联性而相互协作联合,从而构成更大范围的业务求解能力,以至于构成企业的核心竞争力或独占优势。这种呈现企业知识业务相关性的指标为模块相关度。

定义 7:模块相关度表征若干知识模块能够组合并独立求解特定领域业务问题的难易程度。模块之间的相关度越大,表明该模块能够组合并独立执行求解特定领域业务问题的能力越强。

例如,某个具有求解特定业务问题的模块集合 $S_i = \{m_1, m_2, \cdots, m_o\}$。集合包含的模块数为 o,则定义 $\{m_1, m_2, \cdots, m_o\}$ 中各模块相互之间的相关度为 $\tau_i = \dfrac{1}{o}$。模块相关度越大,表明该集合内的模块越容易组成一个独立的求解知识模块族,进一步说明使用该模块集合求解业

务问题更加高效；反之，则表明业务求解绩效提升困难。

将知识模块存储到数据库中，构成知识模块库，知识执行者遇到业务问题时通过检索数据库查询相关知识模块。由此进一步可知，在整个知识模块库中，知识模块集合 S_i 和 S_j 的相关度 Γ_{ij} 为两者之间各个对应模块相关度的求和，即 $\Gamma_{ij} = \sum_i \sum_j \tau_{ij}$，式中的 i、j 分别对应各自模块集合中的编号（注：$i \neq j$）。

3. 知识模块与情境集成的关键技术

情境与知识资源联合作用于业务求解的场景，共同影响着业务求解的绩效。因此，情境与知识资源及业务需要集成，但随着求解的进程在发展，业务求解所需的相关知识资源模块也在转换，相应的知识情境也需要更新。因此，知识情境集成的关键技术在于如何匹配知识模块及业务求解进程的变化，并链接相应的正确情境。这也是本节期望解决的问题。另外，在业务求解及知识模块的转换过程中，知识情境的转换或演化特性也是本节研究的重点。

链接集成是对知识模块以及与之匹配的知识情境的集成技术，是集成知识情境与知识模块的纽带，为基于知识情境的知识模块检索提供理论方法支撑。链接集成可描述为四个构件要素：①业务求解所需的知识模块；②知识模块精确应用的知识情境特征描述集合，包括业务问题、求解时间、人员配置等知识情境维度要素；③链接边，即情境与知识模块集成的可视化表现形式；④链接接口，即知识情境实体与知识模块实体交互匹配的方式。上述构件要素组成链接集成关系。

当确定链接集成关系之后，按照 EPC 业务执行步骤，检索集成知识情境的知识模块并将其配置给相应的业务步骤。通过业务提出求解知识需求，链接集成知识情境知识模块，辅助知识执行者求解相应业务问题，保证业务求解精准、高效。集成知识情境的知识模块以及链接集成关系如图 5-27 所示。

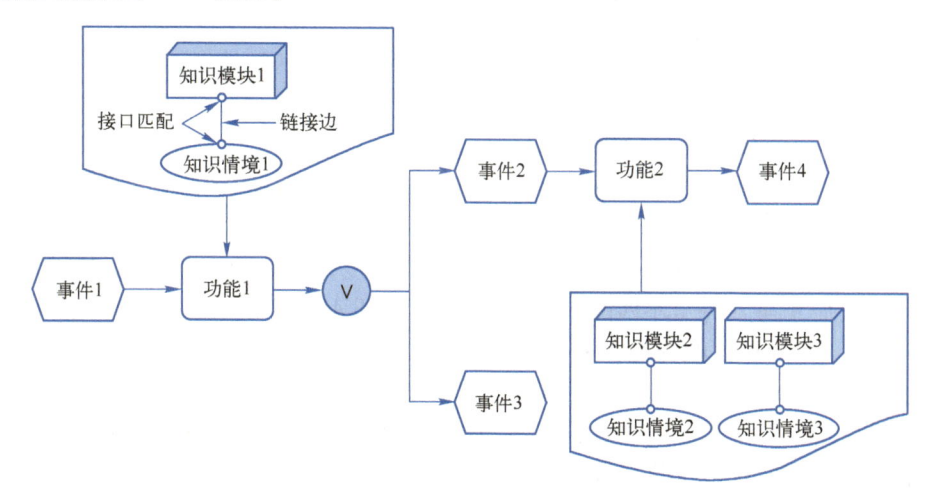

图 5-27 集成知识情境的知识模块应用模型

为更好地概述链接集成，呈现利用链接集成实现知识情境与知识模块集成建模的内在原理，本节通过定义一个三元组模型 $W=(C,E,S)$，进行深入解析。模型中 $C=\{c_1,c_2,\cdots,c_n\}$ 为知识情境要素集合，要素数为 $n=|C|$；E 为链接边集合（知识模块与知识情境要素存在 $n:m$ 的集成对应关系）；$S=\{m_1,m_2,\cdots,m_o\}$ 为知识模块集合，模块数为 $o=|S|$。当知识情境

与知识模块进行链接集成时，对于每一个知识情境要素 $c_i \in C$，都存在一个相应关联的 $k \times 1$ 维的接口匹配向量 $[p_{1i}, p_{2i}, \cdots, p_{ki}]^T$，其中的 p_{ki} 表示知识情境要素 c_i 与知识模块 m_j 相集成匹配的接口取值，且 $p_{ki} \in \{0,1\}$，即当 p_{ki} 取值为 1 时表征完全集成匹配，反之相应的知识情境要素与知识模块无法得到集成。所有通过接口匹配的集成知识情境的知识模块构成求解某一业务领域的知识模块组合矩阵 $Z \in \mathbb{R}_+^{n \times o}$。

4. 知识情境及知识模块的动态演化特性

业务求解过程是业务单元按照一定逻辑关系组成的集合，体现求解连续性和时序动态性。知识情境作为依附属性伴随业务过程的执行体现动态更新特性。为此，本节在将某一业务步骤所对应的知识情境（本节称之为当前知识情境）分解为历史知识情境和实时知识情境的基础上，研究知识情境时序演化过程。定义带权重的知识情境维度矩阵 $\boldsymbol{kc} = \mu C$，其中权重 μ 表示实时知识情境与历史知识情境的关联程度。业务执行过程中的知识情境既包含对历史知识情境要素的继承，又包含对实时知识情境要素的动态更新（如图 5-28 所示）。对此，在时间链中某一时间 $t_i (i \in [0,1,2,\cdots,n])$ 的当前知识情境 $kc(t_i)$ 由实时知识情境 $kc_{realtime}(t_i)$ 和历史知识情境 $kc(t_{i-1})$ 构成，其中历史知识情境 $kc(t_{i-1})$ 的权重用过衰减系数自动衰变。因此，特定时间节点 t_i 的当前知识情境进行公式化定义合成为

$$kc(t_i) = \mu kc(t_{i-1}) + (1-\mu) kc_{realtime}(t_i)$$

式中，$\mu \in [0,1]$，当 $\mu = 0$ 时，表示仅考虑知识执行者当前业务求解对应的知识情境，对历史知识情境进行缺失处理。对于初始状态 $t_i = 0$，设定 $kc(0) = kc_{realtime}(0)$。

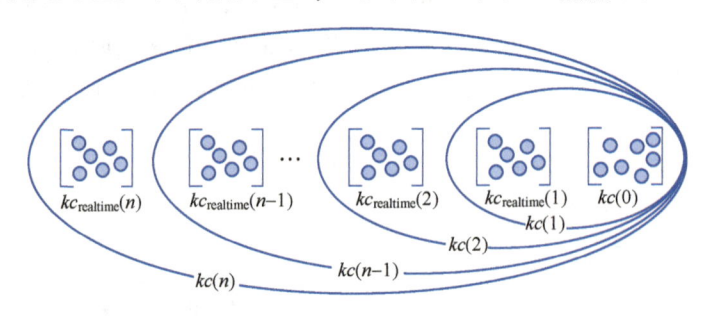

图 5-28　情境动态演化过程

定义 8：匹配度表征实体 A 与实体 B 的相似匹配程度，记为 $\Psi(A,B)$。其中 $\Psi \in [0,1]$，当 $\Psi = 0$ 时，表征 A 与 B 完全不匹配；当 $\Psi = 1$ 时，表征 A 与 B 完全匹配；当 $\Psi \in (0,1)$ 时，表征 A 与 B 有一定的相似匹配度，Ψ 越大，两者匹配度越高。设定业务过程 A 在 t_i 时刻对应的知识情境为 $kc(t_i)$，业务过程 B 在 t_j 时刻的知识情境为 $kc(t_j)$，则两者之间的知识情境匹配度是 $\Psi(kc(t_i), kc(t_j))$。若 $\Psi(kc(t_i), kc(t_j))$ 较大，则表明知识情境 $kc(t_i)$ 和知识情境 $kc(t_j)$ 具有较强的相似性，在执行业务过程 B 时可以参照业务过程 A 在时刻 t_i 的知识情境，进而优化配置业务过程 B 在时刻 t_j 的知识情境。

集成知识情境的知识模块并不是一个封闭的模型系统，根据企业业务执行的相关调研发现，业务执行流程中会伴随着知识资源的流程和更新。因此，集成知识情境的知识模块应该是一个不断创新、演变、更新的动态系统。从知识第一次聚集成型，随着业务单元的推进，知识资源和其对应的知识情境不断地动态演化创生。本小节就是对此动态演化特性进行深入的解析和探讨。

设定执行业务单元 $bu(i)$ 所对应的知识情境具有 j 个知识情境要素。按照情境动态演化理论，执行业务单元 $bu(i+1)$ 会继承其前一个业务单元 $bu(i)$ 中的 n 个知识情境要素，并且分别渗入 k 个知识情境要素和渗出 m 个知识情境要素（如图 5-29 所示），具体如下：

$$kc_1 = \{c_1, c_2, \cdots, c_n\}, 0 \leq n \leq j$$
$$kc_2 = \{c_1, c_2, \cdots, c_k\}, 0 \leq k$$
$$kc_3 = \{c_1, c_2, \cdots, c_m\}, 0 \leq m \leq j$$

上述公式可释义为：当前业务单元从上一业务单元继承的知识情境为 kc_1；通过时序渗入新增的知识情境为 kc_2；渗出删减的知识情境为 kc_3。

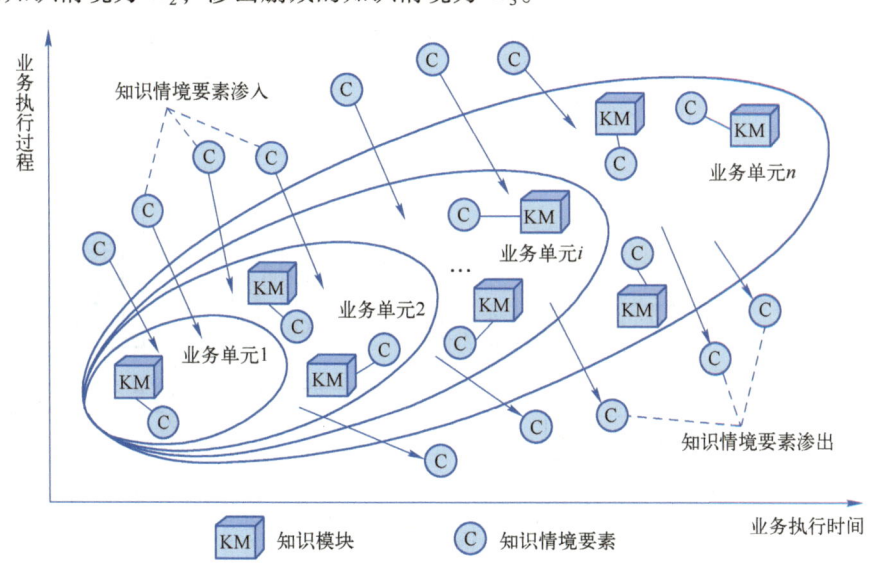

图 5-29 集成知识情境的知识模块及情境动态演化特性

设定在时间链中，某一时间 $t_i (i \in [0, 1, 2, \cdots, n])$ 的知识情境 $kc(t_i)$ 由继承的前期时间节点的知识情境 $kc_1(t_{i-1})$、渗入新增的知识情境 $kc_2(t_i)$ 以及渗出删减的知识情境 $kc_3(t_{i-1})$ 构成，其中渗出的知识情境 $kc_3(t_{i-1})$ 通过渗透度系数 Φ 自动衰变渗出。$kc_2(t_i)$ 作为当前时间点 t_i 渗入的知识情境，通过权重系数 p 整体融入执行业务单元 $bu(i)$ 的知识情境矩阵中。由此，特定时间节点 t_i 的业务求解知识情境进行公式化定义合成为

$$kc(t_i) = \Phi kc_1(t_{i-1}) + p kc_2(t_i) - (1-\Phi) kc_3(t_{i-1})$$

式中，$\Phi = \dfrac{\partial kc_1(t_{i-1})}{\partial kc_3(t_{i-1})}$，$\Phi \in [0, 1]$。当 $\Phi = 1$ 时，表示当前业务求解对应的知识情境没有要素渗出，对渗出的知识情境 $kc_3(t_{i-1})$ 进行缺失处理；当 $\Phi = 0$ 时，表示前一业务单元求解匹配的知识情境完全渗出删减，并对继承知识情境 $kc_1(t_{i-1})$ 做缺失处理。权重系数 p 代表渗入的情境要素所占当前知识情境要素的比重，体现更新情境要素对当前知识情境的重要程度。

5.3.7 集成情境的知识模块化管理方法

知识经济时代，知识资源日益成为企业重要的战略性资源。然而，目前企业知识管理与实践中较为突出的难题是缺乏对业务与知识情境的有效关注，导致业务求解过程中知识资源的利用率低，无法恰当地将知识资源与知识情境有效匹配，从而导致业务问题求解的绩效低

下。基于业务求解过程的解析及知识情境要素的挖掘,将知识情境要素与业务过程有机融合,进而提升企业知识管理与业务执行的绩效是本研究的新思考。

通过调研发现,业务问题求解过程中伴随着一系列知识活动,利用其衍生的知识情境来合理配置知识资源,进而提高业务问题求解绩效是本研究的核心。企业中的知识执行者在业务情境下,通过业务过程实现知识管理各项活动。知识执行者遇到相似的业务情境时,可以通过检索业务案例库搜寻所需知识资源。由此分析得出,业务过程、知识资源以及知识情境对业务求解过程知识管理具有重要的影响。本节通过构建面向业务求解的知识情境集成管理模型框架(如图5-30所示),来探讨上述要素对业务问题求解的作用机理。模型框架主要由业务过程集成情境层、知识模块集成情境层以及模型优化层这三部分构成。

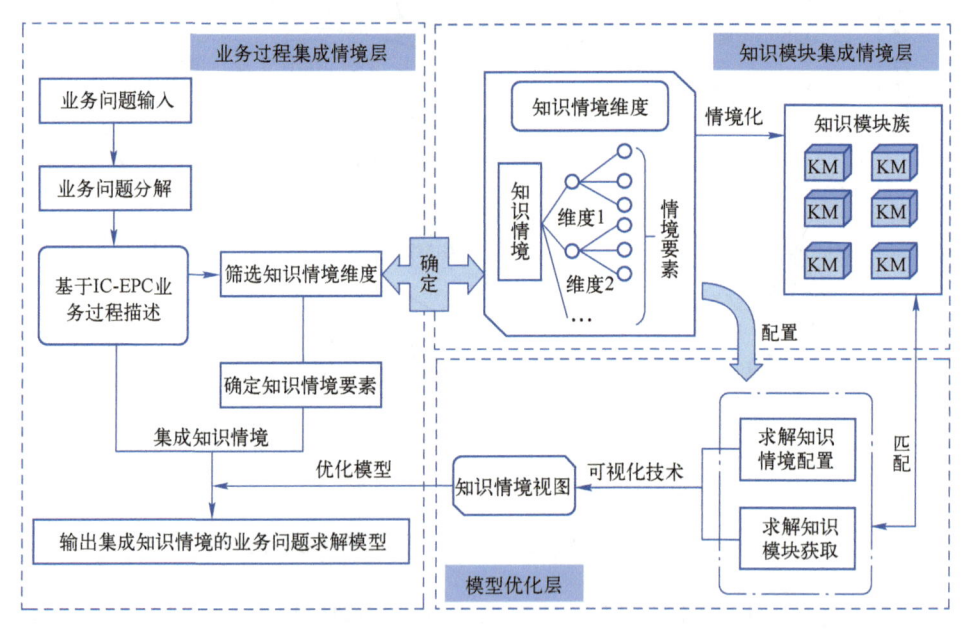

图 5-30 面向业务求解的知识情境集成管理模型框架

（1）业务过程集成情境层

业务过程是企业内部静态知识资源（如知识员工、组织、计算机资源以及图文资料）中多种知识动态交汇的结果。

业务单元在时序上是严格按照步骤执行的,本节将其称为业务步骤,这些业务步骤之间通过一定的逻辑关系进行关联。本节通过集成情境要素针对 EPC 模型进行扩展,提出 IC-EPC（Integrating Context EPC）模型（如图 5-31 所示）。在 IC-EPC 模型中,事件匹配业务单元的执行状态,功能表征对应的业务步骤。依据前文所述的集成情境的知识模块关键技术研究,实现知识模块与情境的有效集成,并将其配置到相应的业务步骤中。

（2）知识模块集成情境层

对知识模块以及情境要素的提炼和建模进行分析发现,业务问题求解所需的知识模块由知识内容和知识载体所封装构成,其中知识内容是对业务过程中的知识进行抽取和概述,知识载体作为实体对象是对知识的有效承载。对业务问题求解的知识模块进行有效的情境集成,从而配置业务求解所需的知识模块。

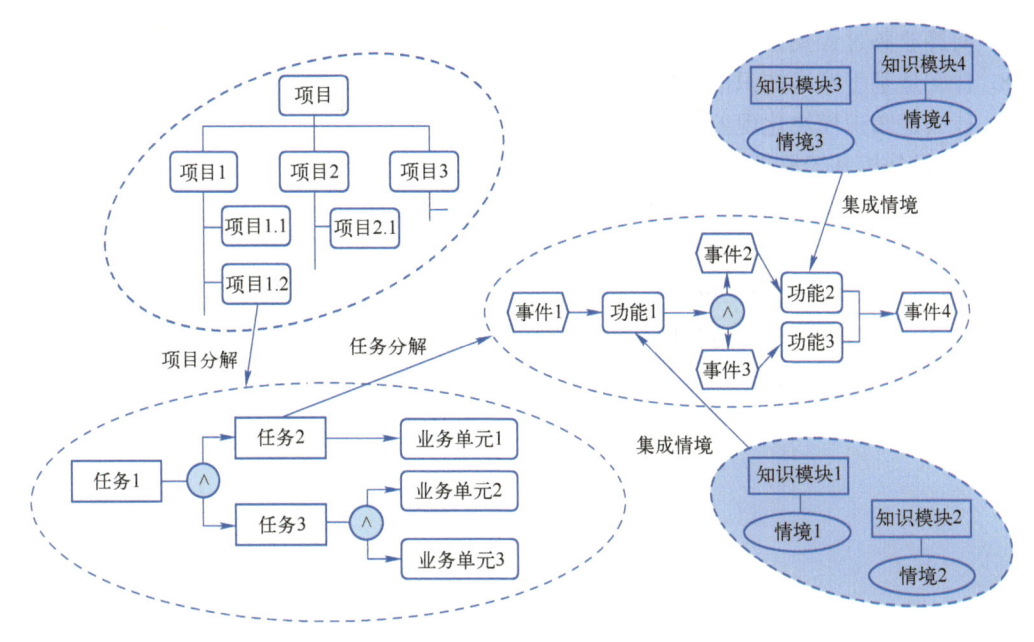

图 5-31　集成情境的业务过程（IC-EPC）模型

（3）模型优化层

通过把情境纳入知识管理范畴，情境与知识资源建立起丰富的关联关系，借助这种关联关系可以实现业务求解知识情境的精确匹配。利用可视化技术生成情境视图，依据业务情境对知识资源进行有效的导航，精准配置业务问题求解所需的知识资源，达到业务求解知识资源重用和共享的目的。

5.4　本章小结

知识管理作为现代企业智能制造的重用支撑及业务环节，将成为智能制造企业管理的重要组成部分。本章将知识管理与企业的业务问题求解相结合，引入基于网络市场的知识服务理念，讨论了知识服务的模式、框架与交易模型。另外，引入知识模块化的理念，将知识情境、知识资源与业务求解当作系统整体来对待，讨论了知识模块的概念、知识情境的概念、知识情境建模及集成情境的知识模块化建模等相关理论与方法，为知识管理在企业的应用实践提供参考。

复习思考题

1. 什么是知识资源配置？
2. 简述面向知识资源配置服务的业务过程建模体系框架的结构及其逻辑关系。
3. K-EPC 模型的逻辑关系包括哪三种？其含义如何？
4. 简述业务过程与知识资源的耦合关系。
5. 什么是知识情境？
6. 简述基于情境的知识表达方法。

7. 简述业务过程模型框架的基本含义。
8. 什么是基于网络知识市场的知识服务？
9. 什么是知识模块化现象？
10. 简要分析基于需求层次理论的知识情境结构体系。
11. 简述集成情境的知识模块化模型（CIMK）的结构。
12. 简述知识模块化构建的基本方法。
13. 简述知识模块化的度量指标。
14. 简述知识管理对于企业创新的战略意义。
15. 简要分析大数据及人工智能对知识管理领域的研究及应用可能产生的革命性影响。

参 考 文 献

[1] 张雁. 制造业企业存货经济订货批量的决策研究[J]. 产业创新研究, 2023, 7 (22): 144-146.
[2] ANDRIOLO A, BATTINI D, GRUBBSTRÖM R W, et al. A century of evolution from Harris's basic lot size model: survey and research agenda[J]. International journal of production economics, 2014, 155: 16-38.
[3] CHEN H. Fix-and-optimize and variable neighborhood search approaches for multi-level capacitated lot sizing problems[J]. Omega, 2015, 56: 25-36.
[4] KIMMS A. Multi-level lot sizing and scheduling: methods for capacitated, dynamic, and deterministic models[M]. Berlin: Springer Science & Business Media, 2012.
[5] AGHEZZAF E H, JAMALI M A, AIT-KADI D. An integrated production and preventive maintenance planning model[J]. European journal of operational research, 2007, 181 (2): 679-685.
[6] FITOUHI M C, NOURELFATH M. Integrating noncyclical preventive maintenance scheduling and production planning for a single machine[J]. International journal of production economics, 2012, 136 (2): 344-351.
[7] AGHEZZAF E H, NAJID N M. Integrated production planning and preventive maintenance in deteriorating production systems[J]. Information sciences, 2008, 178 (17): 3382-3392.
[8] ZARANDI M, ASL A, SOTUDIAN S, et al. A state of the art review of intelligent scheduling[J]. Artificial intelligence review, 2020, 53: 501-593.
[9] ALEMÃO D, ROCHA A, BARATA J. Smart manufacturing scheduling approaches-systematic review and future directions[J]. Applied sciences, 2021, 11: 2186.
[10] LI X Y, ZHANG C J. Some new trends of intelligent simulation optimization and scheduling in intelligent manufacturing[J]. service oriented computing and applications, 2020, 14: 149-151.
[11] 王婷, 卫少鹏, 周彤. 智能调度的研究现状及前沿[J]. 物流科技, 2019, 11: 5-10.
[12] LEE W C, WANG J Y, LIN M C. A branch-and-bound algorithm for minimizing the total weighted completion time on parallel identical machines with two competing agents[J]. Knowledge-based system, 2016, 105: 68-82.
[13] BARAK S, MOGHDANI R, MAGHSOUDLOU H. Energy-efficient multi-objective flexible manufacturing scheduling[J]. Journal of cleaner production, 2020, 283: 124610.
[14] ZAN X, WU Z, GUO C, et al. A Pareto-based genetic algorithm for multi-objective scheduling of automated manufacturing systems[J]. Advanced mechanical engineering, 2020, 12: 1-15.
[15] MOHAMMADI S, AL-E-HASHEM S, REKIK Y. An integrated production scheduling and delivery route planning with multi-purpose machines: a case study from a furniture manufacturing company[J]. International journal of production economics, 2020, 219: 347-359.
[16] BAXENDALE M, MCGREE J, BELLETTE A, et al. Machine-based production scheduling for roto moulded plastics manufacturing[J]. International journal production research, 2020: 1-18.
[17] 李伟超, 朱学芳. 信息资源数字化生产质量控制研究[J]. 情报理论与实践, 2009, 32 (4): 63-65.
[18] 李晓春, 曾瑶. 质量管理学[M]. 3版. 北京: 北京邮电大学出版社, 2007.
[19] 黄丽华, 朱海林, 刘伟华, 等. 企业数字化转型和管理: 研究框架与展望[J]. 管理科学学报, 2021, 24 (8): 26-35.
[20] 夏铁群, 孟夏. 双元驱动的中小企业数字化转型协同机制探析[J]. 软科学, 2024, 38 (3): 99-106.
[21] 祝继高, 曲馨怡, 韩慧博, 等. 数字化转型与财务管控创新研究——基于国家电网的探索性案例分

析［J］. 管理世界，2024，40（2）：172-192.

［22］ HININGS B，GEGENHUBER T，Greenwood R. Digital innovation and transformation：an institutional perspective［J］. Information and organization，2018，28（1）：52-61.

［23］ CHEN G，WU G，GU Y，et al. The challenges for big data driven research and applications in the context of managerial decision making：paradigm shift and research directions［J］. Journal of management sciences in China，2018，21（7）：1-10.

［24］ ZHANG X，MENG Y，CHEN H，et al. A bibliometric analysis of digital innovation from 1998 to 2016［J］. Journal of Management Science and Engineering，2017，2（2）：95-115.

［25］ 欧阳日辉，李晓壮. 金融新质生产力促进金融高质量发展：动能-业态-生态分析框架与实现路径［J］. 西安交通大学学报（社会科学版），2024，44（5）：1-14.

［26］ HOESSLER S，CARBON C C. Digital transformation in incumbent companies：a qualitative study on exploration and exploitation activities in innovation［J］. Journal of innovation and entrepreneurship，2024，13（1）：46-46.

［27］ ROMERO I，MAMMADOV H. Digital transformation of small and medium-sized enterprises as an innovation process：a holistic study of its determinants［J］. Journal of the knowledge economy，2024：1-28.

［28］ MENGYING F，TAO W. Enhancing digital transformation：exploring the role of supply chain diversification and dynamic capabilities in Chinese companies［J］. Industrial management & data systems，2024，124（7）：2467-2496.

［29］ 张宏亮，孙文浈，王大为，等. 管道SCADA系统设计建设关键技术应用分析［J］. 全面腐蚀控制，2023，37（12）：43-46.

［30］ 丁锋，张艺馨. 面向健康监测的装备可靠性评估研究进展［J］. 航空制造技术，2022，65（12）：99-104.

［31］ 杜晓博. 物联网时代下的燃料智能化管理系统［J］. 现代工业经济和信息化，2023，13（8）：89-91.

［32］ 王恒书. 一种发电厂物资仓储智能管理系统［J］. 数字化用户，2019（20）：47-48.

［33］ 钱晓敏，李卫国，薛爱龙. 检验检测机构集成数字化管理的探索［J］. 质量与认证，2023（2）：62-64.

［34］ 陈雷，张茂帆，刘慧伟. 检验检测行业数字化转型发展的若干思考［J］. 质量与认证，2021（6）：50-52.

［35］ 韩皓阳. 基于机器视觉的铜管管口表面质量检测系统研究［D］. 广州：华南理工大学，2023.

［36］ 方俊，郭雷，汪子强. 一种改进的基于颜色-空间特征的图像检索方法［J］. 计算机工程与应用，2005（25）：68-70.

［37］ 肖书浩，吴蕾，何为，等. 深度学习在表面质量检测方面的应用［J］. 机械设计与制造，2020（1）：288-292.

［38］ 陈涛，梁才，袁博. 质量可视化在海外核电工程建设中的应用［J］. 中国质量，2023（6）：93-96.

［39］ 王雨薇，王泽林，方媛，等. 水库信息化综合管理系统的设计与实现［J］. 珠江水运，2024（13）：113-116.

［40］ 梁翠华. 数据可视化技术在项目管理中的应用研究［J］. 广西开放大学学报，2024，35（1）：23-27.

［41］ 陈忠华，张佳儒，王爽果，等. 卷烟厂生产数据分析与决策支持系统的构建与优化［J］. 中国新通信，2024，26（5）：25-27.

［42］ 陈璐雯. 智慧物流园中化工品质量追溯与质量管理研究［J］. 现代盐化工，2023，50（5）：118-120.

［43］ 杨楠，张新伟，成彬. 基于组件技术管理产品生命周期质量信息方法研究［J］. 煤矿机械，2015，36（2）：11-13.

[44] 张根保. 数字化质量管理系统及其关键技术 [J]. 中国计量学院学报, 2005 (2): 85-92.
[45] 钱庆杰. 基于注塑成型过程数据的制品质量预测方法研究 [D]. 宁波: 宁波大学, 2024.
[46] 丁鹏程. 数据驱动的产品质量管控技术与方法研究 [D]. 宁波: 宁波大学, 2024.
[47] 叶志勇, 谢加平. 以"0157"建设搅拌车智能工厂数字化质量管理平台的实践经验 [J]. 建设机械技术与管理, 2023, 36 (5): 40-43.
[48] 钟媛媛, 姜德耀, 侯庭毅, 等. 零基目标下海尔智能工厂的质量数字化管理 [J]. 中国质量, 2023 (3): 44-48.
[49] 王雅雯. 隆基绿能1+7+1数字化管理全生命周期质量控制 [N]. 中国质量报, 2023-11-21 (003).
[50] 潘旭伟, 顾新建, 仇元福, 等. 面向知识管理的知识建模技术 [J]. 计算机集成制造系统, 2003 (9): 517-521.
[51] 战洪飞, 叶红, 赵烨, 等. 基于网上技术市场的知识市场初探 [J]. 科技与管理, 2012, 14 (6): 32-36.
[52] 蔡晓东. 论市场经济构成要素 [J]. 枣庄师范专科学校学报, 2003 (4): 80-81.
[53] 张帆, 刘新梅. 网络产品、信息产品、知识产品和数字产品的特征比较分析 [J]. 科技管理研究, 2007 (8): 250-253.
[54] 王国燕, 钱思童. 中外科技进展新闻图片的调查与研究 [J]. 科技传播, 2014 (2): 295-298.
[55] 向佐仲. 点子及点子交易泛论 [J]. 发明与创新, 2006 (3): 13-14.
[56] 刘成颖. 面向对象的服装产品信息建模方法 [J]. 上海纺织科技, 2000, 28 (5): 50-52.
[57] 王建平. 面向技术创新网络的中介组织知识服务系统研究 [D]. 南京: 东南大学, 2011.
[58] 密阮建驰, 战洪飞, 余军合. 面向企业知识推荐的知识情境建模方法研究 [J]. 情报理论与实践, 2016, 39 (4): 78-85.
[59] 刘军, 富萍萍, 吴维库. 企业环境、领导行为、领导绩效互动影响分析 [J]. 管理科学学报, 2005 (5): 65-72.
[60] 张东红, 石金涛. 大型国有企业领导者胜任力指标体系研究 [J]. 现代管理科学, 2010 (8): 15-17.
[61] 朱少英, 齐二石, 徐渝. 变革性领导、团队氛围、知识共享与团队创新绩效的关系 [J]. 软科学, 2008, 11 (22): 1-4, 9.
[62] 刘冰, 谢凤涛, 孟庆春. 团队氛围对团队绩效影响机制的实证研究 [J]. 中国软科学, 2011, 11: 33-140.
[63] 姜明君, 杨姝, 张永宾. 装备制造业集群知识管理模式研究 [J]. 管理评论, 2014 (3): 139-150.
[64] 解学梅, 吴永慧. 企业协同创新文化与创新绩效基于团队凝聚力的调节效应模型 [J]. 科研管理, 2013, 34 (12): 66-74.
[65] 廖建桥. 中国式绩效管理: 特点、问题及发展方向 [J]. 管理学报, 2013 (6): 781-788.
[66] 张少辉, 葛新权. 企业知识管理绩效的模糊评价模型与分析矩阵 [J]. 管理学报, 2009 (7): 879-884.
[67] 张瑞红. 基于知识价值链的知识管理绩效评价 [J]. 企业经济, 2013 (3): 47-49.
[68] 安小米. 知识管理方法集成应用 [J]. 情报资料工作, 2012 (5): 36-40.
[69] 战洪飞, 邬益男, 余军合, 等. 面向业务求解的情境化知识模块建模方法研究 [J]. 情报理论与实践, 2018, 41 (7): 149-152, 122.